空母「瑞鳳」「祥鳳」「龍鳳」「千歳」「千代田」完全ガイド

[著] 本吉隆・野原茂
松田孝宏・伊吹秀明
こがしゅうと

昭和19年（1944年）10月25日、レイテ沖海戦中のエンガノ岬沖海戦で米艦載機群と交戦する「瑞鳳」。本艦は戦前、空母への改造を念頭に、当初は給油艦「高崎」として起工、途中で潜水母艦に変更され、最終的には基準排水量11,200トン、速力28ノット、搭載機約30機の小型空母として竣工した。ミッドウェー海戦後は、空母機動部隊の一員として南太平洋海戦やマリアナ沖海戦といった大海戦に参加し活躍する。レイテ沖海戦では最後の生き残り空母として「瑞鶴」「千歳」「千代田」と囮艦隊を編成。雲霞の如く殺到する米攻撃隊と戦い、ついに海中に没した。

画／佐竹政夫

※3～55ページおよび110～115ページの記事は、季刊「ミリタリー・クラシックス VOL.70」（2020年夏号）に掲載された記事を再構成し、加筆修正したものです。

昭和17年（1942年）10月26日の南太平洋海戦において、制空隊の零戦を発艦させる「瑞鳳」。随伴艦は駆逐艦「舞風」。この戦いで「瑞鳳」は「翔鶴」「瑞鶴」と第一航空戦隊を組んで戦い、零戦9機を発艦させているが、早々に被弾して退却している

画／吉原幹也

特集 鳳凰に転生した鋼鉄の鯨たち

空母「瑞鳳」「祥鳳」「龍鳳」

Light Aircraft Carrier"ZUIHO""SHOHO""RYUHO"

ワシントン、ロンドン両軍縮条約下では、日本海軍の航空母艦の保有トン数は米英海軍の６割に抑えられていた。日本海軍はその空母を別枠で確保するため、軍縮条約の制限外艦艇に目をつけ、有事には短期間で空母に改造できる艦艇の建造を進めた。こういった背景で建造されたのが、給油艦として起工された「剣埼《つるぎさき》」と「高崎」、そして潜水母艦として起工された「大鯨《たいげい》」であった。

「剣埼」は途中で潜水母艦に変更され、昭和14年１月に竣工したが、すぐに空母への改造が決まり、16年１２月に空母「祥鳳」として就役した。「高崎」は建造中に潜水母艦、そして空母へと変更され、昭和15年12月に空母「瑞鳳」として就役した。

「大鯨」は電気溶接やディーゼルエンジンなど新機軸を導入したが不具合が多く、昭和９年に竣工したものの大改修が行われ、実際の就役は昭和13年までずれ込んだ。そして太平洋戦争開戦後に空母への改造工事が行われ、17年11月に空母「龍鳳」として就役した。

この３隻は、排水量１万トン強、搭載機数は30機弱、速力は20ノット台後半と、米海軍の「軽空母」に匹敵する空母であった。「祥鳳」は開戦後半年で戦没、「龍鳳」は大戦中盤からの就役となってしまったが、「瑞鳳」は南太平洋海戦、マリアナ沖海戦、レイテ沖海戦に参加するなど、小型空母の中でも屈指の活躍を見せている。

今回の特集では「潜水母艦からの転職組」である小型空母３隻を特集。戦歴、メカニズム、建造計画、運用のコンセプトなど様々な視点から考察する。

珊瑚海海戦

昭和17年5月7日〜8日

史上初の空母決戦
「祥鳳」、珊瑚海に散る……!

空母「瑞鳳」「祥鳳」「龍鳳」

Light Aircraft Carrier "ZUIHO" "SHOHO" "RYUHO"

SBDドーントレス艦爆の急降下爆撃を受ける「祥鳳」。奥では駆逐艦「漣（さざなみ）」が直衛に当たっている。「レキシントン」「ヨークタウン」対「祥鳳」の戦いで、「祥鳳」は636名の戦死者を出したが、米側は対空砲火と零戦の迎撃で艦爆２機を、被弾し「祥鳳」に体当たりした艦攻１機を失ったのみだった（艦爆３機、艦戦２機喪失という説あり）

画／吉原幹也

太平洋戦争開戦直後に空母として就役した「祥鳳」は、ラバウルへの航空機輸送や航空隊発着訓練などに従事していたが、昭和17年5月3日、ツラギ島攻略作戦を支援すると、休む間もなくポートモレスビー攻略を目指すMO作戦に参加。MO攻略部隊（五藤存知少将）に合流し、輸送船団の護衛任務に当たった。また第五航空戦隊の「翔鶴」と「瑞鶴」も、MO機動部隊として参加した。

対する米海軍もこれを暗号解読で知り、大型空母「レキシントン」「ヨークタウン」で構成される第17任務部隊（フレッチャー少将）を珊瑚海に展開させた。

MO機動部隊の偵察機は5月7日朝、米空母を発見。「翔鶴」「瑞鶴」から攻撃隊が発艦するが、実はその「空母」は油槽船であった。MO機動部隊が空振りしている間に、米機動部隊の索敵機は「祥鳳」を中心に「青葉」「衣笠」「加古」「古鷹」が輪形陣を組むMO攻略部隊を発見。これを日本機動部隊主力だと捉えたフレッチャー少将は、「レキシントン」から50機、「ヨークタウン」から42機の攻撃隊を発艦させた。

「祥鳳」は九六艦戦2機が直掩していたが、9時ごろ、「レキシントン」のSBD艦爆二十数機が急降下爆撃を開始。だが「祥鳳」は全て躱《かわ》し、零戦3機を発艦させた。

しかし続いて「レキシントン」のTBD雷撃隊12機と、「ヨークタウン」の攻撃隊42機が到着、雷爆同時攻撃が始まった。5機の直掩機では防ぎきることができず、「祥鳳」は7発の魚雷と13発の454kg爆弾を被弾するという、1万トンそこそこの小型空母には過剰なまでの攻撃を受ける。袋叩きにあった「祥鳳」は艦首を前にして傾斜していき、9時30分過ぎには沈没した。この隙に五航戦が第17任務部隊を攻撃していれば、「祥鳳」の死は無駄ではなかったが、その頃五航戦の攻撃隊は油槽船を攻撃していたのである…。

翌8日、「翔鶴」「瑞鶴」は「レキシントン」と「ヨークタウン」と交戦、「翔鶴」が中破したものの、「レキシントン」を撃沈し、「ヨークタウン」を撃破。小型空母1隻の喪失と大型空母1隻の中破と引き換えに大型空母1隻を撃沈、1隻を撃破し、空母対空母の戦いに限ってみれば辛勝した。しかし五航戦の航空隊の損害が大きく、ポートモレスビーの攻略も中止となったため、戦略的には敗北となってしまった。

こうして「祥鳳」は日本初の戦没空母として、そして世界初の本格的な空母決戦で最初に失われた空母として、歴史に名を残すことになった。

マリアナ沖海戦

昭和19年6月19日～20日

昭和19年6月20日、退却中に米の艦攻TBFアヴェンジャーを迎撃する「龍鳳」。直衛しているのは駆逐艦「時雨」。この戦いで「龍鳳」の損害は幸いにも至近弾1発にとどまったが、後に「時雨」の戦闘詳報で、「『龍鳳』は急降下爆撃機に気を取られ過ぎで、雷撃機への注意が足りない」と指摘されている。「龍鳳」が機動部隊の一員として空母戦を戦ったのはこのマリアナ沖海戦だけだった

画／福村一章

昭和17年6月のミッドウェー海戦の大敗、同年夏から18年初めにかけてのガダルカナル島攻防戦での敗北後、後退を続けてきた連合艦隊だが、昭和19年5月、米軍がマリアナ諸島を次の攻略目標とすることが濃厚となってきたため、連合艦隊は米艦隊をマリアナ沖で迎え撃つ「あ号」作戦を開始した。

この作戦に際し、「龍鳳」は中型空母「隼鷹」「飛鷹」とともに第二航空戦隊を編成、「瑞鳳」は小型空母「千歳」「千代田」とともに第三航空戦隊を編成し、フィリピン南西のタウイタウイ泊地に移動。第一航空戦隊の空母「大鳳」「翔鶴」「瑞鶴」を核とする決戦艦隊・第一機動艦隊（司令長官：小澤治三郎中将）が集結した。

6月15日、マリアナ諸島近海にアメリカ軍が来寇。そして19日、第一機動艦隊と米第5艦隊が激突する、史上最大にして最後の空母決戦、マリアナ沖海戦が生起した。

第一機動艦隊は大型／中型空母5隻、小型空母4隻、搭載機約450機。対する米第5艦隊の第58任務部隊は正規空母7隻、軽空母8隻、搭載機約900機。日本側は空母、搭載機ともに約半数だったが、小澤長官は、日本機の長い航続力を活かして敵の攻撃範囲外から一方的に攻撃を仕掛ける「アウトレンジ戦法」で勝機を探った。

日本索敵機は早朝の6時半ごろ米空母を発見、「瑞鳳」属する前衛部隊の三航戦は7時25分、直掩隊の零戦五二型14機、戦闘爆撃機の零戦二一型（爆戦）44機、誘導機の天山8機を発艦させた。

だが米海軍のF6F戦闘機数十機の迎撃に遭い、零戦五二型8機、爆戦32機、天山2機を失う（うち「瑞鳳」機の喪失は爆戦12、零戦2）。対して戦果は戦艦「サウスダコタ」に爆弾1発命中、重巡への至近弾1発にとどまった。

続いて「龍鳳」属する二航戦は朝9時5分、零戦17機、爆戦25機、天山9機（うち「龍鳳」機は零戦5、爆戦7）を発艦させたが、戦果は空母「エセックス」への至近弾1発に終わった。

10時から二航戦第二次攻撃隊として、零戦26機、九九艦爆27機、彗星9機、索敵用の天山2機（「龍鳳」は零戦6機と天山2機）の計64機が発進したが、彗星隊が「ワスプII」に至近弾を落としたのみにとどまった。

主力である一航戦からの攻撃隊146機も米艦隊にほとんど損害を与えられず大半が撃墜され、大型空母「大鳳」と「翔鶴」も敵潜の雷撃により戦没してしまう。

「瑞鳳」と「龍鳳」、鋼鉄の霊鳥2羽が史上最大の空母決戦に挑む!

翌20日には退却する日本艦隊に対して米艦隊が215機の攻撃隊を発艦させた。この攻撃により「龍鳳」は至近弾で小破、「瑞鳳」は無傷だったが、「飛鷹」が撃沈された。

このマリアナ沖海戦で日本空母からの攻撃隊は、米艦隊の極めて強力な防空網の前に大半が撃墜され291機を失い、大型/中型空母「大鳳」「翔鶴」「飛鷹」も斃れた。

かくして日本海軍の空母機動部隊は壊滅したのである。

エンガノ岬沖海戦

昭和19年10月25日

歴戦の「瑞鳳」、囮艦隊として機動部隊最後の戦いに挑む…!

昭和19年（1944年）10月、米軍はフィリピン攻略作戦を開始。マリアナ沖海戦で機動部隊が事実上壊滅していた日本海軍は、数少ない残存空母を囮として米機動部隊をおびき出し、その隙を突いて戦艦「大和」らの砲撃部隊（栗田艦隊）がレイテ湾の米上陸船団を襲撃するという奇策「捷一号」作戦を発動させた。

小澤治三郎中将率いる陽動艦隊は、大型空母「瑞鶴」と小型空母「千歳」「千代田」「瑞鳳」の第三航空戦隊（第六五三航空隊搭載）と、航空戦艦「伊勢」「日向」の第四航空戦隊で編成され、艦上機は空母4隻合わせて116機。「瑞鳳」は零戦五二型8機、爆装零戦4機、天山5機、計17機を搭載した。

10月24日、ルソン島北東のエンガノ岬沖を航行する小澤艦隊から偵察機↙

エンガノ岬沖海戦において、攻撃隊として零戦五二型を発艦させる「瑞鳳」。五二型の後ろには爆装零戦二一型（爆戦）と天山が見える。奥は護衛の松型駆逐艦「桑」

画／舟見桂

空母「瑞鳳」「祥鳳」「龍鳳」

Light Aircraft Carrier"ZUIHO""SHOHO""RYUHO"

が発進、11時15分には敵艦隊を発見、攻撃隊58機が敵空母に向かう。「瑞鳳」は零戦8機、爆戦3機を発艦させた。これが栄光の日本海軍空母航空隊が送り出す、史上最後の攻撃隊であった。

攻撃隊は「瑞鶴」隊と小型空母隊の二隊に別れ行動。小型空母隊33機は敵艦艇を発見できず、米F6F艦戦と交戦して9機を失い、残存機の多くはルソン島の基地に着陸した。また「瑞鶴」隊もめぼしい戦果はなかった。

同日16時41分、米偵察機が日本空母艦隊を発見。米第3艦隊司令長官のハルゼー大将はこの日本機動部隊を主力だと信じ、麾下艦隊を北上させると、25日早朝、米第38任務部隊から１８０機の攻撃隊を放った。小澤艦隊は計画通り敵艦隊を釣り上げたのである。

25日8時15分、米艦載機群の第一次攻撃が開始された。「瑞鳳」は「瑞鶴」とともに輪形陣の中心に入り、「伊勢」「大淀」「秋月」らの護衛を受ける。もう一群の「千歳」「千代田」は「日向」らが護衛。上空直掩は零戦18機のみだった。

攻撃はまず「千歳」に集中し、「千歳」は9時37分に沈没。また「瑞鶴」も被雷、「瑞鳳」も8時35分、「イントレピッド」機の爆弾2発を飛行甲板後部に被弾したが、1発は不発だった。9時58分、米艦載機36機による第二次攻撃が開始され、「千代田」が被弾炎上し漂流した。

13時頃からの第三次攻撃では約２４０機の米軍機が殺到し、「瑞鶴」は魚雷7本を食らって14時14分に沈没した。「瑞鳳」も右舷に魚雷2発を被雷、爆弾4発を被弾し、低速で北に離脱せんとする。だが多数の至近弾により浸水が止まらなくなり、歴戦の「瑞鳳」も、15時26分、ついに波間に消えていったのである。乗員９７７名中、戦死者は２１６名だった。

「瑞鳳」は「瑞鶴」らと共に見事に囮の役割は果たした。しかし栗田艦隊はレイテ湾への突入を断念、捷一号作戦は失敗に終わり、4空母の死は無駄となってしまう。こうして、連合艦隊は実質的に壊滅し果てたのである。

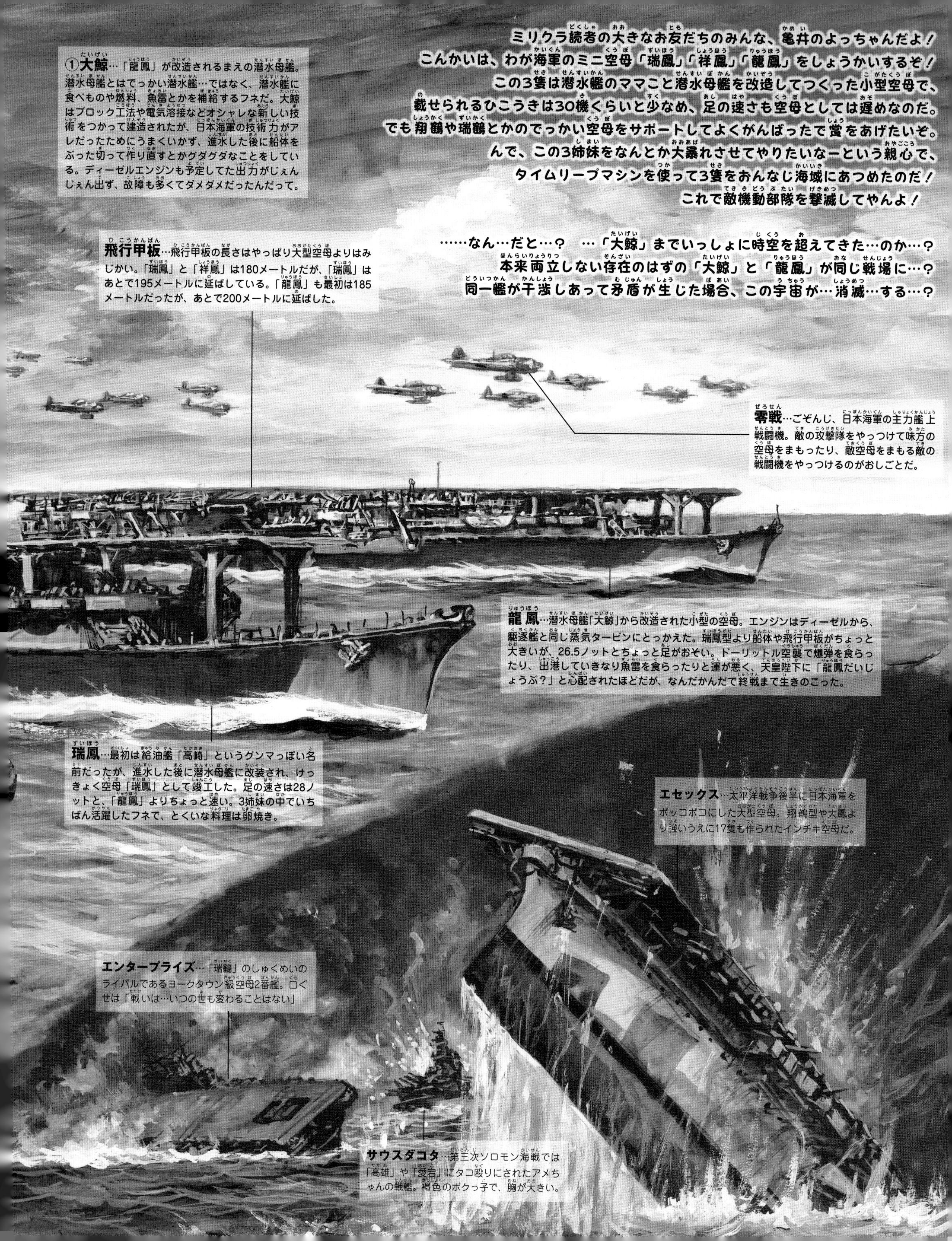
ミリクラ読者《どくしゃ》の大《おお》きなお友《とも》だちのみんな、亀井《かめい》のよっちゃんだよ！
こんかいは、わが海軍《かいぐん》のミニ空母《くうぼ》「瑞鳳《ずいほう》」「祥鳳《しょうほう》」「龍鳳《りゅうほう》」をしょうかいするぞ！
この3隻《せき》は潜水艦《せんすいかん》のママこと潜水母艦《せんすいぼかん》を改造《かいぞう》してつくった小型空母《こがたくうぼ》で、
載《の》せられるひこうきは30機《き》くらいと少《すく》なめ、足《あし》の速《はや》さも空母《くうぼ》としては遅《おそ》めなのだ。
でも翔鶴《しょうかく》や瑞鶴《ずいかく》とかのでっかい空母《くうぼ》をサポートしてよくがんばったで賞《しょう》をあげたいぞ。
んで、この3姉妹《しまい》をなんとか大暴《おおあば》れさせてやりたいなーという親心《おやごころ》で、
タイムリープマシンを使《つか》って3隻《せき》をおんなじ海域《かいいき》にあつめたのだ！
これで敵機動部隊《てききどうぶたい》を撃滅《げきめつ》してやんよ！
……なん…だと…？　…「大鯨《たいげい》」までいっしょに時空《じくう》を超《お》えてきた…のか…？
本来両立《ほんらいりょうりつ》しない存在《そんざい》のはずの「大鯨《たいげい》」と「龍鳳《りゅうほう》」が同《おな》じ戦場《せんじょう》に…？
同一艦《どういつかん》が干渉《かんしょう》しあって矛盾《むじゅん》が生《しょう》じた場合《ばあい》、この宇宙《うちゅう》が…消滅《しょうめつ》…する…？
①大鯨《たいげい》…「龍鳳《りゅうほう》」が改造《かいぞう》されるまえの潜水母艦《せんすいぼかん》。潜水母艦《せんすいぼかん》とはでっかい潜水艦《せんすいかん》…ではなく、潜水艦《せんすいかん》に食《た》べものや燃料《ねんりょう》、魚雷《ぎょらい》とかを補給《ほきゅう》するフネだ。大鯨《たいげい》はブロック工法《こうほう》や電気溶接《でんきようせつ》などオシャレな新《あたら》しい技術《ぎじゅつ》をつかって建造《けんぞう》されたが、日本海軍《にっぽんかいぐん》の技術力《ぎじゅつりょく》がアレだったためにうまくいかず、進水《しんすい》した後《あと》に船体《せんたい》をぶった切《ぎ》って作《つく》り直《なお》すとかグダグダなことをしている。ディーゼルエンジンも予定《よてい》してた出力《しゅつりょく》がじぇんじぇん出《で》ず、故障《こしょう》も多《おお》くてダメダメだったんだって。
飛行甲板《ひこうかんばん》…飛行甲板《ひこうかんばん》の長《なが》さはやっぱり大型空母《おおがたくうぼ》よりはみじかい。「瑞鳳《ずいほう》」と「祥鳳《しょうほう》」は180メートルだが、「瑞鳳《ずいほう》」はあとで195メートルに延《の》ばしている。「龍鳳《りゅうほう》」も最初《さいしょ》は185メートルだったが、あとで200メートルに延《の》ばした。

零戦《ぜろせん》…ごぞんじ、日本海軍《にっぽんかいぐん》の主力艦上《しゅりょくかんじょう》戦闘機《せんとうき》。敵《てき》の攻撃隊《こうげきたい》をやっつけて味方《みかた》の空母《くうぼ》をまもったり、敵空母《てきくうぼ》をまもる敵《てき》の戦闘機《せんとうき》をやっつけるのがおしごとだ。

龍鳳《りゅうほう》…潜水母艦《せんすいぼかん》「大鯨《たいげい》」から改造《かいぞう》された小型《こがた》の空母《くうぼ》。エンジンはディーゼルから、駆逐艦《くちくかん》と同《おな》じ蒸気《じょうき》タービンにとっかえた。瑞鳳型《ずいほうがた》より船体《せんたい》や飛行甲板《ひこうかんばん》がちょっと大《おお》きいが、26.5ノットとちょっと足《あし》がおそい。ドーリットル空襲《くうしゅう》で爆弾《ばくだん》を食《く》らったり、出港《しゅっこう》していきなり魚雷《ぎょらい》を食《く》らったりと運《うん》が悪《わる》く、天皇陛下《てんのうへいか》に「龍鳳《りゅうほう》だいじょうぶ？」と心配《しんぱい》されたほどだが、なんだかんだで終戦《しゅうせん》まで生《い》きのこった。

瑞鳳《ずいほう》…最初《さいしょ》は給油艦《きゅうゆかん》「高崎《たかさき》」というグンマっぽい名《な》前《まえ》だったが、進水《しんすい》した後《あと》に潜水母艦《せんすいぼかん》に改装《かいそう》され、けっきょく空母《くうぼ》「瑞鳳《ずいほう》」として竣工《しゅんこう》した。足《あし》の速《はや》さは28ノットと、「龍鳳《りゅうほう》」よりちょっと速《はや》い。3姉妹《しまい》の中《なか》でいちばん活躍《かつやく》したフネで、とくいな料理《りょうり》は卵焼《たまごや》き。

エセックス…太平洋戦争後半《たいへいようせんそうこうはん》に日本海軍《にっぽんかいぐん》をボッコボコにした大型空母《おおがたくうぼ》。翔鶴型《しょうかくがた》や大鳳《たいほう》より強《つよ》いうえに17隻《せき》も作《つく》られたインチキ空母《くうぼ》だ。

エンタープライズ…「瑞鶴《ずいかく》」のしゅくめいのライバルであるヨークタウン級空母《きゅうくうぼ》2番艦《ばんかん》。口《くち》ぐせは「戦《たたか》いは…いつの世《よ》も変《か》わることはない」

サウスダコタ…第三次《だいさんじ》ソロモン海戦《かいせん》では「高雄《たかお》」や「愛宕《あたご》」にタコ殴《なぐ》りにされたアメちゃんの戦艦《せんかん》。褐色《かっしょく》のボクっ子《こ》で、胸《むね》が大《おお》きい。

これがフェニックス三姉妹《さんしまい》

「瑞鳳《ずいほう》」「祥鳳《しょうほう》」「龍鳳《りゅうほう》」だ！

え／上田信《うえだしん》

天山《てんざん》…戦争後半《せんそうこうはん》の日本海軍《にっぽんかいくん》の艦上攻撃機《かんじょうこうげきき》。魚雷《ぎょらい》を敵艦《てきかん》のどてっ腹《ぱら》にぶち込《こ》むのがおしごとだ。なお、この3空母《くうぼ》は九九式艦爆《きゅうきゅうしきかんばく》とか彗星《すいせい》とかの艦上爆撃機《かんじょうばくげきき》はのっけていなかった。
①大鯨《たいげい》
艦橋《かんきょう》…3空母《くうぼ》の艦橋《かんきょう》は、他《ほか》の大型空母《おおがたくうぼ》みたいに飛行《ひこう》甲板《かんぱん》のうえにある島型《しまがた》（アイランド式《しき》）ではなく、飛《ひ》行甲板先端《こうかんぱんせんたん》の下《した》にあった。上《うえ》がぜんぜん見《み》えなそう…。
亀《かめ》井《い》凱《よし》夫《お》艦《かん》長《ちょう》
「ミニ空母三姉妹《くうぼさんしまい》が米大型空母《べいおおがたくうぼ》を撃沈《げきちん》だ！　日本海軍《にっぽんかいくん》の涙《なみだ》ぐましい努力《どりょく》は無駄《むだ》じゃなかった！」日本海軍《にっぽんかいくん》で初《はじ》めて戦闘《せんとう》機《き》での空母《くうぼ》への夜間着艦《やかんちゃっかん》にも成功《せいこう》した、すごい戦闘機《せんとうき》パイロットで、「大鯨《たいげい》」から「龍鳳《りゅうほう》」に改造《かいぞう》されるときに艦長《かんちょう》だった亀井大佐《かめいだいさ》も力強《ちからづよ》いガッツポーズだ！
祥鳳《しょうほう》…瑞鳳《ずいほう》の姉妹艦《しまいかん》で、最初《さいしょ》は給油艦《きゅうゆかん》「剣埼《つるぎざき》」として起工《きこう》され、潜水母艦《せんすいぼかん》としてオギャーと生《う》まれた。そのあとに空母《くうぼ》に改造《かいぞう》されて、太平洋戦争開戦直後《たいへいようせんそうかいせんちょくご》に竣工《しゅんこう》した。さんご海海戦《かいかいせん》ででっかい米空母《べいくうぼ》2隻《せき》にボコられ、早々《そうそう》に撃沈《げきちん》されてしまった。ノーマルコスで乳《ちち》の谷間《たにま》が見《み》えているなど露出度《ろしゅつど》が高《たか》い。
※イラストはイメージです。じっさいにはこの3隻《せき》が敵空母《てきくうぼ》や戦艦《せんかん》を撃沈《げきちん》したことはありませんし、しょーじきな話《はなし》、3隻合《せきあ》わせて「エンタープライズ」とやっと同等《どうとう》か、下手《へた》したらそれ以下《いか》の戦闘力《せんとうりょく》かなって…

「瑞鳳」「祥鳳」「龍鳳」実戦塗装図集

昭和14年（1939年）新造時の「剣埼」。次ページの「大鯨」と異なり、空母への改造工期を短縮するため、エレベーターははじめから2基設けられており、その間の格納庫や飛行甲板も設置された状態で竣工している。

潜水母艦「剣埼」

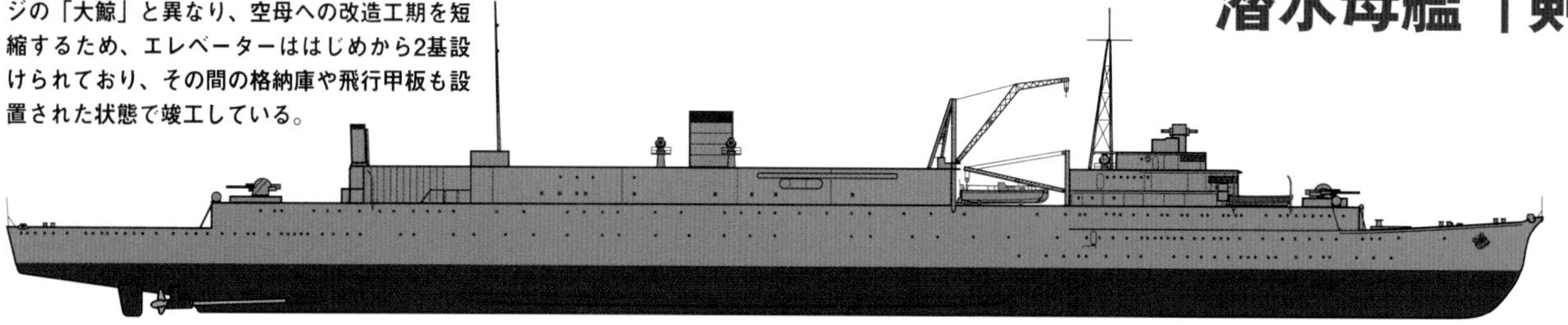

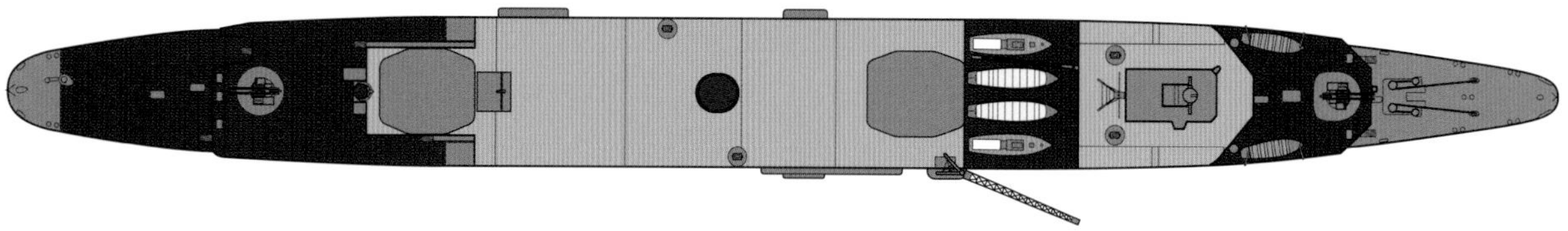

航空母艦「祥鳳」

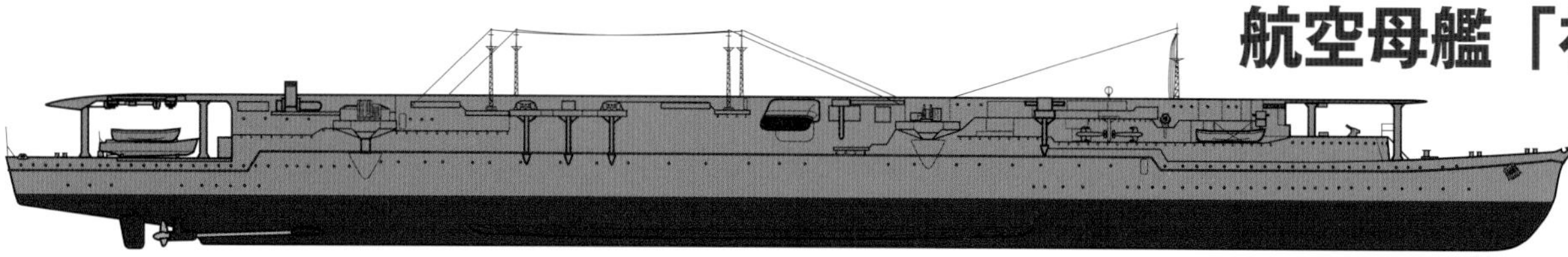

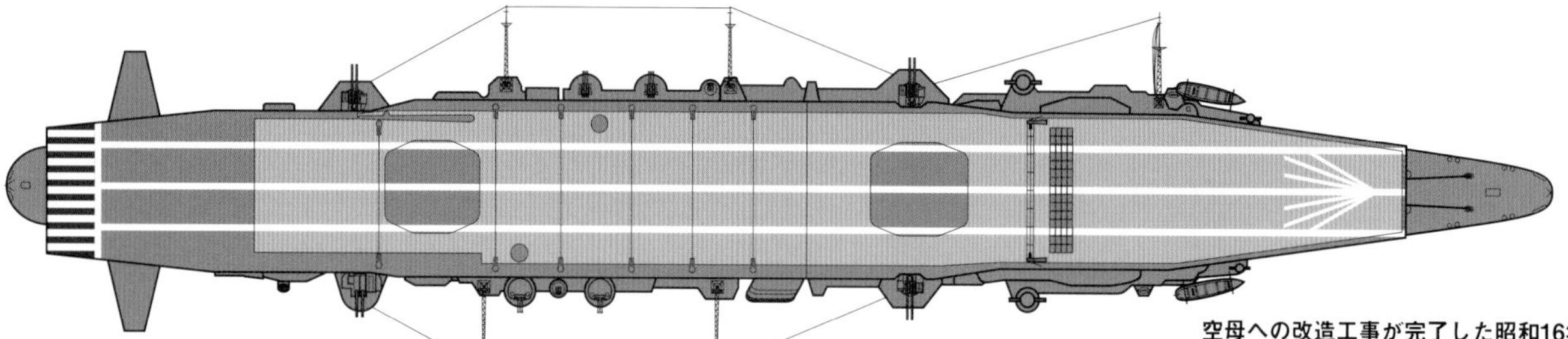

空母への改造工事が完了した昭和16年（1941年）末の「祥鳳」。本艦は翌年5月の珊瑚海海戦で戦没しており、これがほぼ最終状態と思われる。

航空母艦「瑞鳳」

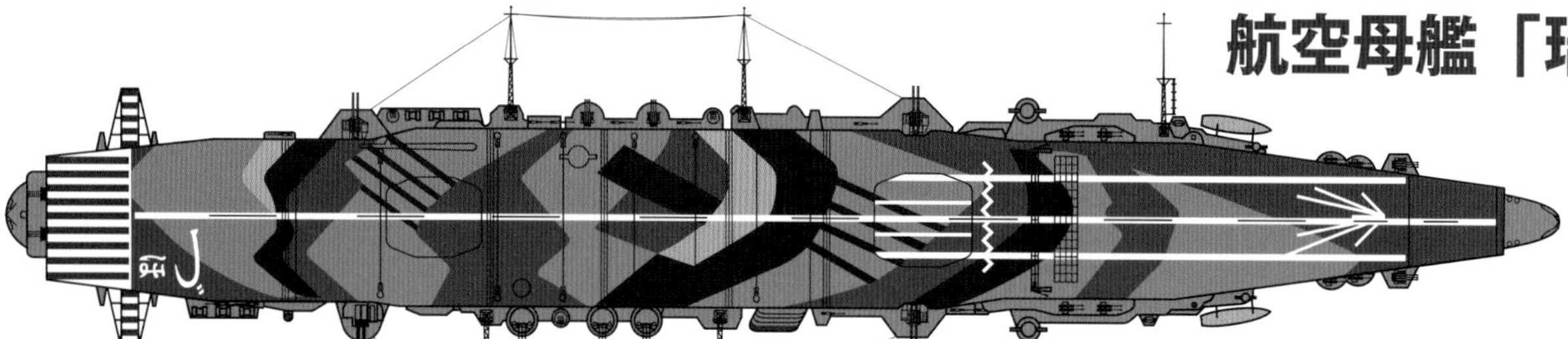

「瑞鳳」の最終状態。本艦が沈没した昭和19年10月のレイテ沖海戦で、米海軍機によって撮影された鮮明な写真が残されており、飛行甲板上に複雑な迷彩パターンや識別用の「づほ」の字も確認できる。

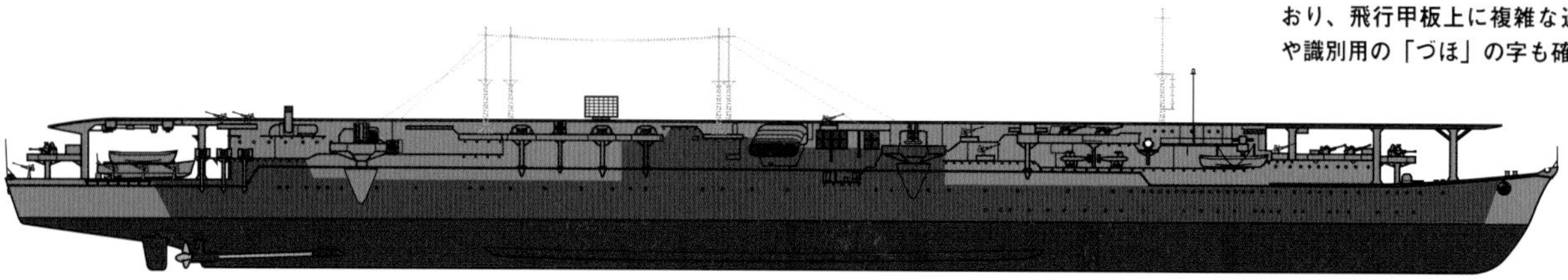

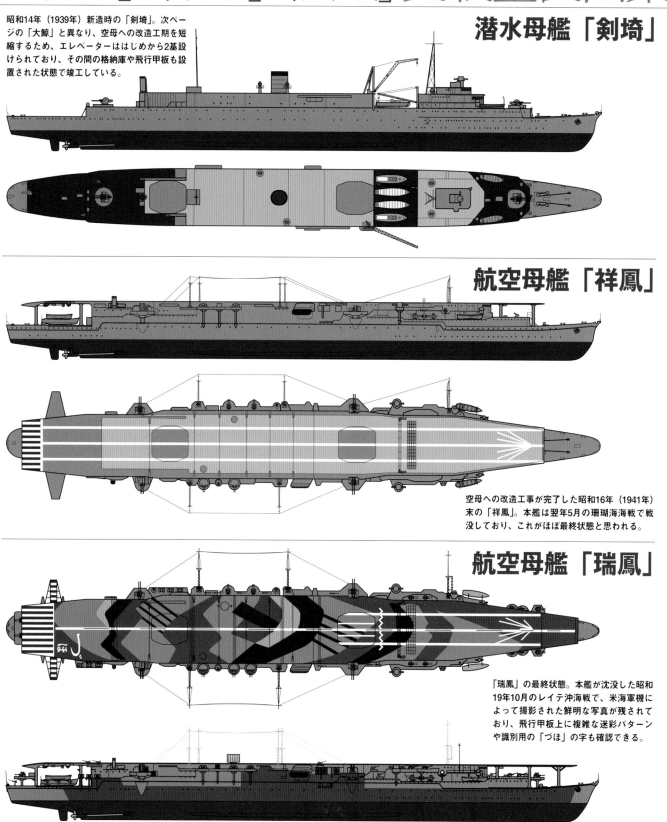

空母「瑞鳳」「祥鳳」「龍鳳」

Light Aircraft Carrier "ZUIHO" "SHOHO" "RYUHO"

図版／田村紀雄

潜水母艦から航空母艦へと大きく艦影を変化させた「瑞鳳」「祥鳳」「龍鳳」の三空母。ここでは改装前の状態から、空母改装時、そして大戦末期の姿をカラー二面図で再現し、その変遷を視覚的に捉えてみよう。

潜水母艦「大鯨」

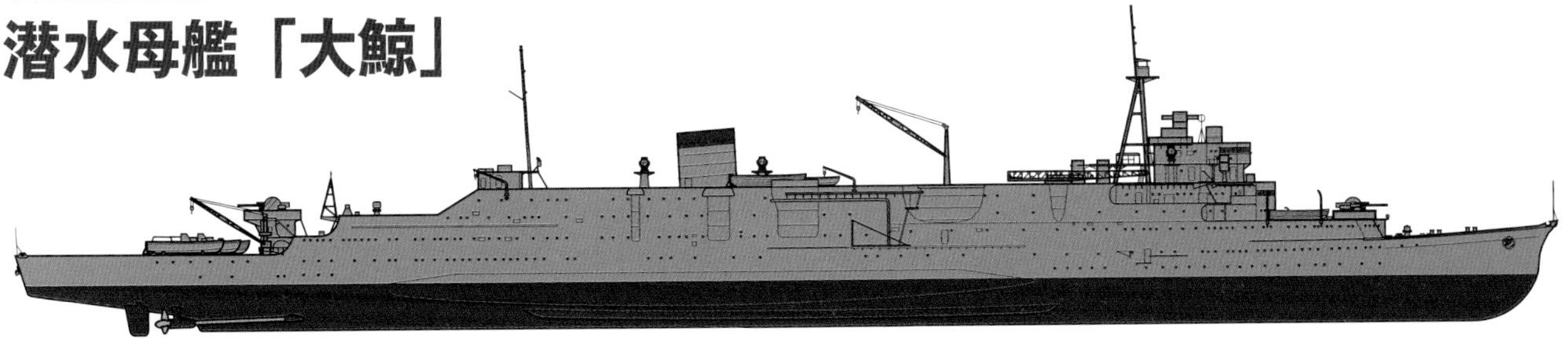

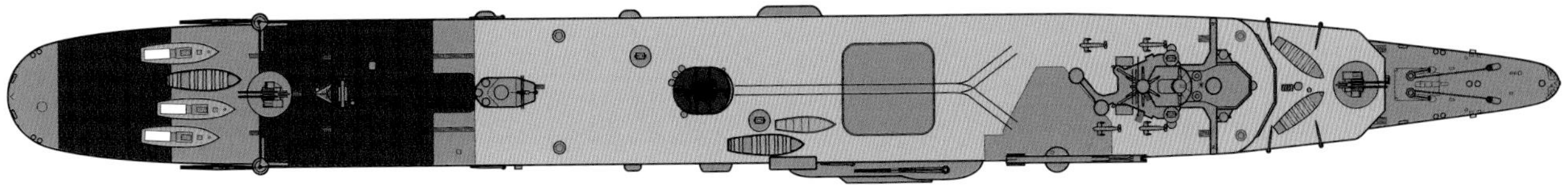

竣工後の改修工事を終えて実用状態となった昭和13年（1938年）頃の「大鯨」。新造時には無かった舷側部のダクトや船体水線部のバルジが設けられている。ディーゼル艦である本艦には大きな煙突は必要ないが、空母改装の意図を隠匿するためのダミーとして、最上甲板中央部に大型煙突を設置していた。

航空母艦「龍鳳」

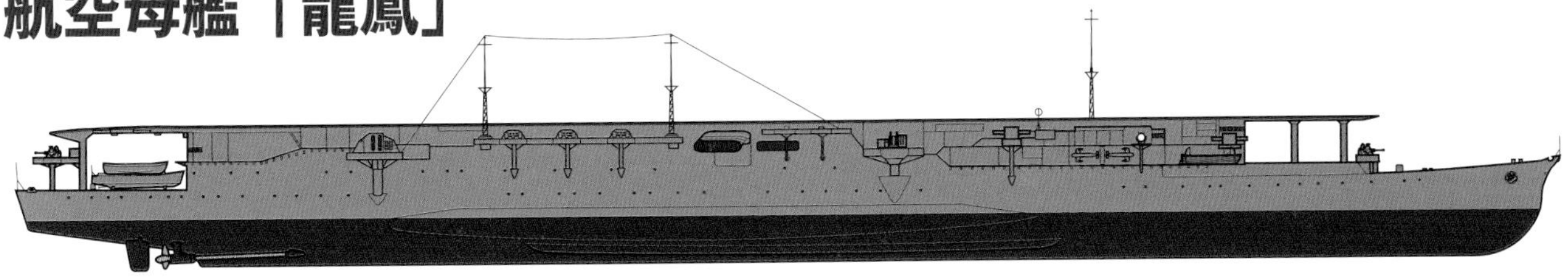

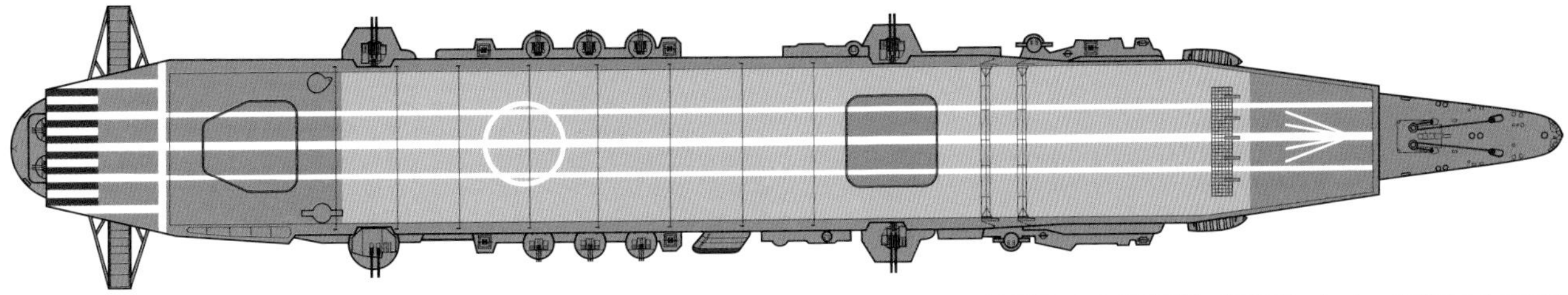

昭和17年（1942年）11月、空母に改装、「龍鳳」と改名した当時の艦容。「祥鳳」「瑞鳳」と比べると、遮風柵がかなり艦首側、後部エレベーターは艦尾よりに位置しているほか、艦首側飛行甲板支柱の配置も異なっている。

航空母艦「龍鳳」

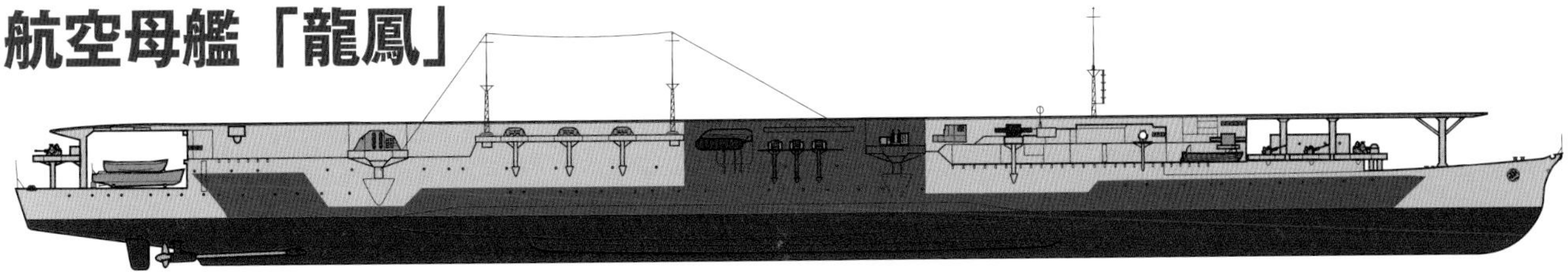

図は昭和19年秋の「龍鳳」で、上掲の空母改装時と比べると、艦首飛行甲板の延長、機銃や噴進砲といった対空兵装の増設、舷側および飛行甲板への迷彩導入、などの相違が見られる。また信号檣には一三号電探の空中線も装備した。

CG図解

空母「瑞鳳」「祥鳳」「龍鳳」のメカニズム

本稿では3DCGでモデリングした空母「瑞鳳」「祥鳳」「龍鳳」とともに各艦のメカニズムについて詳解する。合わせて、潜水母艦の剣埼型および「大鯨」についても、その概要を解説する。

文／本吉隆
3DCG／一木壮太郎

**■潜水母艦「大鯨」
全体像：左前方より**

❶菊花紋章
❷艦首旗竿
❸主錨
❹錨鎖甲板
❺第三最上甲板
❻短艇用ダビッド
❼12.7cm連装高角砲
❽操舵室
❾13mm四連装機銃
❿羅針艦橋
⓫九一式高射装置
⓬4.5m高角測距儀
⓭主檣
⓮水偵用クレーン
⓯第一最上甲板
⓰前部エレベーター
⓱探照灯
⓲ディーゼル主機用煙突
⓳後檣
⓴後部見張台
㉑40mm連装機銃
㉒12.7cm連装高角砲
㉓短艇用クレーン
㉔バルジ
㉕ビルジキール
㉖主機械室吸排気口及び補助缶排気口（カバー付）
㉗プロペラシャフト
㉘スクリュープロペラ

■潜水母艦「大鯨」

常備排水量	13,084トン	公試排水量	14,400トン（計画）
全長	215.65m	水線長	210m
水線幅	19.58m	最大幅	20.0m
吃水（公試状態）	6.53m		
主機／軸数	艦本式十一号10型機械（ディーゼル）4基＋十一号2型4基／2軸		
補助缶	ロ号艦本式水管缶2基	出力	70,000馬力（計画）
速力	27ノット	航続距離	18ノットで7,800浬
兵装	12.7cm連装高角砲2基、40mm連装機銃2基、13mm四連装機銃4基		
搭載数	水上偵察機3機	乗員	430名

潜水母艦「剣埼」「高崎」「大鯨」の概要

艦首〜艦前部および艦橋

剣埼型（「剣埼」「高崎」）と「大鯨」の艦首形状は良く似ているが、水線下の形状は「大鯨」がダブルカーブ型なのに対し、剣埼型は八八艦隊時期の戦艦と同様に、艦底まで直線形状となっているという差異がある。

船型は船央楼型と言えるもので、錨鎖甲板の直後から艦尾甲板部に至る一層高い甲板（空母状態における上部格納庫床面：第三最上甲板）が設けられている。この甲板の艦首側、揚錨機のすぐ後ろに当たる甲板前端には、「大鯨」では当初、12cm連装高角砲が搭載されていた。これは昭和12年（1937年）10月から昭和13年（1938年）8月まで実施された第二次改装後、12・7cm連装高角砲に換装されている。一方、「剣埼」は当初から12・7cm連装高角砲1基が装備された。その後方の艦橋前面に短艇用のダビッドが両舷各1基設けられたのは、「剣埼」「大鯨」共に同様だった。

「大鯨」の艦橋は、操舵室の天蓋部となる第一最上甲板（空母状態における飛行甲板）に甲板一層を置いて羅針艦橋（床面は艦橋甲板）を設けたため四層構造だが、「剣埼」は操舵室の天蓋の上に羅針艦橋を置いた三層構造とされた。

羅針艦橋の上部は測距儀甲板で、高角砲射撃指揮用の九一式高射装置や4・5m高角測距儀が置かれている。「大鯨」では艦橋側部前方の第一最上甲板に13㎜四連装機銃が装備されたが、「剣埼」では機銃兵装は未装備であった。艦橋の後方には両型共に三脚檣が置かれているが、「大鯨」の方が大型であることを含めて、各部が異なるものとなっている。

艦中央部および上部構造物

艦橋より後方の上部構造物は、「大鯨」は第一〜第三の最上甲板がそのまま後方に伸びており、第一最上甲板の両舷に射出機装備用として架台の張り出しが各1基付けられていたが、昭和12年10月に開始された改修工事の際に左舷側のものは撤去され、昭和13年9月に再就役した際には右舷側に呉式二号五型射出機を1基装備する形とされている。

また、これの装備に先立って、右舷射出機の装備予定位置の後方に、水偵揚収用クレーンの装備用・収容用の張り出しが設けられていた。水偵はクレーン後方の艦中心線上に設けられた前部エレベーターにより、艦内のエレベーター前部にある上部格納庫内に収容する形とされており、このため、射出機からエレベーターの間の連絡用として、この部位に水偵用の運搬軌条と旋回盤1基が設けられている。

「大鯨」は当初、バルジを持たなかったが、射出機搭載を実施した第二次改装の際に、射出機の装備予定位置の直前方から、第二最上甲板の後端付近までの船体に、上端を下甲板とするバルジが設置されている。これと同

■潜水母艦「剣埼」
全体像：左前方より

❶菊花紋章
❷艦首旗竿
❸主錨
❹錨鎖甲板
❺第三最上甲板
❻12.7cm連装高角砲
❼短艇用ダビッド
❽操舵室
❾羅針艦橋
❿測距儀甲板
⓫九一式高射装置
⓬水偵用クレーン
⓭主檣
⓮第一最上甲板
⓯前部エレベーター
⓰探照灯
⓱ディーゼル主機用煙突
⓲後檣
⓳補助缶用煙突
⓴後部エレベーター
㉑艦尾旗竿
㉒ビルジキール
㉓主機械室吸排気口
㉔プロペラシャフト
㉕スクリュープロペラ

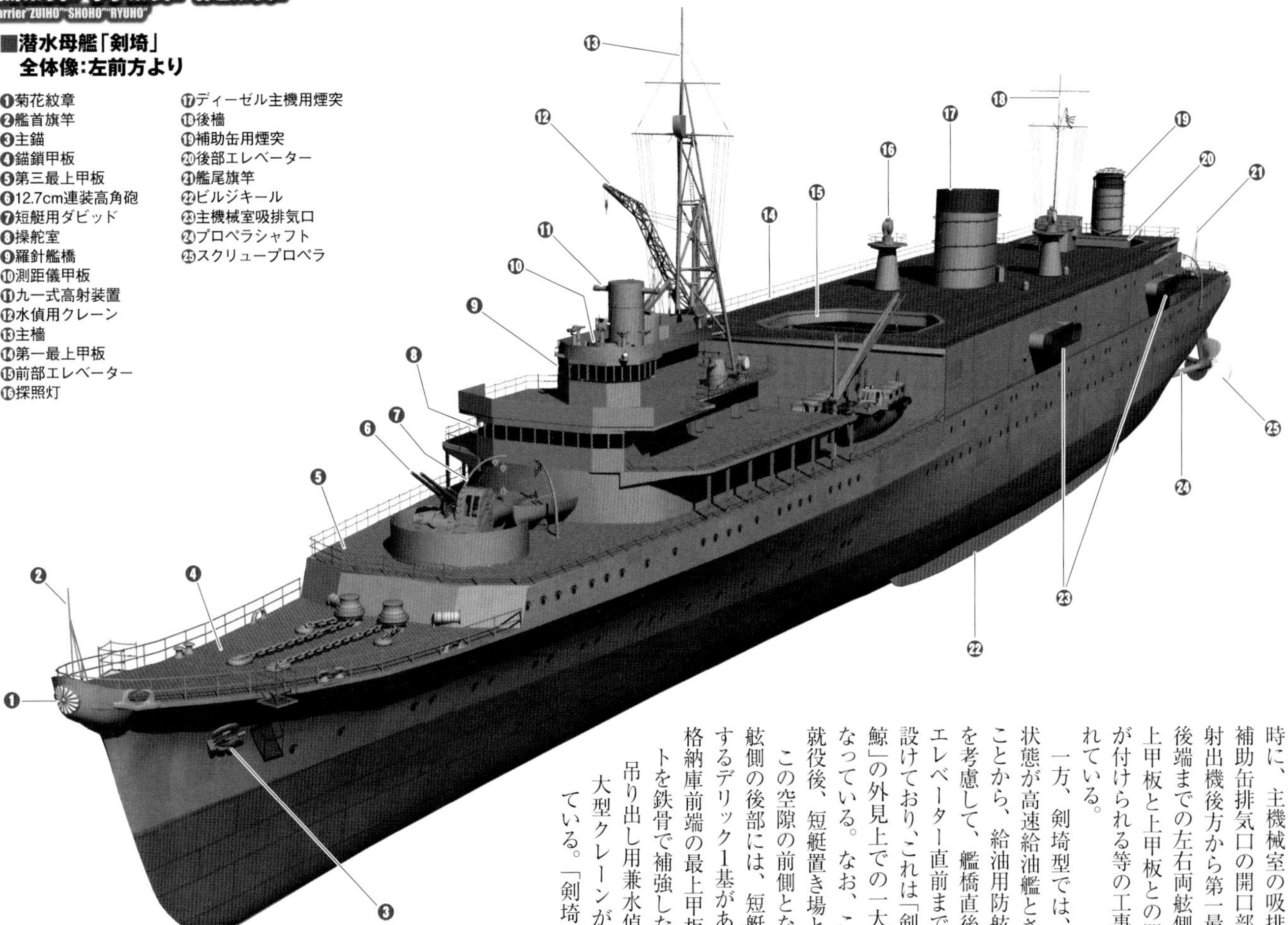

時に、主機械室の吸排気口及び補助缶排気口の開口部（位置は、射出機後方から第一最上甲板の後端までの左右両舷側、第三最上甲板と上甲板との間）に覆いが付けられる等の工事も実施されている。

一方、剣埼型では、元々第一状態が高速給油艦とされていたことから、給油用防舷物の搭載を考慮して、艦橋直後から前部エレベーター直前までに空隙を設けており、これは「剣埼」と「大鯨」の外見上での一大識別点となっている。なお、この空隙は就役後、短艇置き場とされた。

この空隙の前側となる艦橋左舷側の後部には、短艇用に使用するデリック1基があり、また、格納庫前端の最上甲板にはポストを鉄骨で補強した給油蛇管《だかん》吊り出し用兼水偵収容用の大型クレーンが設置されている。「剣埼」は射出機未装備だが、「大鯨」と同様に九四式水偵（定数3機）の配備が行われており、その収容位置はやはり前部エレベーター後部の上部格納庫だった。

「剣埼」の船体にバルジは装備されておらず、また主機械室の吸排気口等は「大鯨」と異なって、より高い位置となる第一／第二最上甲板の両舷部に開口しており、また、補助缶の煙突は上構後端部に設置されたことから、「大鯨」のような舷側部の覆いは設置されていない。なお、空母状態において格納庫部分となる上構部は、「剣埼」「大鯨」共に1個潜水隊9隻の大型潜水艦を支援する潜水母艦として必要な、潜水隊兵員室や潜水艦用魚雷庫、真水タンク等の装備位置や各種工作設備、大型医療区画の設置場所として有効に活用されている。

「剣埼」「大鯨」共、前部エレベーターの後方にディーゼル主機用の煙突が設けられており、その右舷前方と左舷後方には探照灯台が各1基置かれているが、「大鯨」の竣工直後の写真では探照灯台の装備は見えない。「大鯨」は煙突後方の後檣前側の左右両舷に置かれた銃座に毘式40㎜連装機銃を各1基置いているが、「剣埼」はこれを装備していない。

艦後部および艦尾

「大鯨」の第一最上甲板の後端には上部に4・5m測距儀を持つ後部見張台があり、その前側に後檣が置かれている。その後方の上構は艦尾側に向けて段階的に甲板高が減る形となっており、側面から見た形状は意外と複雑である。また、後部の高角砲座の両側面となる第三最上甲板の後端の上甲板には、6トン型の短艇用クレーンが片舷当たり1基装備されている。

一方、剣埼型は、二段式格納庫に対応する後部エレベーターを当初から搭載したこともあり、第一最上甲板をより延長す

■剣埼型潜水母艦

基準排水量	12,000トン	公試排水量	13,350トン
満載排水量	14.073トン	全長	205.50m
水線長	200.00m	水線幅	18.00m
吃水	6.86m		
主機/軸数	艦本式十一号10型機械（ディーゼル）4基＋十一号2型4基/2軸		
補助缶	ロ号艦本式水管缶2基	出力	70,000馬力（計画）
出力	56,000馬力（計画）	速力	28.7ノット（計画）
航続距離	18ノットで10,00浬	兵装	12.7cm連装高角砲2基
搭載数	水上偵察機3機	乗員	387名
同型艦	「剣埼」「高崎」		

剣埼型/瑞鳳型/「大鯨」/「龍鳳」の艦名由来

（文／編集部）

「剣埼」の艦名由来は神奈川県三浦半島南東端の剣埼（剣崎、劔埼などと表記）。高速給油艦/潜水母艦の「剣埼」は二代目で、初代「剣埼」は運送艦（給油艦）であり、日本海軍初のディーゼル機関搭載艦だった。「高崎」の由来には二説あり、隠岐西ノ島（島根県）の岬・高崎鼻か、対馬の舟志湾にある高崎鼻と言われている。「高崎」も二代目で、初代は日露戦争での戦利汽船、のち運送艦。「大鯨」は文字通り、大きいクジラ。「瑞鳳」「祥鳳」「龍鳳」は瑞祥動物からの命名で、「瑞鳳」「祥鳳」はともに「めでたい鳳（おおとり）」を意味する。「龍鳳」も文字通り「龍と鳳」。

■空母「瑞鳳」（捷号作戦時） 全体像：左前方より

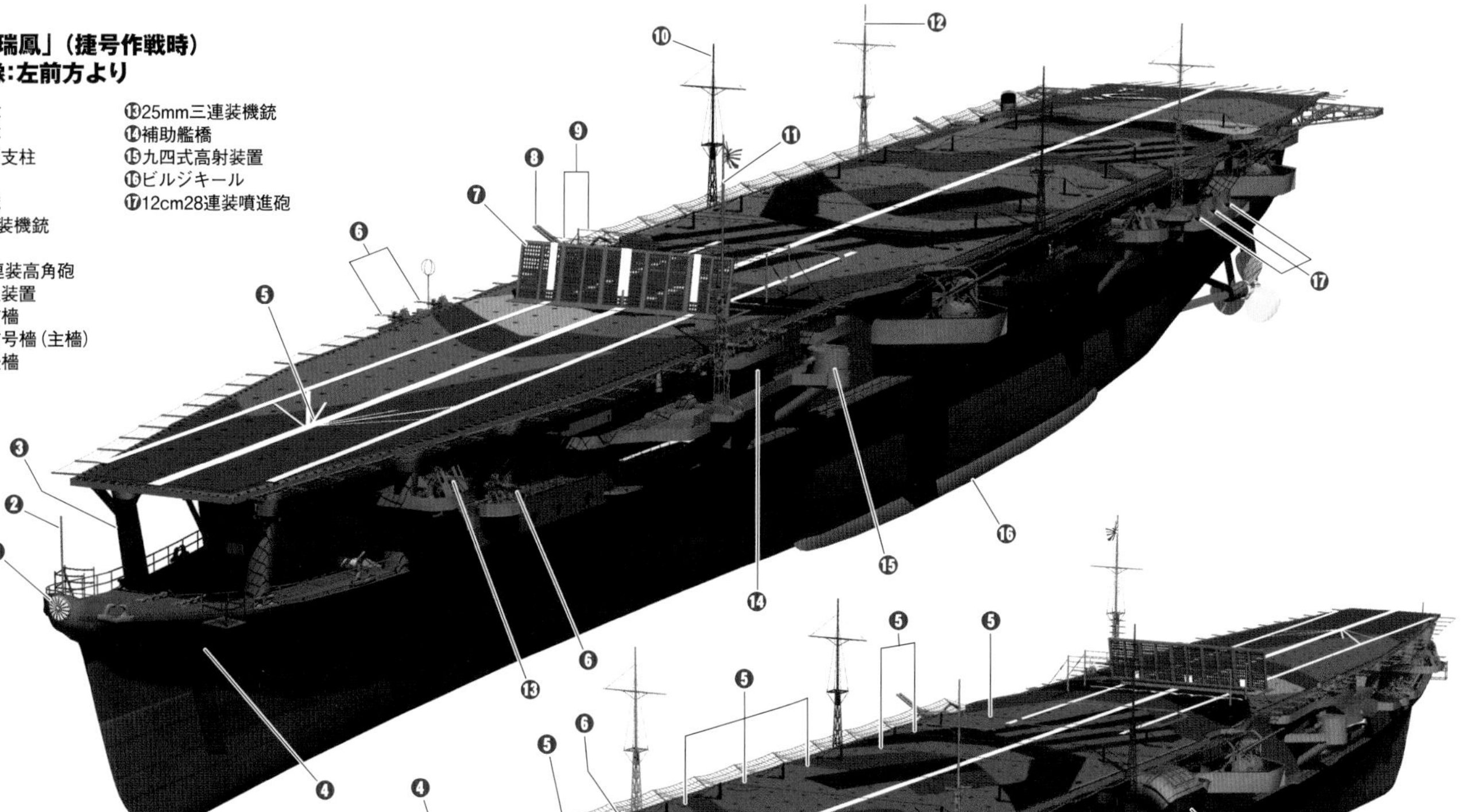
❶菊花紋章
❷艦首旗竿
❸飛行甲板支柱
❹主錨
❺風向標識
❻25mm連装機銃
❼遮風柵
❽12.7cm連装高角砲
❾滑走制止装置
❿起倒式前檣
⓫起倒式信号檣（主檣）
⓬起倒式後檣
⓭25mm三連装機銃
⓮補助艦橋
⓯九四式高射装置
⓰ビルジキール
⓱12cm28連装噴進砲

■空母「瑞鳳」（捷号作戦時） 全体像：右後方より

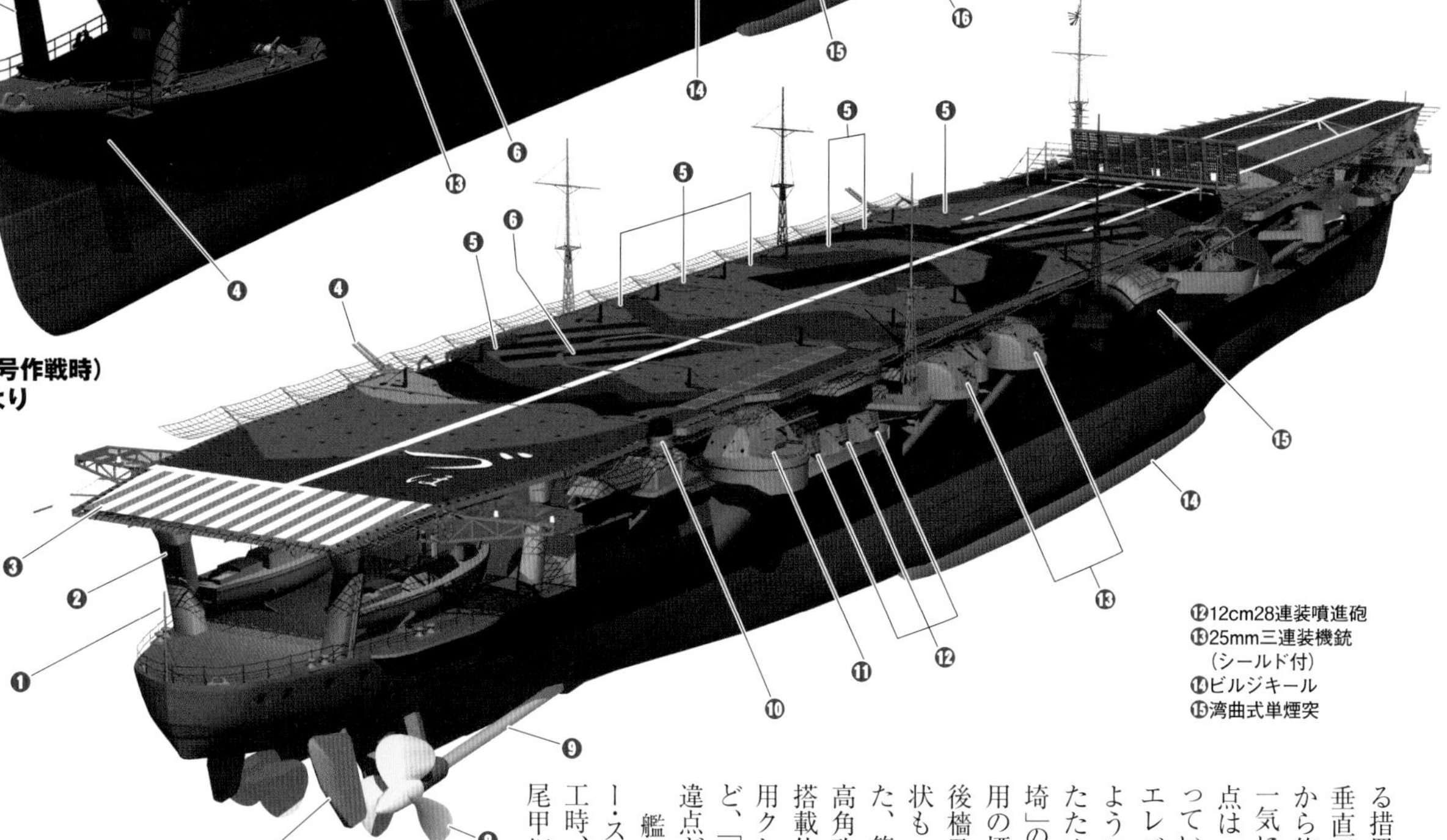
❶艦尾旗竿
❷飛行甲板支柱
❸着艦標識
❹12.7cm連装高角砲
❺制動索
❻後部エレベーター
❼主舵
❽スクリュープロペラ
❾プロペラシャフト
❿補助缶用煙突
⓫12.7cm連装高角砲（シールド付）
⓬12cm28連装噴進砲
⓭25mm三連装機銃（シールド付）
⓮ビルジキール
⓯湾曲式単煙突

■瑞鳳型航空母艦（空母改装時）

基準排水量	11,200トン	公試排水量	13,100トン
全長	205.50m	水線長（公試状態）	201.43m
水線幅	18.00m	最大幅	18.14m
吃水（公試状態）	6.64m		
主機/軸数	艦本式ギヤード・タービン（高中低圧） 2基/2軸		
主缶	ロ号艦本式重油専焼水管缶4基	出力	52,000馬力
速力	28.0ノット	航続距離	18ノットで7,800浬
兵装	12.7cm連装高角砲4基、25mm連装機銃4基		
搭載数	艦戦18機＋補用3機、艦攻9機＋補用0機（計27機＋補用3機）		
乗員	785名	同型艦	「瑞鳳」「祥鳳」

る措置が執られ、格納庫後端は垂直形状であり、第一最上甲板から第三最上甲板まで甲板高が一気に下がる形とされた。この点は「大鯨」との大きな差異となっている（ただし、「剣埼」の後部エレベーターは、視認できないように上面を木甲板で覆っていたため使用できなかった）。「剣埼」の格納庫後端部には補助缶用の煙突が置かれ、煙突後方の後檣及びその基部の構造物の形状も「大鯨」と異なっている。また、第三最上甲板の後端に後部高角砲座が設置された点、短艇搭載位置の相違により後部短艇用クレーンが未装備である点など、「剣埼」と「大鯨」で多くの相違点が生じている。

艦尾は両型ともにクルーザー・スターン型だが、「大鯨」は竣工時、短艇格納部より後方の艦尾甲板が一層下がっており、昭和12年10月以降に実施された第二次改装で艦尾後端の甲板が一層高められている。これに伴い、艦尾後端中心線上にあった艦尾錨のホースパイプも一層高められた。なお、「剣埼」は当初から「大鯨」の改修後と同様の形状となっている。

艦尾水線下には左右両舷に推進軸が1基あり、舵は半釣り合い式のものが左右に各1基装備された二枚舵型式となっている。

空母「瑞鳳」「祥鳳」「龍鳳」の全般配置

艦前部

船体は基本的に潜水母艦時代と同様で、大きな改正はなされていないが、空母への改装により、上甲板より上部では各部に大きな差異が生じている。

飛行甲板の最前部支柱は、瑞鳳型（「瑞鳳」「祥鳳」）では艦首の甲板室前側の上甲板にあるが、「龍鳳」は最上甲板前側の天蓋部に置かれている。また、「瑞鳳」と「龍鳳」は戦時中に飛行甲板を延伸した際、支柱を前方に1組増設している。

瑞鳳型は当初、艦首に対空機銃を装備していなかったが、「瑞鳳」のみは昭和17年（1942年）後期に最上甲板部の最前部両舷に25㎜三連装機銃各1基を装備する銃座が設置された。一方、同時期に竣工した「龍鳳」は、当初から同部位に機銃兵装を装備して竣工しており、以後も最上甲板は追加の対空機銃の装備位置となった。

甲板室上部にはもう一組の飛

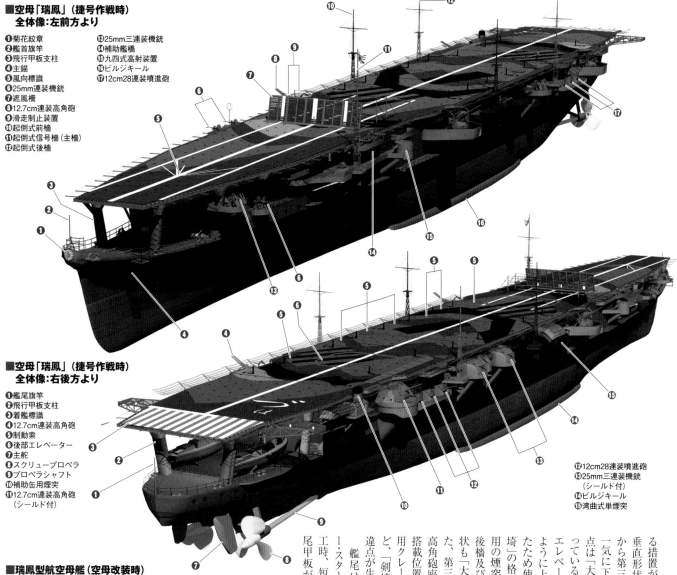

**■空母「祥鳳」(空母改装時)
全体像:左前方より**

1 菊花紋章
2 艦首旗竿
3 主錨
4 飛行甲板支柱
5 飛行甲板
6 風向標識
7 遮風柵
8 12.7cm連装高角砲
9 滑走制止装置
10 前部エレベーター
11 起倒式信号檣(主檣)
12 起倒式前檣
13 起倒式後檣
14 補助艦橋
15 九四式高射装置
16 ビルジキール
17 25mm三連装機銃

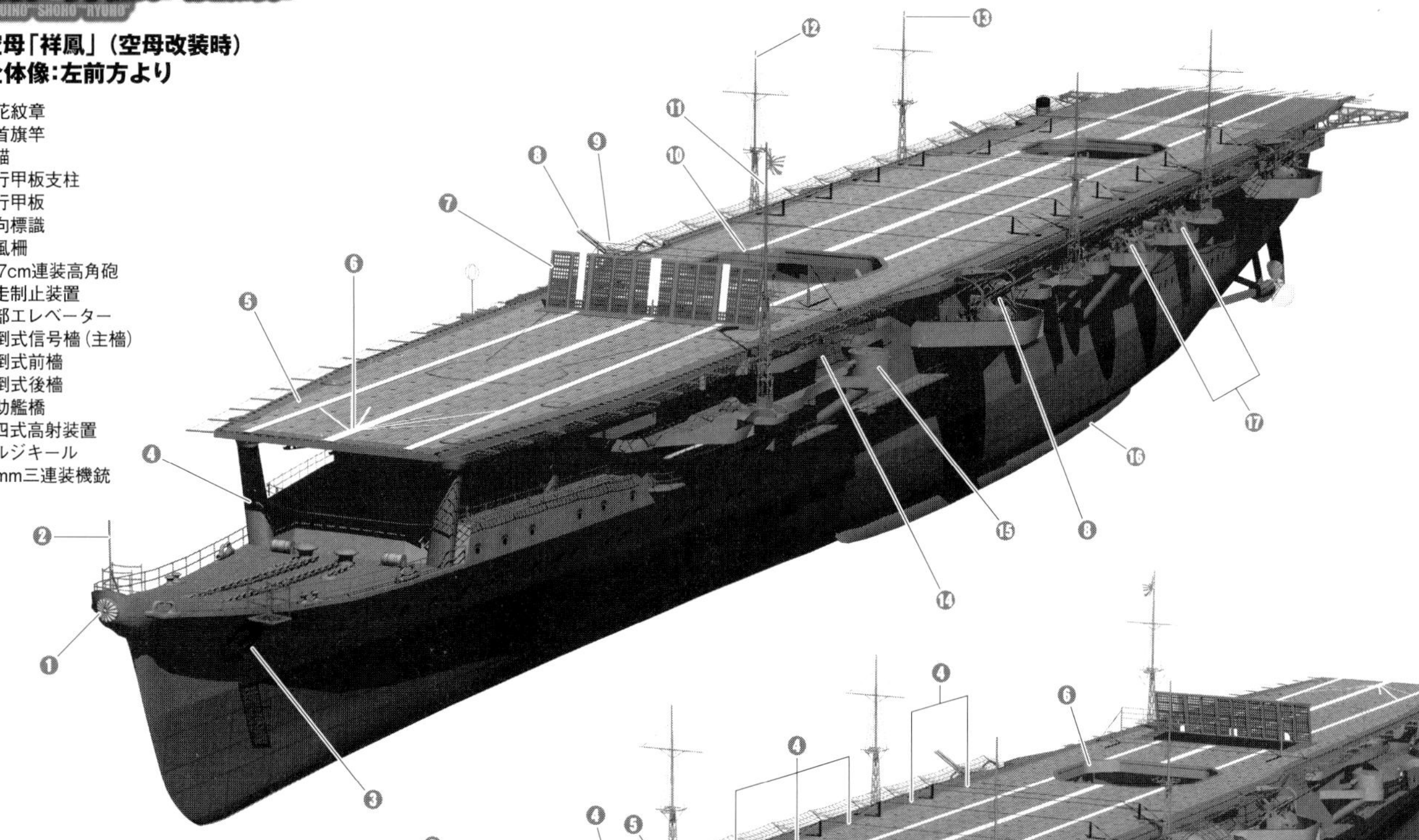

**■空母「祥鳳」(空母改装時)
全体像:右後方より**

1 艦尾旗竿
2 着艦標識
3 12.7cm連装高角砲
4 制動索
5 後部エレベーター
6 前部エレベーター
7 補助缶用煙突
8 12.7cm連装高角砲(シールド付)
9 25mm三連装機銃(シールド付)
10 湾曲式単煙突

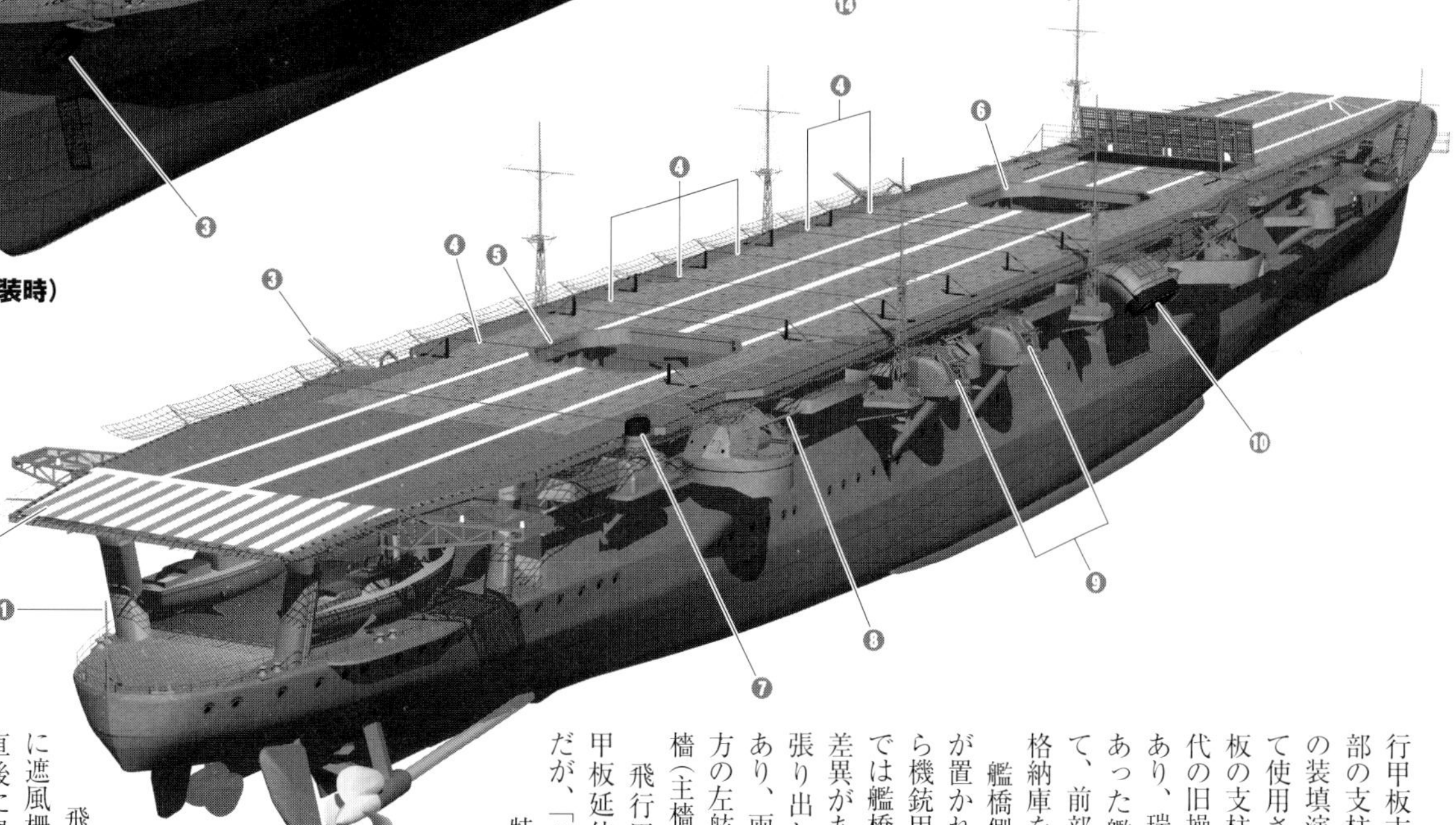

行甲板支柱が置かれ、前部と後部の支柱の中間位置は、高角砲の装填演習砲等の装備位置として使用されている。後部飛行甲板の支柱の後方には潜水母艦時代の旧操舵室を転用した艦橋があり、瑞鳳型は潜水母艦時代にあった艦橋後方の空隙を埋めて、前部エレベーターの前方に格納庫を延伸している。

艦橋側面には9m型の救命艇が置かれ、「龍鳳」はこの部位から機銃甲板が始まるが、瑞鳳型では艦橋後方から始まるという差異がある。艦橋側方の両舷の張り出しには防空指揮所等があり、両型ともに防空指揮所後方の左舷側に大型の起倒式信号檣(主檣)が設置された。

飛行甲板の最前部は、飛行甲板延伸前の瑞鳳型は木甲板だが、「龍鳳」は改装完了時点で特殊塗料仕上げの鉄甲板とされており、両艦とも、戦時中に延伸された部分は同様の処理の鉄甲板だったと思われる。「龍鳳」は艦橋の直後となる位置に遮風柵があり、対して瑞鳳型では飛行甲板の最大幅部分の前側、飛行甲板が平行する部分に遮風柵を置くとともに、その直後に滑走制止装置を1基置く形としていた。

瑞鳳型では滑走制止装置の側部、「龍鳳」では信号檣の直後方の両舷部に九四式高射装置が各1基装備されており、その後方の飛行甲板部中心線上に前部エレベーターが置かれている。また、瑞鳳型では前部エレベーターの側部、「龍鳳」では前部エレベーターの側面前方が、前部12.7cm連装高角砲の砲座位置とされている。この前部高角砲の砲座の前後部分は、両舷ともに後に対空機銃の増備位置として使用された。

飛行甲板が最大幅となる位置の前端は両型で異なっており、瑞鳳型は前部エレベーターの側方やや前部、「龍鳳」は後方の滑走制止装置の設置位置である。なお、「龍鳳」では前部エレベーターの前に滑走制止装置が2基置かれている。一方で「瑞鳳」は、後に前部エレベーター直前の艦中心線部分を、対空用の二号一型電探の装備位置としている。

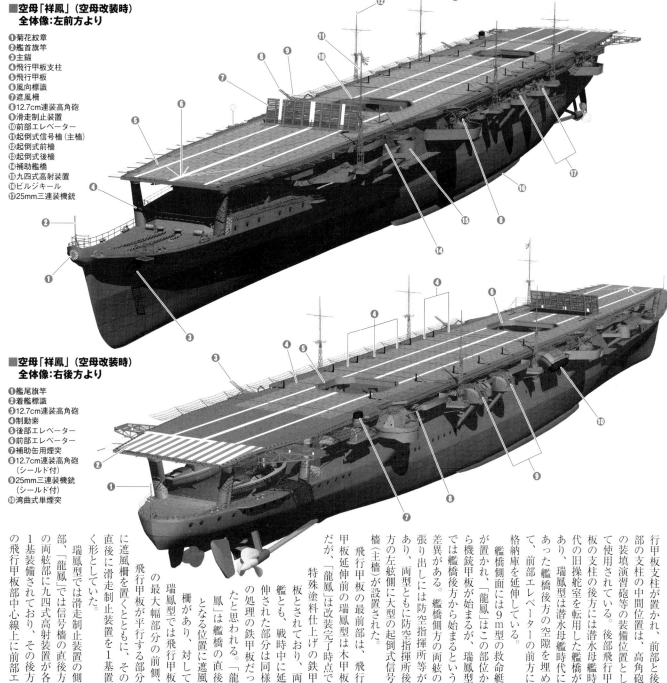

艦中央部

艦中央部の両舷には、起倒式の前檣が装備されている。瑞鳳型/「龍鳳」ともに空母改装の際に主機の換装が行われたため、潜水母艦時代にあった舷側の吸排気口や補助缶用の煙突等は全て撤去され、新たに艦中央部右舷の起倒式前檣の直前に、下方に傾斜した湾曲式の単煙突が設置される形に変わった。また、煙突前後の両舷には缶室や機械室の吸気口が設置されている。

瑞鳳型では、煙突設置位置の直前方の飛行甲板に移動式制止装置を設置、煙突側部から後部エレベーターまでの間に着艦制動用の制動索(横索)を5基設置している。対して、より前後部のエレベーター間の飛行甲板長

**■空母「龍鳳」(空母改装時)
全体像:左前方より**

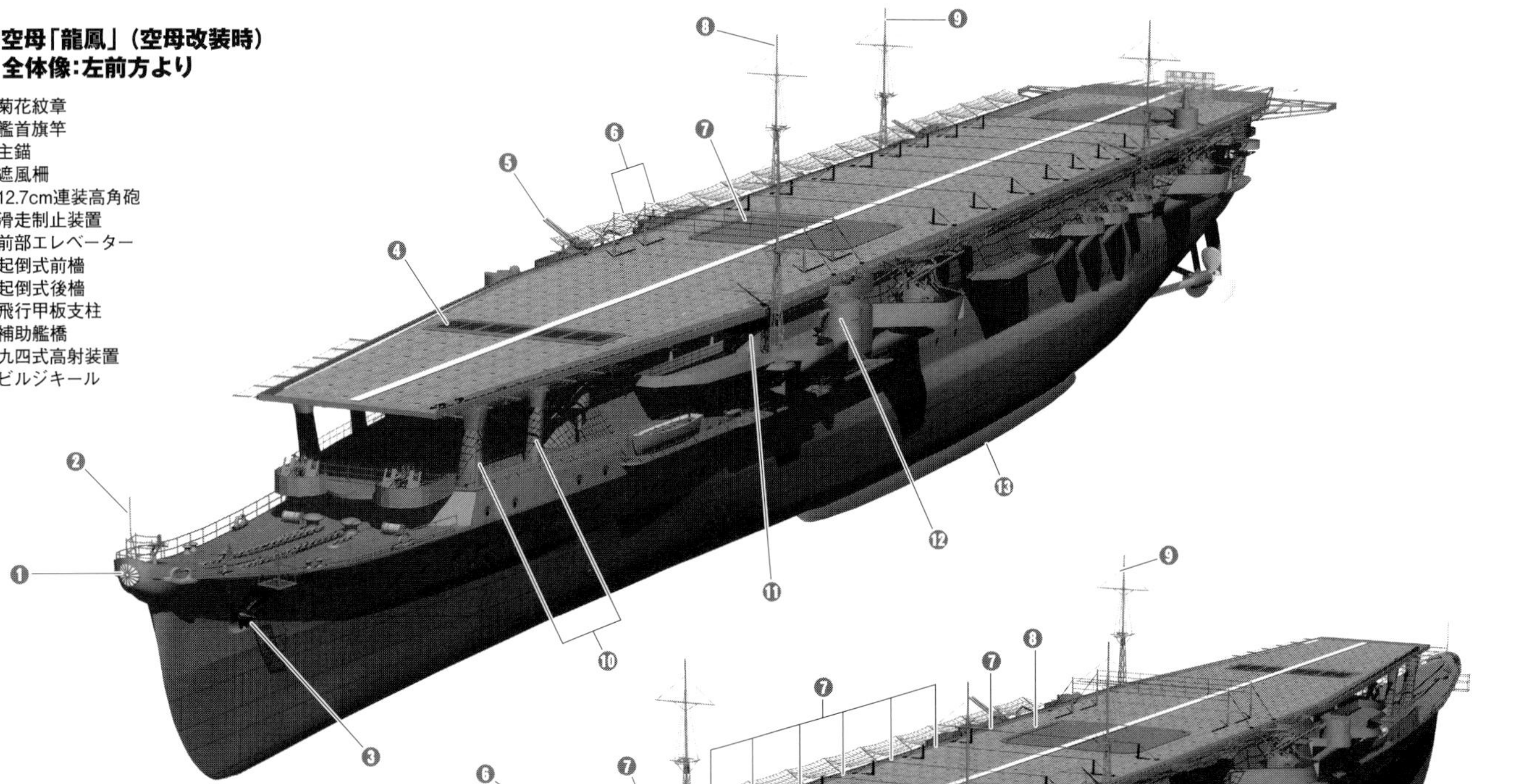

❶菊花紋章
❷艦首旗竿
❸主錨
❹遮風柵
❺12.7cm連装高角砲
❻滑走制止装置
❼前部エレベーター
❽起倒式前檣
❾起倒式後檣
❿飛行甲板支柱
⓫補助艦橋
⓬九四式高射装置
⓭ビルジキール

**■空母「龍鳳」(空母改装時)
全体像:右後方より**

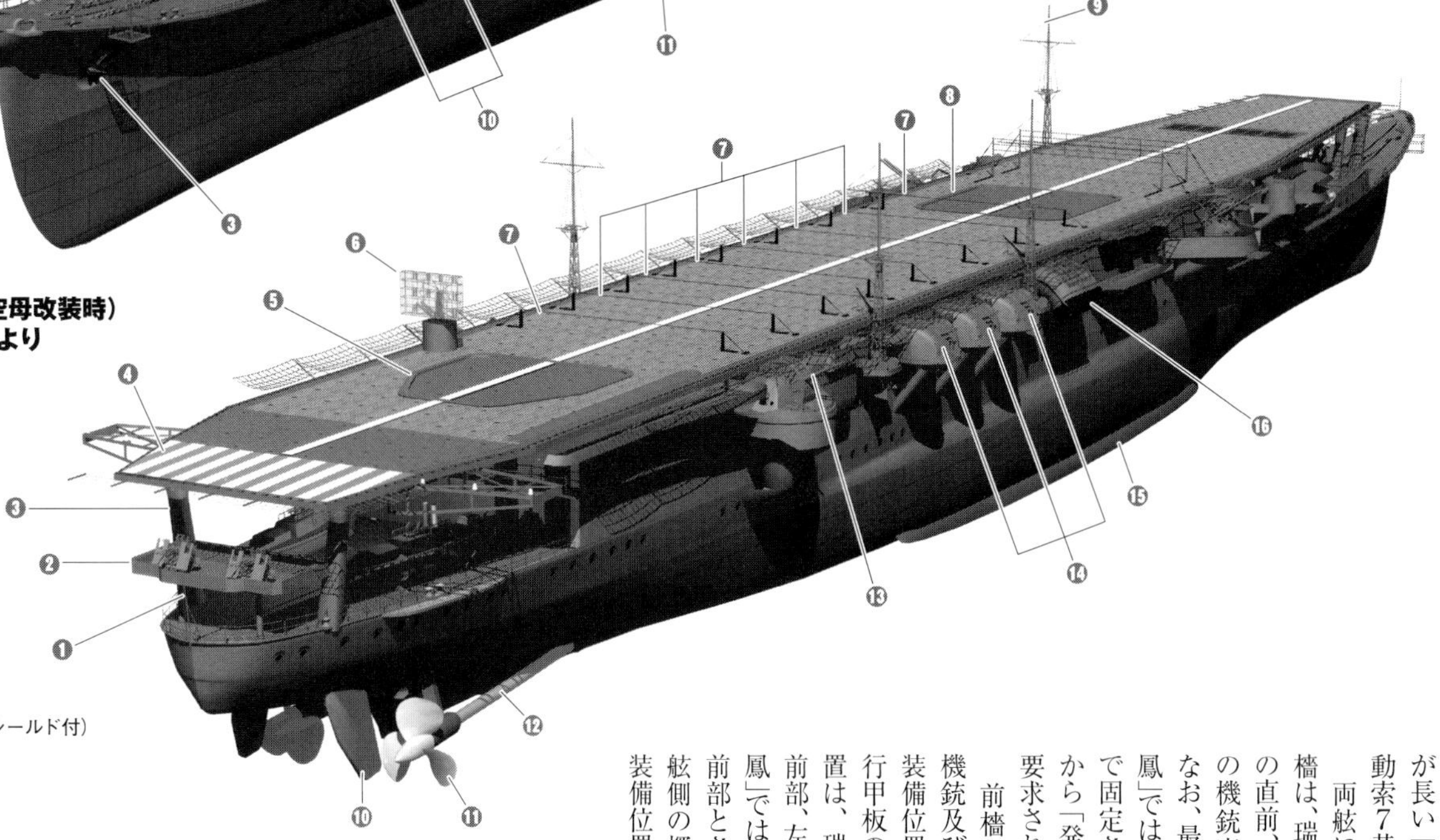

❶艦尾旗竿
❷艦尾機銃座
❸飛行甲板支柱
❹着艦標識
❺後部エレベーター
❻二号一型電探
❼制動索
❽前部エレベーター
❾起倒式信号檣
❿主舵
⓫スクリュープロペラ
⓬プロペラシャフト
⓭12.7cm連装高角砲(シールド付)
⓮25mm三連装機銃(シールド付)
⓯ビルジキール
⓰湾曲式単煙突

■航空母艦「龍鳳」(空母改装時)

基準排水量	13,360トン	公試排水量	15,300トン
全長	215.65m	水線長(公試状態)	210.00m
水線幅	19.58m	最大幅	19.787m
吃水(公試状態)	6.67m		
主機/軸数	艦本式ギヤード・タービン(高中低圧) 2基/2軸		
主缶	ロ号艦本式重油専焼水管缶4基		
出力	52,000馬力	速力	26.5ノット
航続距離	18ノットで8,000浬		
兵装	12.7cm連装高角砲4基、25mm三連装機銃10基		
搭載数	艦戦18機+補用6機、艦攻6機+補用1機(計24機+補用7機)		
乗員	989名		

が長い「龍鳳」では、この間に制動索7基を設置していた。

両舷に装備された起倒式の後檣は、瑞鳳型は後部エレベーターの直前、「龍鳳」は艦中央部後方の機銃座の後部に設置された。なお、最初の改装艦となった「瑞鳳」では当初、無線檣が仰角15度で固定されていたため、飛行長から「発艦不能」とされて改修が要求されたという逸話がある。

前檣と後檣の間の両舷部は、機銃及び機銃の射撃指揮装置の装備位置として使用された。飛行甲板の隠顕式探照灯の装備位置は、瑞鳳型は右舷が五番索の前部、左舷が四番索の前部。「龍鳳」では後部エレベーターの両舷前部とされたが、竣工時点で左舷側の探照灯は二号一型電探の装備位置に変更されている。

艦後部および艦尾

瑞鳳型では後檣の直後、飛行甲板中心線に後部エレベーターが置かれており、後部エレベーターの位置が概ね飛行甲板の最大幅の後端となっている。後部エレベーターの左舷側面にはクレーンの収容位置があり、また、エレベーターの直後に制動索の6基目が置かれている。後部エレベーターの後方両舷に後部の12.7cm連装高角砲の砲座があり、その後方に置かれた作業員控所は、後に対空機銃や噴進砲の増備位置として使用された。

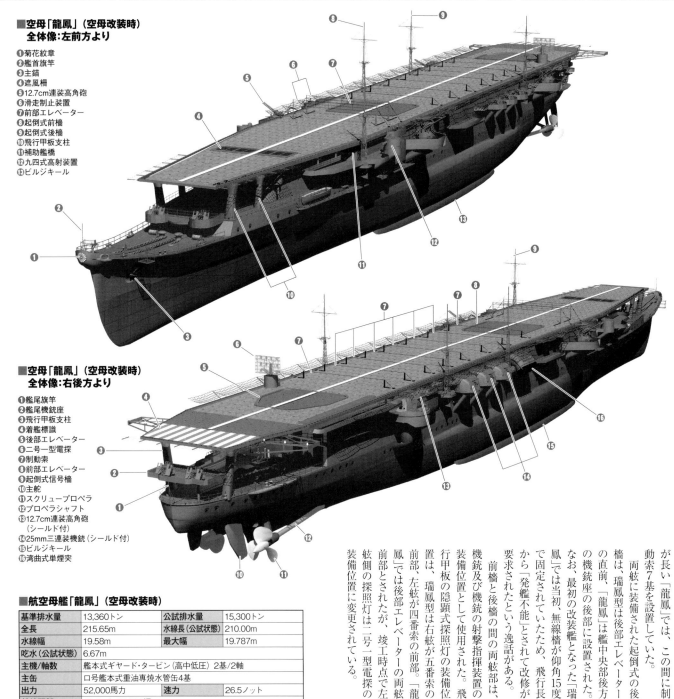

「龍鳳」も同様に、後部エレベーター位置が飛行甲板の最大幅の終端となっているが、後部エレベーターが瑞鳳型よりかなり後方に位置するため、瑞鳳型と「龍鳳」では後部飛行甲板の平面形に相応の差異が生じた。瑞鳳型の飛行甲板後部の形状は、後部エレベーターの後方に最大幅よりやや狭い平行部分が存在した後に、後部に向かって狭まる形となっているが、「龍鳳」は後部エレベーターの後端から艦尾に向かって狭まる形となっている。また、「龍鳳」では後部エレベーターの側部右舷側に航空機揚収用クレーンが装備されており、これも両型の相違点となっている。

「龍鳳」の後部高角砲の砲座は後部エレベーターの前方両舷。その後方の作業員控所が後に対空機

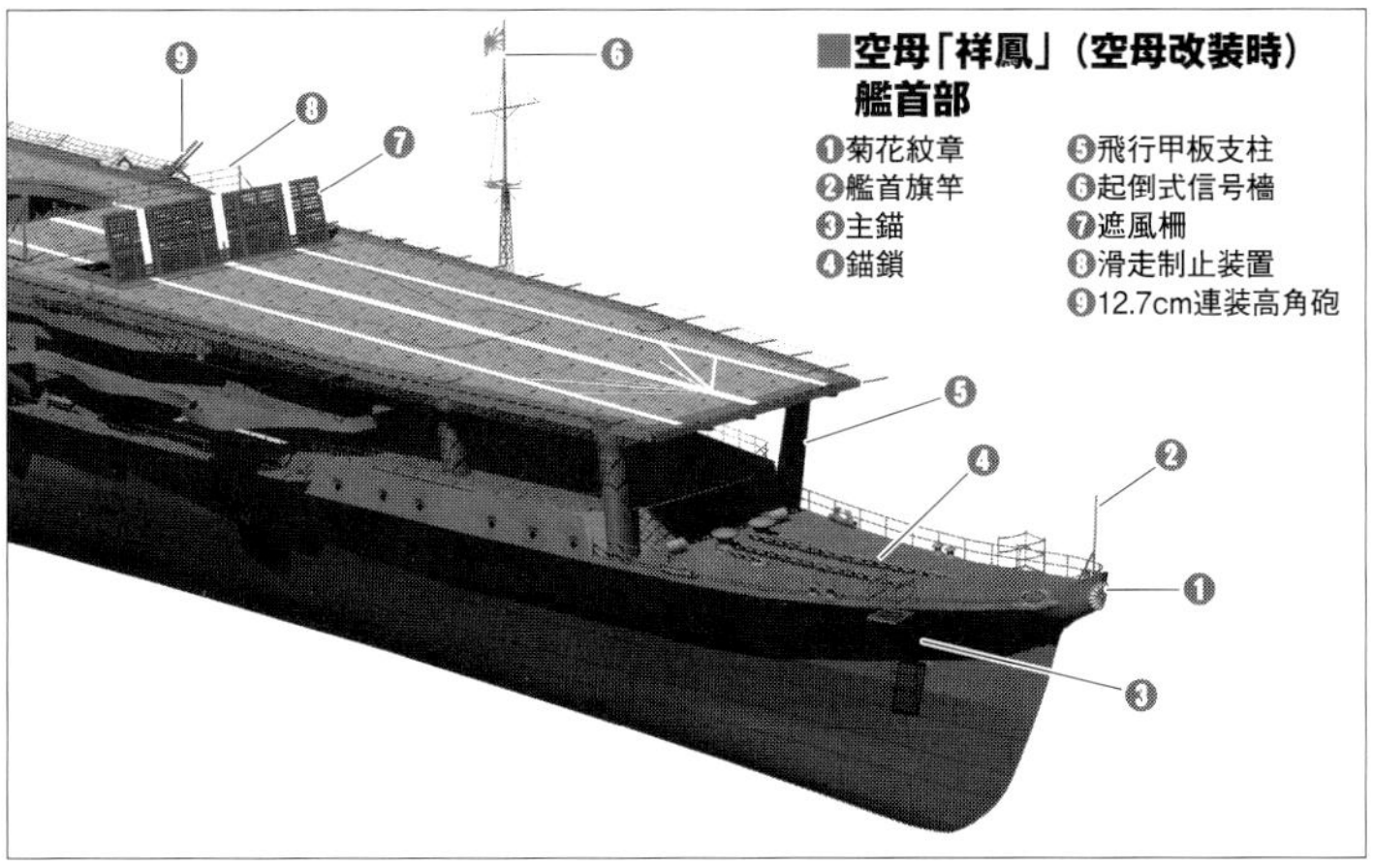
■空母「祥鳳」(空母改装時)
艦首部
❶菊花紋章
❷艦首旗竿
❸主錨
❹錨鎖
❺飛行甲板支柱
❻起倒式信号檣
❼遮風柵
❽滑走制止装置
❾12.7cm連装高角砲

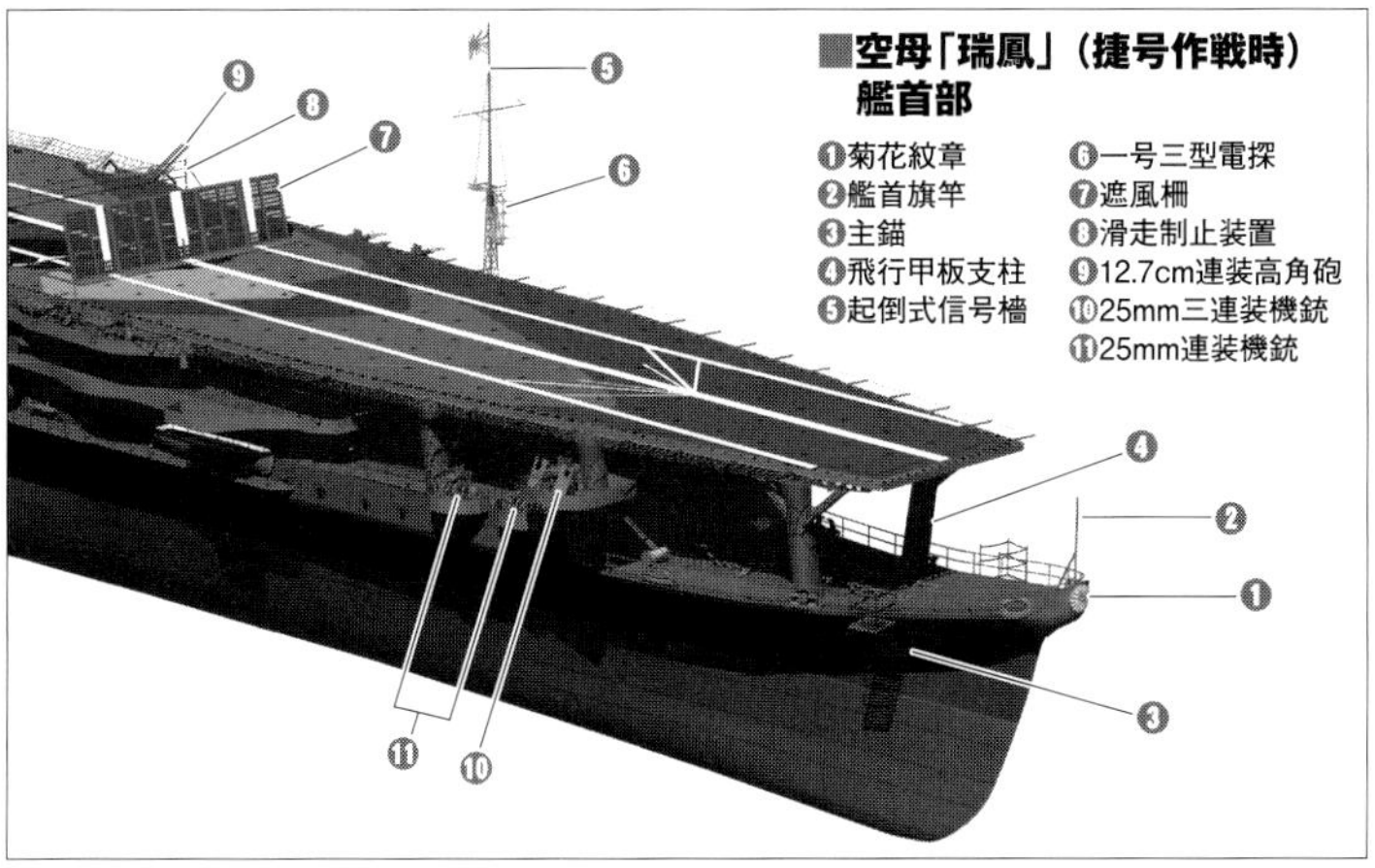
■空母「瑞鳳」(捷号作戦時)
艦首部
❶菊花紋章
❷艦首旗竿
❸主錨
❹飛行甲板支柱
❺起倒式信号檣
❻一号三型電探
❼遮風柵
❽滑走制止装置
❾12.7cm連装高角砲
❿25mm三連装機銃
⓫25mm連装機銃

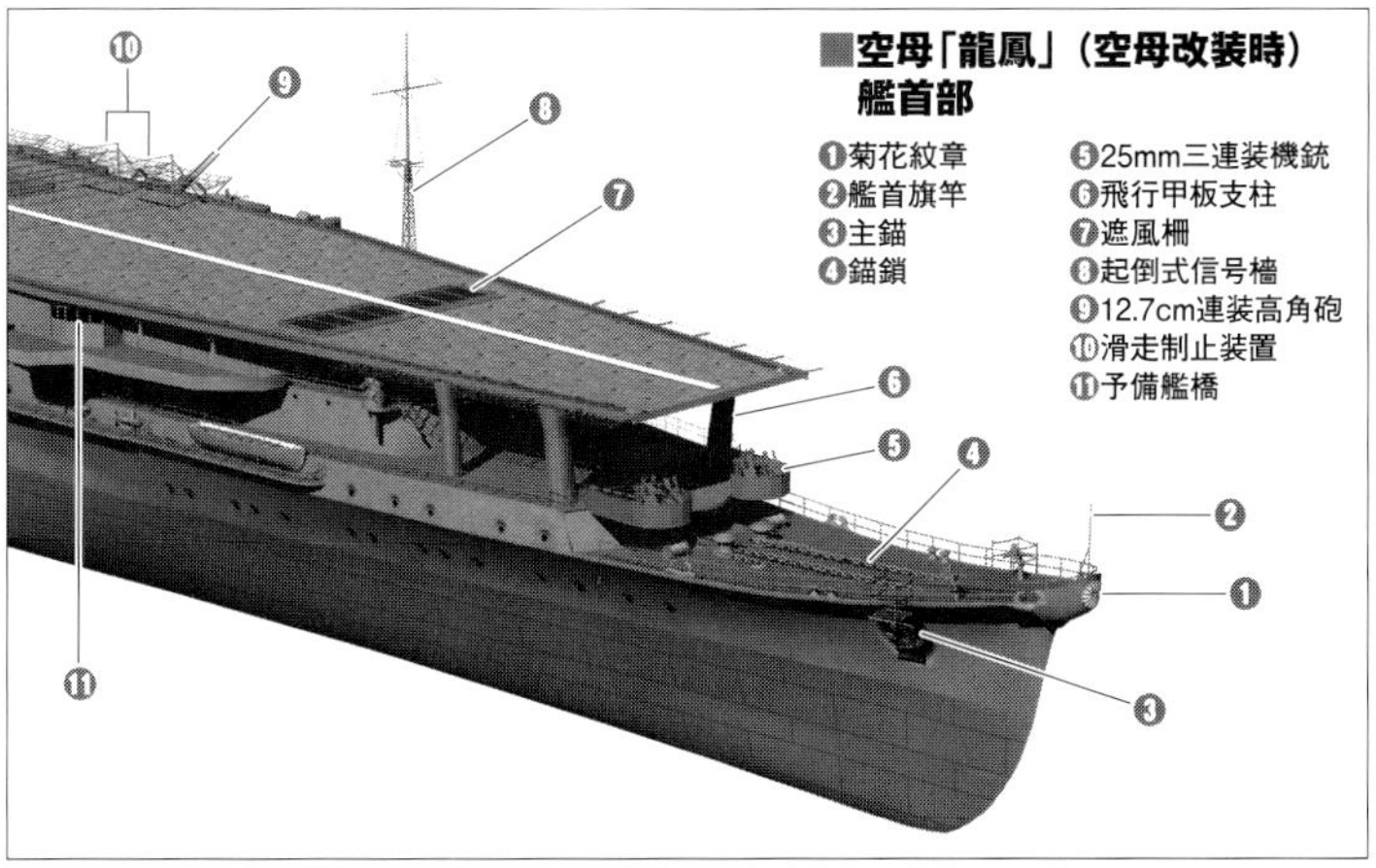
■空母「龍鳳」(空母改装時)
艦首部
❶菊花紋章
❷艦首旗竿
❸主錨
❹錨鎖
❺25mm三連装機銃
❻飛行甲板支柱
❼遮風柵
❽起倒式信号檣
❾12.7cm連装高角砲
❿滑走制止装置
⓫予備艦橋

銃の増備位置としても使用されたのは、瑞鳳型と同様だった。

飛行甲板最後部には着艦指導灯の装備位置となる着艦標識の張り出しが設けられており、この部分の幅は両型ともに38mに達する。着艦用の標識が記された飛行甲板最後部の中心線には艦尾旗竿があり、その後方の後端部には艦尾表示灯が設置されている。

後部飛行甲板の下部には瑞鳳型は二組、「龍鳳」は一組の飛行甲板支柱があり、飛行甲板下部の上甲板は艦載艇置き場となっていた。

瑞鳳型は当初、艦尾の上甲板には機銃座を持たなかったが、「瑞鳳」では艦首の機銃座を設置した際に25㎜三連装機銃2基と射撃指揮装置を持つ艦尾銃座を設置しており、捷号作戦前には上甲板部分に単装機銃座の追加等を実施している。「龍鳳」は艦尾の機銃座を改装完了時より装備しており、後に艦尾上甲板や機銃座の位置に追加の機銃を装備している。

飛行甲板・格納庫

飛行甲板

瑞鳳型の計画時点では、飛行甲板前端部分は「龍驤《りゅうじょう》」と同様に羅針艦橋の天蓋前部とする予定だったと言われており、飛行甲板長も「龍驤」や後述の「大鯨」第二状態に近い約160mとなる予定とされていた。だが、空母改装前に機関の問題から計画より艦の最高速度が低下したこと、航空機の大型化・高速化への対応が必要とされたことから、「瑞鳳」の空母への改装の際には最上甲板の前方延長と不連続部の連結、後部を艦尾まで延長することにより、飛行甲板長を計画より20m延伸した180mとしている。

瑞鳳型では飛行甲板各部の幅は、最前部が12m、後端部が16m、最大幅となる中央部の幅は「龍驤」と同様に23mとなっている。最大幅部分の長さは約74・4mである。「瑞鳳」ではより大型化・大重量化した新型艦上機に対応するため、昭和18年(1943年)7月に飛行甲板を約15m延長して、全長は195mへと拡大された。

「龍鳳」も計画時点では同様に前端部を羅針艦橋の天蓋前部としており、この時点での飛行甲板(第一最上甲板)の長さは現存する「軍艦大鯨　第二状態一般艤装図船内側面」図から、163・9mであったことが把握できる。ただし、瑞鳳型と同様の理由により、改装時には瑞鳳型と同じく飛行甲板の前後部への延伸と形状変更が図られ、竣工時点の飛行甲板長は計画より20m以上延伸されて185mとされた。飛行甲板の幅は、前端部・中央最大幅・後端部ともに瑞鳳型と同様だが、最大幅部分の全長は約113mと瑞鳳型より38m以上長い。

本艦も戦時中に「瑞鳳」同様に飛行甲板の延伸工事を実施しているが、その実施時期は「あ」号作戦後の昭和19年(1944年)7月~8月で、この際に飛行甲板長は200mに延伸された。

格納庫

瑞鳳型の格納庫は、中甲板を床面とする下部格納庫と、下部格納庫の天蓋となる最上甲板(旧第三最上甲板)を床面として、飛行甲板を天蓋とする上部格納庫の二段式となっている。前部エレベーター前に上部/下部1番格納庫、前後部のエレベーター間に上部/下部の2番格納庫が配されている。

上下の格納庫の側面となる4層の各甲板は、通路や倉庫として使用されており、一部は補用機の格納場所としても使用されている。ちなみに、瑞鳳型の格納庫に収容可能な機数は時期によって異なるが、最大で21機~24機で、搭載機数は昭和16年(1941年)11月25日に出された「航空母艦飛行甲板比較図」掲載の表によれば、九六式艦戦18機+補用5機、九七式艦攻9機(全機偵察用)の常用27機+補用5機とされている。また、ガ島戦時期の「瑞鳳」では常用で零戦21機と九七式艦攻6機、最終時の「瑞鳳」では、零戦21機と天山9機の30機という数字が示されている。

一方、より船体が大きい「龍鳳」では、下部格納庫床面が中甲板、上部格納庫床面が最上甲板であること、前部エレベーターの前側の格納庫が1番格納庫、前後部エレベーター間の格納庫が2番格納庫であるのは瑞鳳型と同様であった。ただし、上部の2番格納庫は後部エレベーターまで達するが、下部の2番格納庫は前檣の手前が終端となる一層半式格納庫であり、この点で瑞鳳型と大きく異なる。

なお、昭和13年（1938年）の航空本部の資料によれば、「大鯨」の格納庫サイズは上部が全長130・9m×幅20m、下部が全長54・6m×幅16mで、有効床面積は2809・7㎡とされている。搭載機数は昭和13年の「空母飛行機搭載標準」で剣埼型の艦戦9機、艦爆15機に対して、「大鯨」が艦戦18機、艦攻12機とされたように基本的に瑞鳳型より搭載能力は大きく、全機を甲板繋止なしで収容可能であるなど、格納庫の搭載可能機数もやや勝っていた。

ただし、戦時中の搭載機数は「瑞鳳」と比べて大差はなく、艦隊配備当初の搭載機定数は零戦21機と九七式艦攻9機、最終時には零戦21機（補用機なし）と天山9機+補用機2機の計30機+補用機2機という数字が残されている。

航空用弾薬の搭載量は瑞鳳型は不明だが、「龍鳳」は800kg爆弾24発、500kg爆弾24発、250kg爆弾192発のほか、魚雷12本という数値が残されている。なお、瑞鳳型および「龍鳳」は、魚雷および魚雷弾頭の格納庫を有してはいるが、計画当初から再三再四「艦攻は索敵用として運用。魚雷は搭載せず」という指示が出された艦でもあるため、戦時中に魚雷が実際に搭載されていたか疑念もある。

エレベーター

瑞鳳型および「龍鳳」の航空関連艤装は、基本的に「蒼龍」と同様の能力を持たせることを前提に艤装が行われている。そのうちエレベーターは、瑞鳳型では工期短縮を図るため、潜水母艦時代に搭載した前部は長さ13m×幅12m、後部は長さ12m×幅10・6mのものがそのまま使用されており、エレベーターの最大運用荷重の能力は同時期の日本空母と同様に5トン級となっている。

対して「龍鳳」では、前部エレベーターは潜水母艦時代に搭載されたもの、後部エレベーターは空母化改装の際に搭載工事が行われたものであり、前部エレベーターのサイズは瑞鳳型と変わらないが、恐らくは艦上機の大型化への対応を考慮して、後部のものも前部と同じ長さ13m×幅12mへ拡大された。その形状も前部は四角形だが、後部は後方がやや狭まった形状とされているなどの差異があり、また、格納庫容積の確保のためか後部エレベーター位置が当初から瑞鳳型より後方に寄せた配置とされていた。

なお、エレベーターの運転用の機構が収まるエレベーター室は、前後部のエレベーター下部にあり、瑞鳳型の前後部および「龍鳳」の前部のものはともに下甲板にあるが、「龍鳳」では格納庫配置の相違もあって、後部エレベーター室は上甲板に配されていた。

着艦艤装

着艦制動索は瑞鳳型及び「龍鳳」共に、この時期の日本空母の標準装備である呉式四型（制動能力4トン）が装備された。これは大戦後半、十六試艦攻（流星）を含む高速で大型大重量の新型機への対処等が困難となったが、レイテ沖海戦頃まで瑞鳳型や「龍鳳」を含む小型空母では彗星の運用が行われなかったこと、基本的に偵察任務で使用していた天山艦攻の着艦能力は確保していたことから、就役中大きな問題にはならなかったようだ。

制動索の装備数は瑞鳳型が6索、「龍鳳」が7索で、飛行甲板の艦尾端から最後部の制動索までの距離は瑞鳳型の6番索が44m、「龍鳳」の7番索が46・7mと大差ない。ただし、両型のエレベーター配置の差異もあって、瑞鳳型の6番索は後部エレベーターより後方に位置するが、「龍鳳」の7番索は後部エレベーターより前方に位置する形となっている。

制動索で止められなかった着艦機を制止させるのに使用する滑走制止装置も、他の日本空母で標準的に使用された、重量最大4トンの航空機を制動可能な空廠式三型が装備された。これの装備に当たり、両型で最初の改装艦となった「瑞鳳」では、当初は前部エレベーターの後方に配される予定だったが、これでは着艦区画が110mしか取れず、本型のような小型空母では若年搭乗員の着艦に大いに不安があるとされたことから、計画途上で遮風柵の直後位置に装備

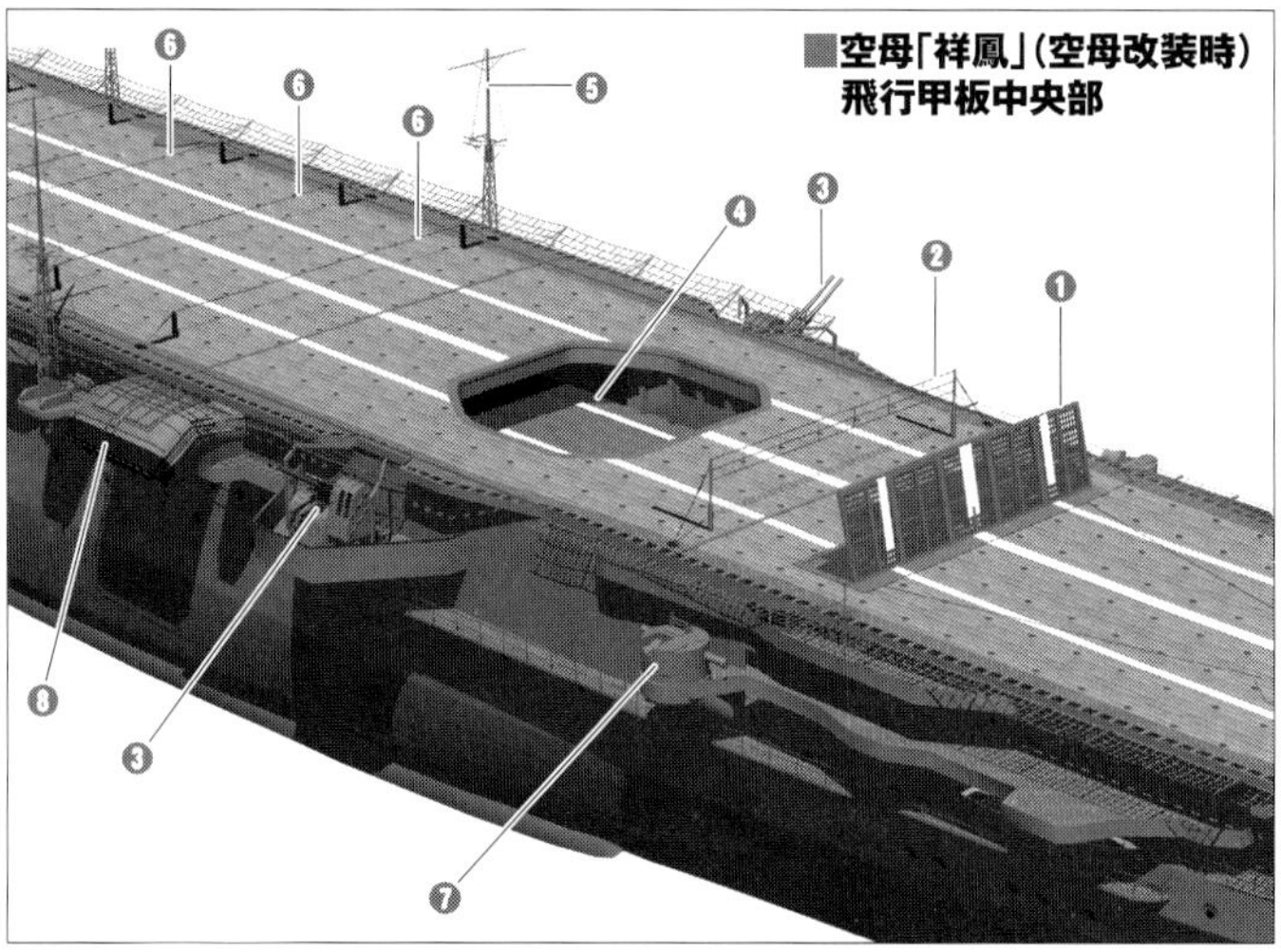

■空母「祥鳳」（空母改装時）飛行甲板中央部

❶遮風柵
❷滑走制止装置
❸12.7cm連装高角砲
❹前部エレベーター
❺起倒式信号檣
❻制動索
❼九四式高射装置
❽湾曲式単煙突

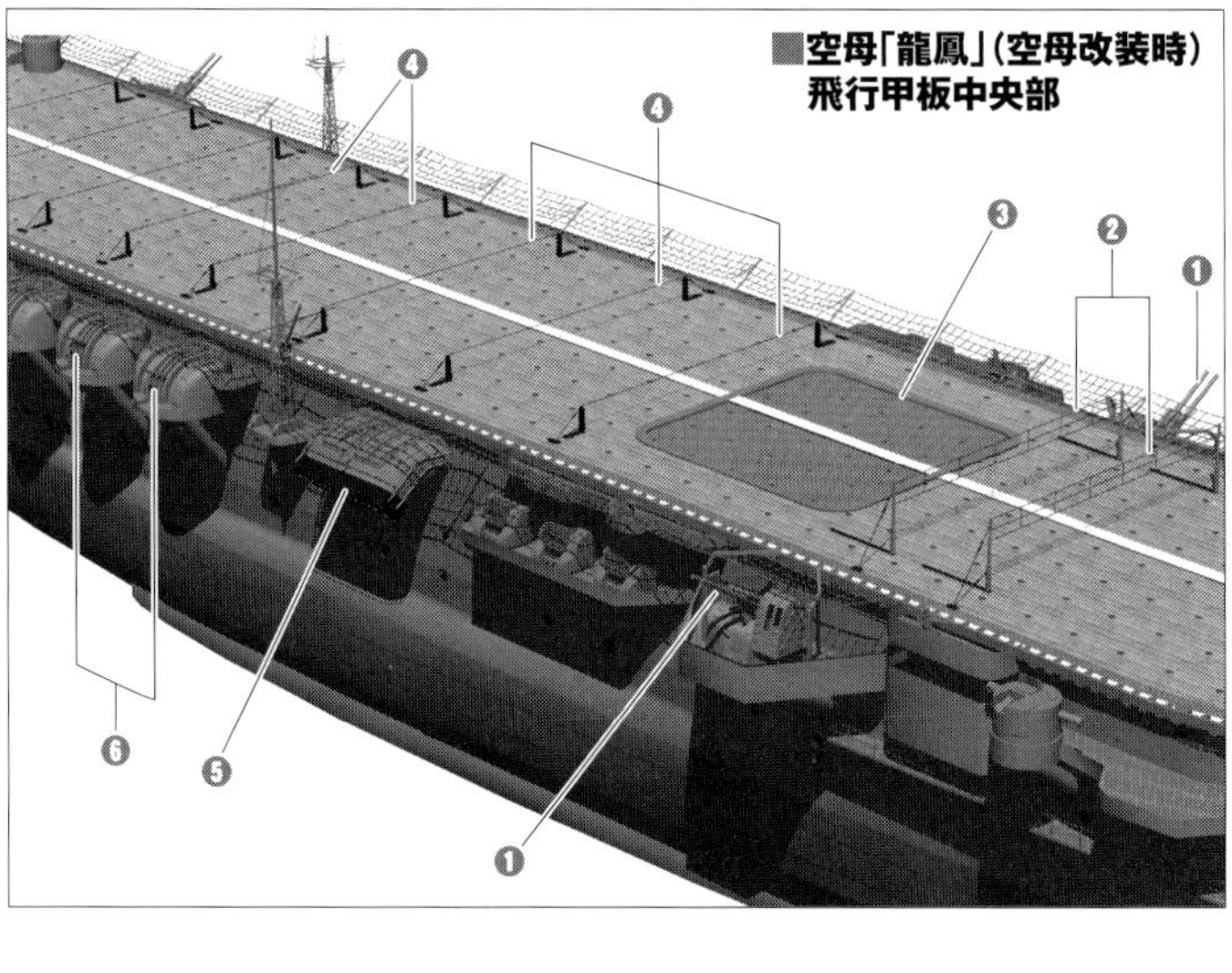

■空母「龍鳳」（空母改装時）飛行甲板中央部

❶12.7cm連装高角砲
❷滑走制止装置
❸前部エレベーター
❹制動索
❺湾曲式単煙突
❻25mm三連装機銃（シールド付）

する形に改める措置が執られている。「龍鳳」の滑走制止装置は改装開始前の段階で、エレベーター前部に2基装備するものとされている。

艦橋および上部構造物

艦橋

瑞鳳型の艦橋は、旧来の第二最上甲板（機銃甲板）が床面となる操舵室を艦橋に転用したため、操舵室は独立しておらず、羅針艦橋内に舵輪が設置される格好となっている。

基本的な艦橋の配置は第二次改装後の「龍驤」に類似しており、中心部に小型の羅針艦橋が置かれ、その両脇は空間部分となっており、その両舷の両端には1・5m測距儀が装備されている。羅針艦橋の後方は後部に行くに従って広がる形状で甲板室が設けられ、この部分には伝令室や作戦室兼海図室、通信指揮室、第一受信室等が置かれており、更にその後方の甲板室が幅一杯となった部分には暗号室や飛行科事務室、搭乗員控室等が置かれている。

両舷の九四式高射装置の前にある機銃甲板のスポンソンは、左舷側は防空指揮所（後部は飛行機発着指揮所）、右舷側は予備艦橋とされた。ちなみに、福井静夫氏の著作である『日本空母物語』によれば、昭和19年7月に「瑞鳳」艦長の「対空戦闘の指揮のために、小さい見張り台付きの潜望鏡式昇降柱を設けて欲しい」との要望により、トップに艦長の指揮予定位置となるクロウズ・ネスト（檣頭見張台）を設けた細いマスト状の対空戦闘指揮用昇降柱を、艦橋右舷側に設けたという。

対して「龍鳳」の艦橋は、基本的には瑞鳳型と同様の形状・配置だが、ガラス張りの羅針艦橋後方の区画配置や、補助艦橋が防空指揮所のあるスポンソンの最前部両舷に設けられている等、各部に差異があった。

上部構造物

格納庫上部から飛行甲板まで達する格納庫側壁部分を含む、艦橋後方から艦尾後端までの上構は、瑞鳳型・「龍鳳」ともに潜水母艦時代のものを元にしつつ、瑞鳳型では艦橋と上構の間の空隙部分の閉鎖、後部エレベーターより艦尾側の側壁の拡大を実施、「龍鳳」では煙突後方で段差が付けられていた艦尾側の上構の側壁の延長を実施している。また、これに合わせて、空母化に当たって潜水母艦時代は他区画に転用されていた区画を整理して格納庫を拡大・整備する改修が行われており、同時に機関の換装に伴う艦内区画の変更、上構拡大部分を含めた中甲板より上の主船体部および上構各部の区画整理・新設など、大規模な改正が図られている。

瑞鳳型の強度甲板は上部格納庫甲板（旧第三最上甲板）で、上部格納庫側壁は側壁肋骨で強度を保つ構造としていた。このため、格納庫側壁および飛行甲板には伸縮ジョイントが付けられており、上部格納庫の側壁は被爆時に側壁が容易に吹き飛ぶことで爆風被害を局限することを考慮して、薄い鋼鈑製の側鈑を用いた軽構造とされていた。

対して「龍鳳」は飛行甲板（旧第一最上甲板）が強度甲板となっているため、側面および飛行甲板に伸縮ジョイント等は設置されていない。また、この構造差異もあって、「大鯨」／「龍鳳」の船体部および上構の補強実施に当たっては、「剣埼」／瑞鳳型とはかなり異なる方策を執ることになったという。

空母改造工事中の「祥鳳」の飛行甲板前部。遮風柵を立てて作業が行われている。前部エレベーターの内部右側にはエレベーターのガイドレールが見える。

終戦後の昭和20年9月に撮影された、「龍鳳」格納庫内部の写真。写っているのは上部格納庫で、天蓋は飛行甲板である。右上の亀裂は3月19日の呉軍港空襲での損傷による。奥に見える開口部は後部エレベーターのものだ。

■瑞鳳型/「龍鳳」の搭載機数

瑞鳳型/昭和16年11月25日
九六式艦戦18機＋補用5機、九七式艦攻9機:計27機＋補用5機
「祥鳳」珊瑚海海戦時（昭和17年5月）
艦戦12機＋補用4機、九七式艦攻9機＋補用3機:計21機＋補用7機
「瑞鳳」ガ島戦時
零戦21機、九七式艦攻6機（いずれも常用）:計27機
「龍鳳」艦隊配備時（昭和17年11月）
零戦21機、九七式艦攻9機:計30機
「龍鳳」マリアナ沖海戦時
零戦18機＋天山7機＋補用7機
「瑞鳳」最終時
零戦12機、天山5機:計17機
「龍鳳」最終時（定数）
零戦21機、天山9機＋補用2機:計30機＋補用2機

機関・煙突

■汽缶・主機

剣埼型および「大鯨」では、水上艦用の艦本式無気噴射式大型複動ディーゼルの系譜に連なる艦本式十一号機械が主機として搭載された。これはドイツのドイッチュラント型装甲艦のディーゼル主機の実績に刺激を受けた海軍が、昭和7年（1932年）に実験に着手した四十五型無気噴射式複動ディーゼルの実用機で、第一状態では10気筒型の十一号10型内火主機械を左右の前部機械室に各2基、第二状態では第一状態で真水・補給燃料等の補給用タンク室とされていた左右の後部機械室に、12気筒型の十一号2型内火主機械を各2基搭載し、出力は第一状態で3万2000馬力、第二状態で7万馬力を予定していた。なお、左右機械室の主機は前後ともに、その間にある減速車室内のフルカンギヤを介して左右の両軸に接続する形となっている。

だが、ドイツが約10年を掛けて開発し、以後も熟成に時間を要したものと同等の出力のディーゼル主機を、日本が2年で実用化するというのは余りに虫が良すぎ、第一状態で竣工した「大鯨」では、主機は1万4000馬力の発揮がせいぜいで、加えて重大事故が連発して実用に耐えないと判定されてしまう。この後、出力制限を課して実用機として充分な信頼性を確保する方策が執られたが、第二状態で竣工した「剣埼」も減格状態での5万6000馬力の発揮が困難であることを含めて、昭和14年中に「大鯨」「剣埼」の主機はなお実績が不良であるとされた。そして、対策完了が最悪の場合、昭和20年（1945年）となるディーゼル主機の改造修理を重ねるより、タービン主機に換装する方が戦備増強上有効であると判定されてしまう。

その一方で、すでに「剣埼」の艤装時には、これらの空母予備艦のディーゼル主機の不調が改善されない場合の対策として、陽炎《かげろう》型駆逐艦と同型の缶と主機を換装用として製造する措置が執られていた。このため、瑞鳳型と「龍鳳」の改装では、この措置により製造済みだった陽炎型駆逐艦と同型の蒸気圧力30kg/平方cm、蒸気温度350度の主缶4基と、その主機2基を搭載する形とされている。主缶および主機械の配置は各艦同様で、主缶は機関区画前方に置かれた左右前後に2区画、計4区画設けられた各缶室に1缶ずつ配置、

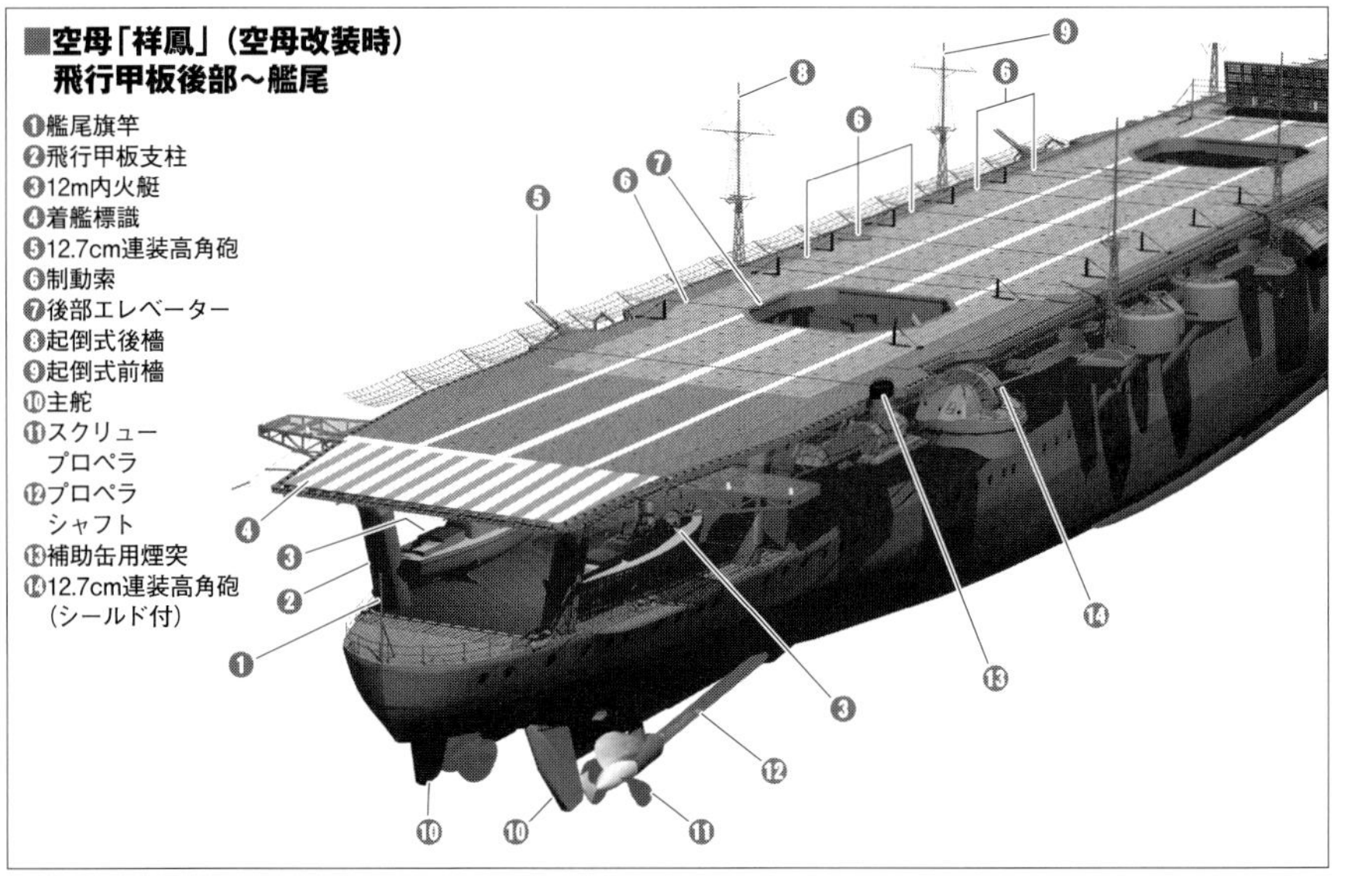
■空母「祥鳳」（空母改装時）
飛行甲板後部～艦尾
❶艦尾旗竿
❷飛行甲板支柱
❸12m内火艇
❹着艦標識
❺12.7cm連装高角砲
❻制動索
❼後部エレベーター
❽起倒式後檣
❾起倒式前檣
❿主舵
⓫スクリュープロペラ
⓬プロペラシャフト
⓭補助缶用煙突
⓮12.7cm連装高角砲（シールド付）

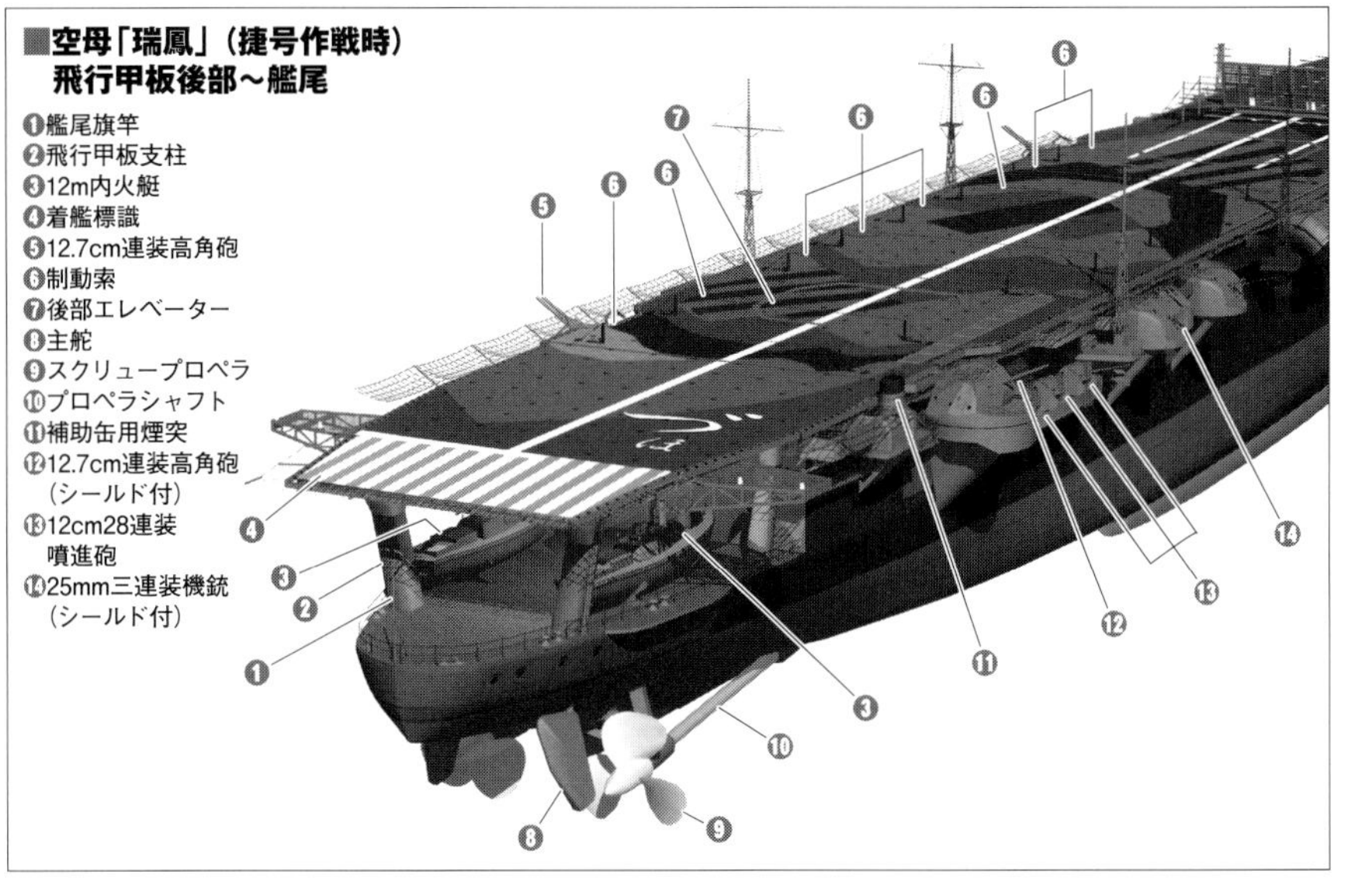
■空母「瑞鳳」（捷号作戦時）
飛行甲板後部～艦尾
❶艦尾旗竿
❷飛行甲板支柱
❸12m内火艇
❹着艦標識
❺12.7cm連装高角砲
❻制動索
❼後部エレベーター
❽主舵
❾スクリュープロペラ
❿プロペラシャフト
⓫補助缶用煙突
⓬12.7cm連装高角砲（シールド付）
⓭12cm28連装噴進砲
⓮25mm三連装機銃（シールド付）

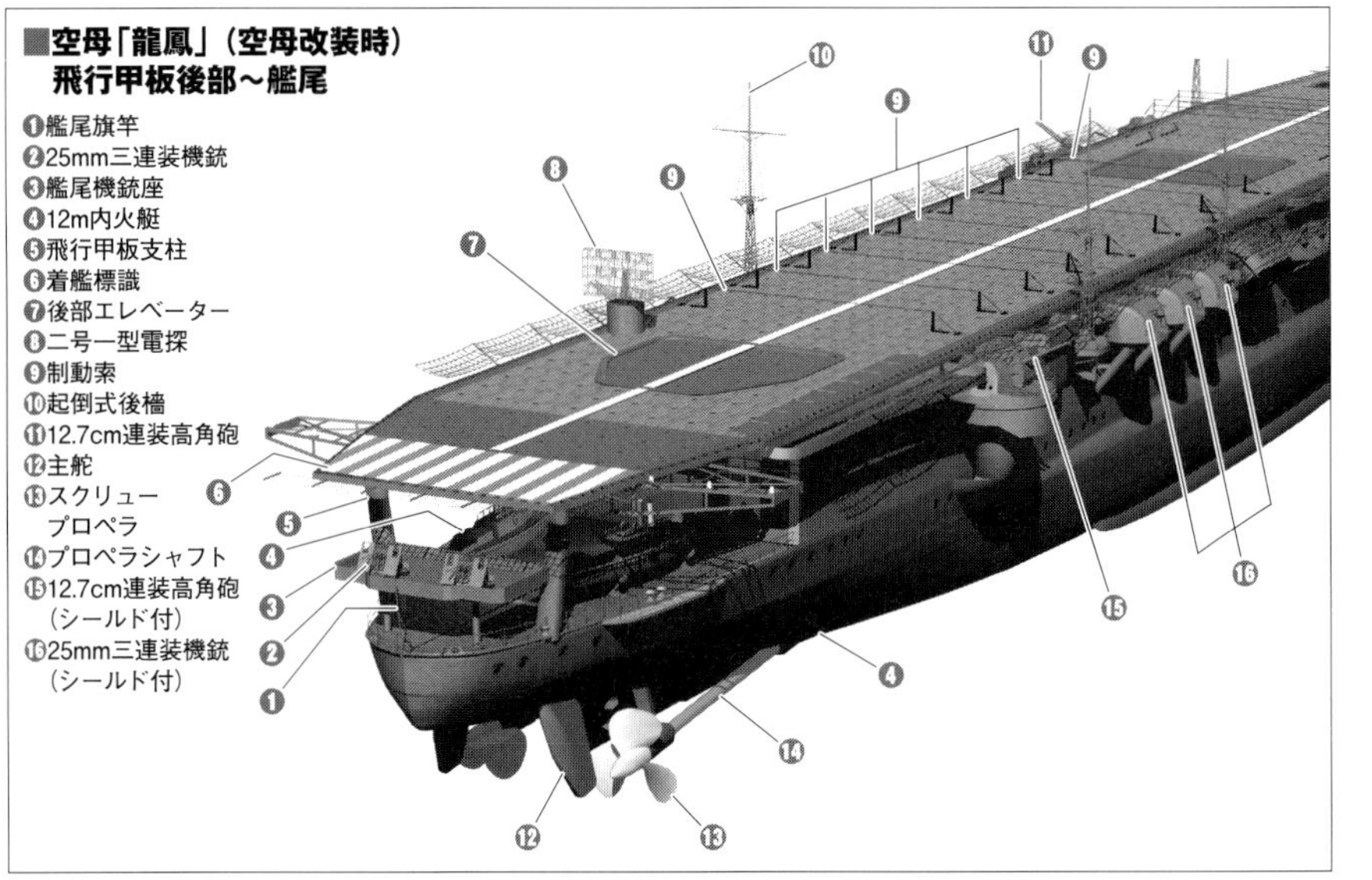
■空母「龍鳳」（空母改装時）
飛行甲板後部～艦尾
❶艦尾旗竿
❷25mm三連装機銃
❸艦尾機銃座
❹12m内火艇
❺飛行甲板支柱
❻着艦標識
❼後部エレベーター
❽二号一型電探
❾制動索
❿起倒式後檣
⓫12.7cm連装高角砲
⓬主舵
⓭スクリュープロペラ
⓮プロペラシャフト
⓯12.7cm連装高角砲（シールド付）
⓰25mm三連装機銃（シールド付）

主機械は缶室後方に左右並列で各1区画(計2区画)が置かれた機械室に各1基を置く2軸艦となっている。

なお、この機関換装は、船体に開口部を開けて艦深部に配されたディーゼル主機を撤去、その後、ディーゼル主機の装備を前提に設計された機械室周辺区画を整理した後に、主缶とタービン主機を設置する必要が生じるなど、相当の大工事となっており、これは各艦の空母改装期間が予定を大きく上回る主要因となった。

速力・航続力

両型の当初の第二状態における計画速力は、「大鯨」が機関出力7万馬力で33ノット、剣埼型では同出力で要求36ノット以上とされていた。だが、「大鯨」の場合、まず友鶴事件(※1)後の復原性改善工事による排水量増大で計画速力は31・5ノットに低下しており、続いて第四艦隊事件(※2)後の船体補強および改正工事の実施後には、大幅に排水量が増大したことと、信頼性確保のために出力を8割(5万6000馬力)に抑制する措置が執られた結果、最大速力は27ノットに低下する見込みとされていた。

一方、剣埼型では、第四艦隊事件後の改正後でなお31・5ノットの発揮を予定していたが、潜水母艦改装後の第二状態では、「大鯨」同様に機関出力を5万6000馬力に抑制したため、速力は29ノット(28・7ノット)に低下する見込みとなっていた。

蒸気タービン装備に切り替えられた後、各艦の機関出力は2軸合計で5万2000馬力と、当初の計画より1万8000馬力減少する格好となった。このためもあり、機関換装後の瑞鳳型の計画最高速力は28ノットへと低下している。

対して、より大型かつ排水量が大きく、バルジの付与など船体抵抗の面でも不利が生じた「龍鳳」では、計画速力は26・5ノットとより低くされている。この両型の速力差は、マリアナ沖海戦時に「瑞鳳」が丙部隊に、「龍鳳」は乙部隊に編入される主要因ともなっている。

ディーゼル主機の搭載時には、航続力は計画で18ノットで1万浬としていたが、主機換装後の計画値では、「瑞鳳」は18ノットで9800浬、「龍鳳」は18ノットで8000浬としており、燃料搭載量は前者が2320トン、後者は2400トンとされる。なお、福井静夫氏の『日本空母物語』記載の「あ」号作戦時の空母の最大速力、航続距離、満載重油搭載量では、「瑞鳳」は最大速力28・3ノット、航続力は18ノットで9236浬、重油搭載量2363トン、「龍鳳」は26・2ノット、18ノットで8080浬、2457

「瑞鳳」艦前部を右舷から撮影した写真。錨鎖甲板から一層高まって最上甲板があり、その後ろに艦橋が位置する。艦橋前の最上甲板は後に機銃の装備位置として活用された。

■空母「瑞鳳」艦橋部右舷

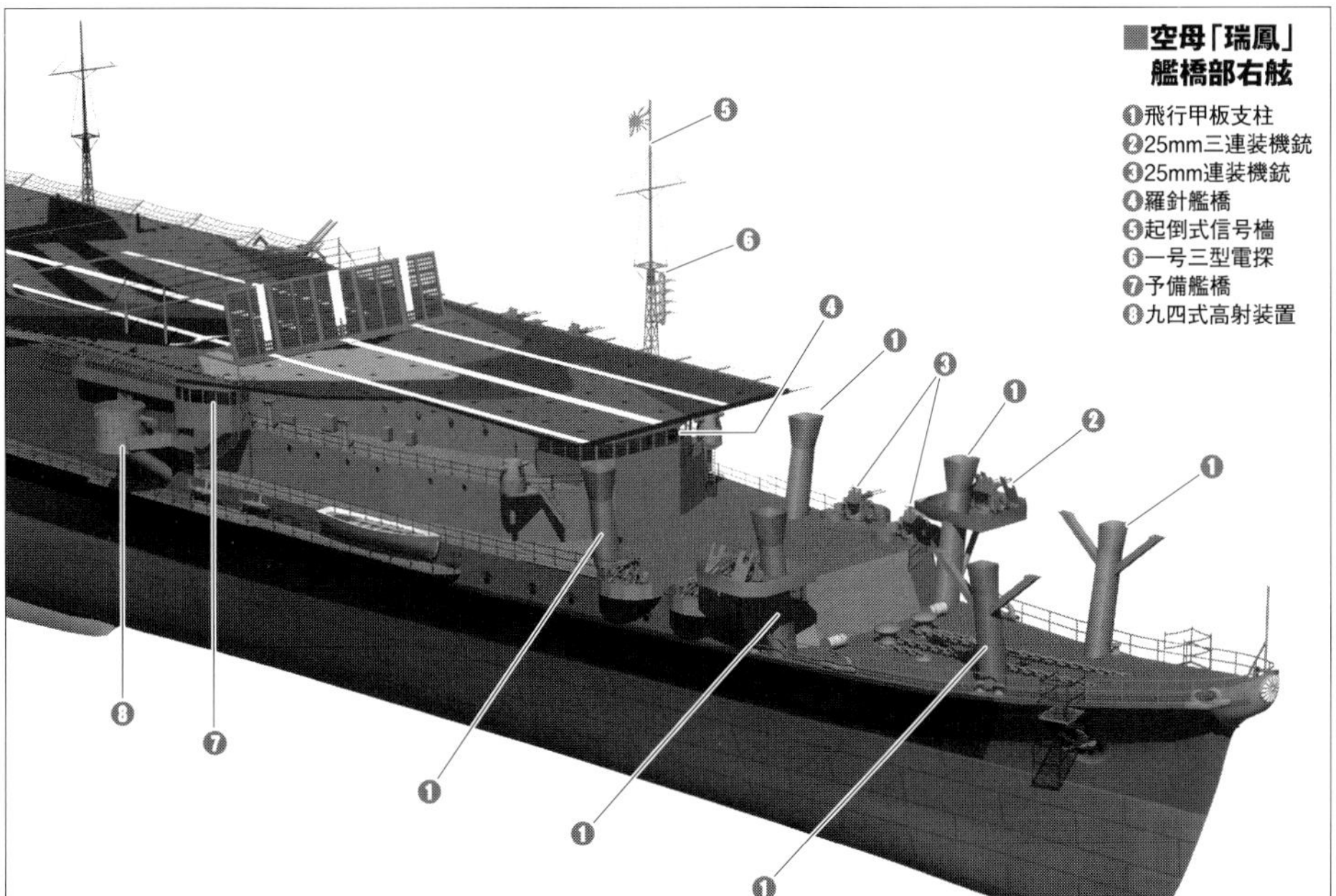
❶飛行甲板支柱
❷25mm三連装機銃
❸25mm連装機銃
❹羅針艦橋
❺起倒式信号檣
❻一号三型電探
❼予備艦橋
❽九四式高射装置
1
2
3
4
5
6
7
8
※本CGでは艦橋部を示すため、便宜的に飛行甲板の一部を取り去っている。

■空母「瑞鳳」艦橋部左舷

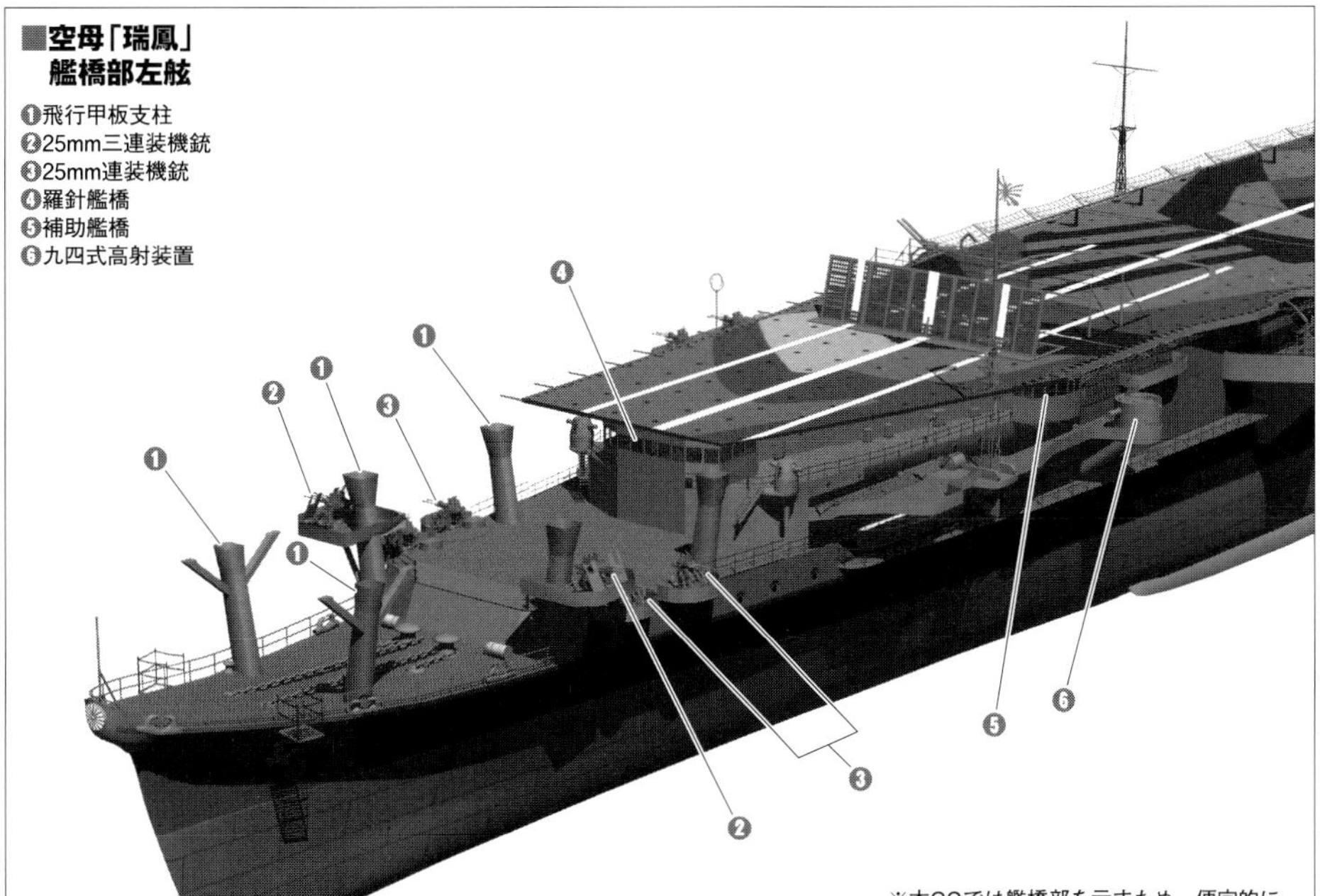
❶飛行甲板支柱
❷25mm三連装機銃
❸25mm連装機銃
❹羅針艦橋
❺補助艦橋
❻九四式高射装置
1
2
3
4
5
6
※本CGでは艦橋部を示すため、便宜的に飛行甲板の一部を取り去っている。

(※1)…昭和9年3月12日、水雷艇「友鶴」が演習中に転覆沈没した海難事故。小型の船体に過剰な重兵装を搭載してトップヘビーとなり、復原性が不足したことが原因とされた。これに伴い、既存艦艇、設計・建造中艦艇の復原性見直しが行われた。
(※2)…昭和10年9月26日、台風の荒天下で演習を行っていた第四艦隊で、艦艇の艦体切断等が発生した海難事故。原因は設計法に起因する強度不足で、これにより他の艦艇も船体強度を高める必要に迫られている。

トンとしている。
一方、同時期に機動部隊の参考資料として出された「海軍主要艦艇速力別燃料費額・満載量表」では、燃料搭載量は「瑞鳳」「龍鳳」ともに2030トンで、「龍鳳」の18ノットの航続力は約6500浬となっている。この表で18ノットの燃料消費量が示されていない「瑞鳳」も、16ノット／20ノットでの燃料消費率は「龍鳳」と大差がないことから、恐らくは同艦に近い数値であったと推察される。

■煙突

ディーゼル主機搭載時代の「大鯨」と「剣埼」では、主機の排煙用として第一最上甲板に大型の煙突を設置しており、これが必要以上に大型とされたのには、空母予備艦であることを他国に見破られないようにする意図があったと言われている。補助缶の排煙は「大鯨」は上甲板舷側の排気口から行うようになっていたが、「剣埼」は上構後部に煙突を設置する形とするなど両艦で差異が生じており、これが艦容に差をもたらすことになった。

空母改装後の瑞鳳型および「龍鳳」の煙突は、4基の主缶からの排煙を1本で受け持つ単煙突式とされている。各缶から伸びる煙路は右舷側に導設されて集約された後、下部および上部格納庫の右舷中央部を介して機銃甲板まで達し、右舷中央部舷側に設けられた湾曲式煙突に導かれる格好となっていた。

なお、煙突の排煙口部分には、艦外に出た排煙が着艦時の航空作業時を妨害しないようにするための熱冷却装置が装備されていた。

対空兵装・電探

■高角砲・機銃

高角砲は他の日本の軽空母と同様に、八九式12・7cm連装高角砲が装備されており、搭載数は瑞鳳型及び「龍鳳」ともに片舷当たり計2基（4門）、両舷合計で4基（8門）となっている。

高角砲の装備位置は、瑞鳳型は前部が前部エレベーター側面の両舷機銃甲板の砲座で、後部が両舷ともに後部エレベーター直後方の最上甲板にある砲座となっている。これに対して「龍鳳」では、前側が前部エレベーターの両舷やや前側、後部は隠顕式探照灯の手前側、6番制動索と7番制動索の中間位置の両舷にある砲座に置かれており、砲座の甲板位置は前後部ともに瑞鳳型と同様である。

高角砲の射撃指揮装置である九四式高射装置は、瑞鳳型は遮風装置後方、滑走制止装置の側方の両舷に各1基（計2基）、「龍鳳」は前部制止装置のやや前側の両舷に各1基（計2基）装備されていた。なお、「瑞鳳」では竣工直後、高射装置の位置が高すぎて着艦機が衝突する事故が生じている。

対空機銃は、戦時中の日本艦艇の標準的対空機銃だった九六式25mm機銃が搭載されている。最初に竣工した「瑞鳳」では、両舷の前檣と後檣の間に片舷当たり2基ずつ設けられた銃座に、連装型を計4基（8挺）装備する形とされた。一方、「祥鳳」では「瑞鳳」の連装型に代えて三連装型を装備する形となり、これに伴って機銃の搭載数は12挺に増大した。機銃の射撃装置も、機銃座に各1基が装備される形となっている。

対して昭和17年後半に竣工した「龍鳳」では、太平洋戦争開戦後の海空戦の戦訓を取り入れて、「祥鳳」の装備に加えて、艦首飛行甲板下の最上甲板前部に2基、艦尾に2基、艦中央部両舷に各1基銃座を増設、各銃座に三連装型を計10基（30挺）装備する形となっている。機銃の射撃指揮装置は前部高角砲の後方のスポンソンに舷側銃座用のものが1基、艦首と艦尾の機銃座にも各1基の4基が竣工時に装備されている。

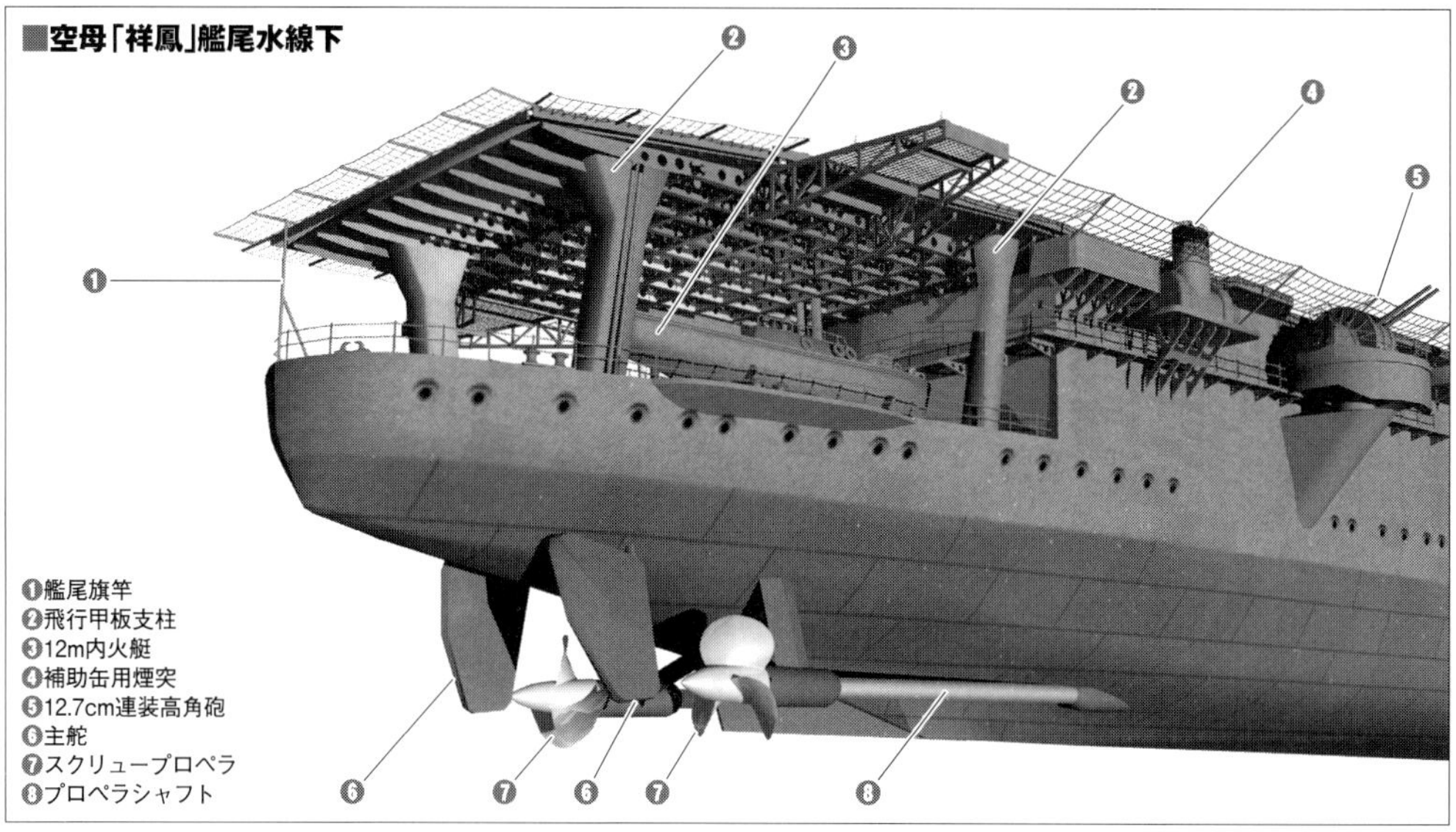

❶艦尾旗竿
❷飛行甲板支柱
❸12m内火艇
❹補助缶用煙突
❺12.7cm連装高角砲
❻主舵
❼スクリュープロペラ
❽プロペラシャフト

■空母「祥鳳」艦尾水線下

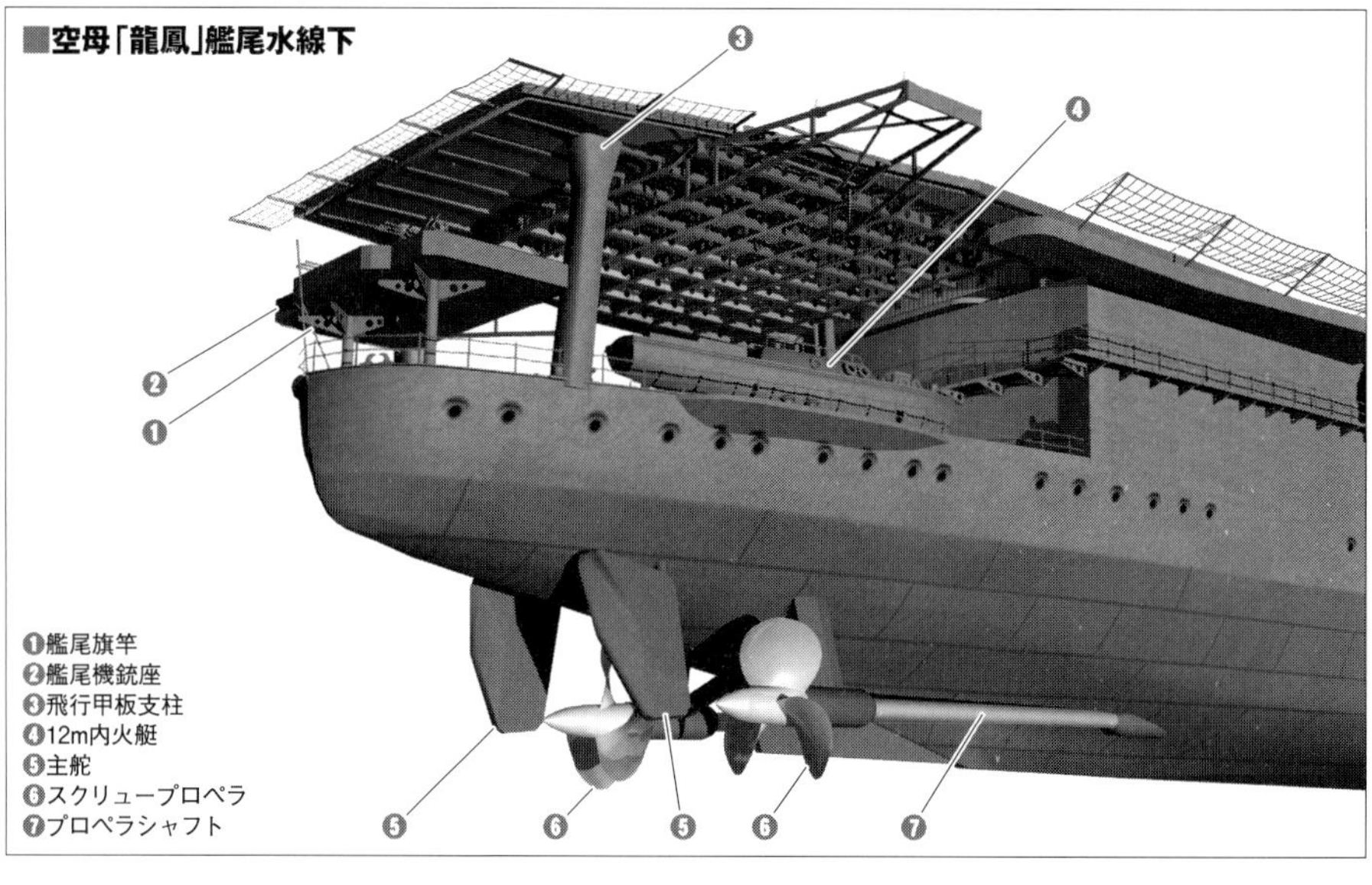

❶艦尾旗竿
❷艦尾機銃座
❸飛行甲板支柱
❹12m内火艇
❺主舵
❻スクリュープロペラ
❼プロペラシャフト

■空母「龍鳳」艦尾水線下

■対空兵装の変遷

瑞鳳型と「龍鳳」では高角砲の

増備は行われていない。また、両型の中で「祥鳳」は喪失まで対空兵装強化は実施されていないが、昭和17年中期以降も活動を続けた「瑞鳳」と「龍鳳」では、対空機銃をはじめとした対空兵装増備が、就役期間中に継続して実施されている。

「瑞鳳」の最初の機銃増備は昭和17年後半のことで、この際に両舷の機銃座に各1基、艦首飛行甲板下の最上甲板前部に2基、艦尾に2基の銃座を増設するとともに、当初装備していた25㎜連装機銃の三連装型への換装と、新設銃座にも三連装型各1基を配することで、25㎜機銃の装備を三連装型10基(30挺)に強化している。この後、「瑞鳳」では「あ」号作戦の頃までに、25㎜機銃の単装型を艦の各部に16挺増備しており、マリアナ沖海戦にはこの状態で参加している(計46挺装備)。マリアナ沖海戦後に実施された兵装増備では、さらに艦首の最上甲板前部に連装型を片舷当たり2基(計4基8挺)追加、艦尾上甲板や艦尾前部の飛行甲板支柱部分に機銃台を増設し、移動可能な橇《そり》式の2挺を含めて計14挺の単装型を搭載した。この結果、25㎜機銃の装備は68挺に強化されている。

一方、当初から三連装型10基を装備していた「龍鳳」では、「あ」号作戦の頃までに25㎜単装機銃18挺を艦橋側部、舷側部、艦尾の各部に増備しており、他に13㎜機銃を両舷の防空指揮所付近に各2挺、前部遮風柵部分に2挺装備したという。さらにマリアナ沖海戦後の兵装増備では、「瑞鳳」同様に艦橋前部の最上甲板の両舷に連装型を各2基装備したほか、橇式の25㎜単装機銃2挺を含めて6挺増備したことで、25㎜機銃の装備数を62挺としたと言われる。また、この際に13㎜機銃も単装型を12挺増備して計18挺に強化している。

昭和19年8月より、残存する空母に対して12㎝28連装噴進砲の装備が始まると、「瑞鳳」「龍鳳」もこの時期に噴進砲の搭載と、これの指揮に使用する機銃射撃装置の増備が行われた。

噴進砲の装備位置は、「瑞鳳」では右舷側は後部高角砲座の後方、左舷側は後部高角砲座の前方に各3基(計6基)の装備が行われ、「龍鳳」では艦中央部の両舷機銃座の前方に片舷当たり3基(計6基)を搭載する形とされている。ちなみに、終戦後の「軍艦龍鳳引き渡し目録」によれば「龍鳳」の最終状態における機銃射撃指揮装置の数は5基で、うち噴進砲用が2基とされていることから、機銃用は竣工時より1基減らされた格好となっていた。

噴進砲自体は「瑞鳳」の戦闘詳報に「脅威・威力は極めて大」とされたことを含めて、艦側からかなりの高評価を得ており、捷号作戦時の「瑞鳳」や、本土で防空砲台となった「龍鳳」で有用に使用されたことが報じられている。ただし、弾薬や機構面の不具合も多く、それが有用性を損なっているとの評価もあって、実際に「瑞鳳」の戦闘詳報でも様々な改善要求が出されていた。

電探・逆探

対空用電探はまず二号一型の二型系列(最大探知距離150㎞、有効距離単機70㎞、編隊目標で100㎞)の装備が行われており、「龍鳳」は竣工時に出された図面によれば、後部エレベーター左舷前部の隠顕式探照灯の装備位置に、隠顕式の本電探の搭載が示されているため、この時期に搭載されたと見られる。

一方、「瑞鳳」は南太平洋海戦の損傷復旧時期となる昭和18年初頭に前部エレベーターの前方の飛行甲板中心線上に隠顕式のものが装備された。マリアナ沖海戦後には、単機目標の探知距

■同 煤煙除シールド装備

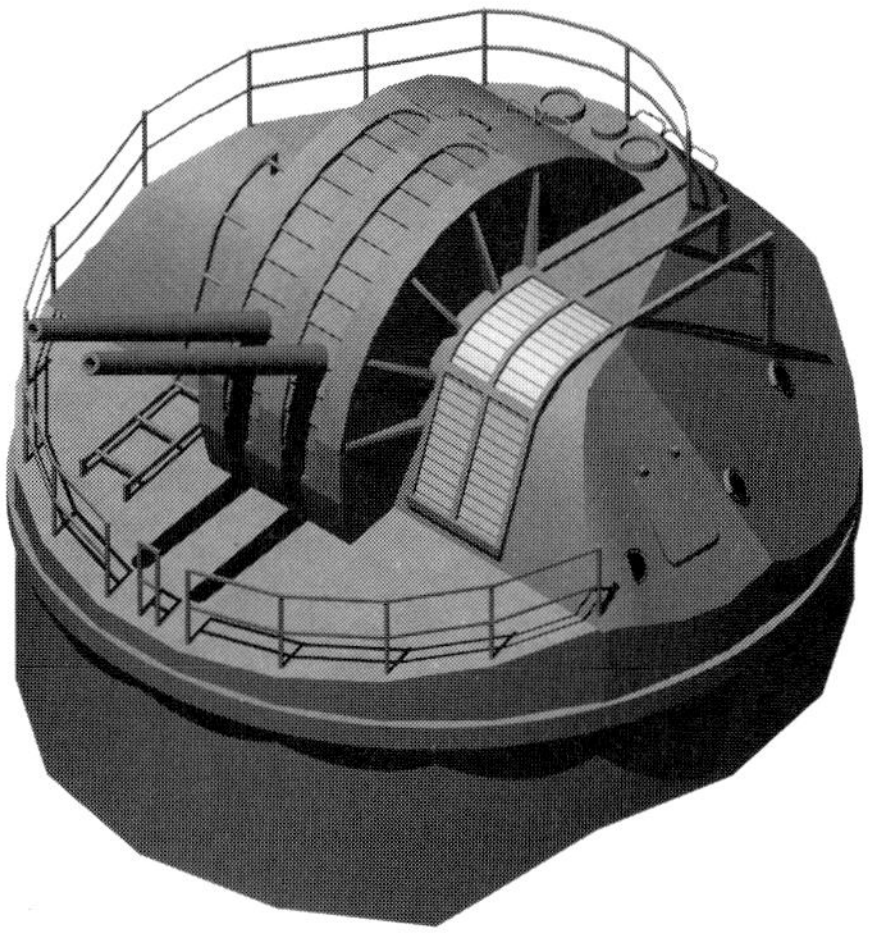

■八九式12.7cm連装高角砲

■同 煤煙除シールド装備

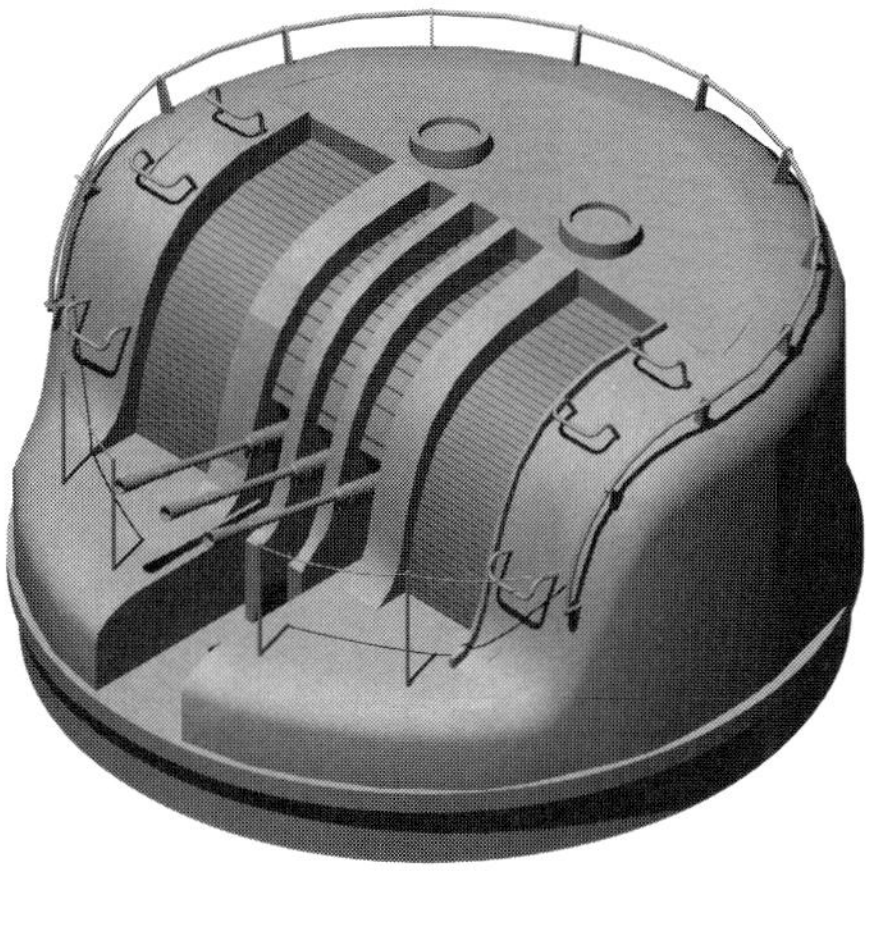

■九六式25mm三連装機銃

■四十口径八九式十二糎七高角砲

口径	127mm	砲身長	40口径
初速	720m/秒	最大射程	14,600m
最大射高	8,100m(または9,400m)		
発射速度	14発/分	弾量	23kg

■九六式二十五粍機銃

口径	25mm	銃身長	60口径
初速	900m/秒	最大射程	8,000m
最大射高	5,250m		
発射速度	最大230発/分(実用130発/分)		
弾量	250g(通常弾)		

■12cm28連装噴進砲

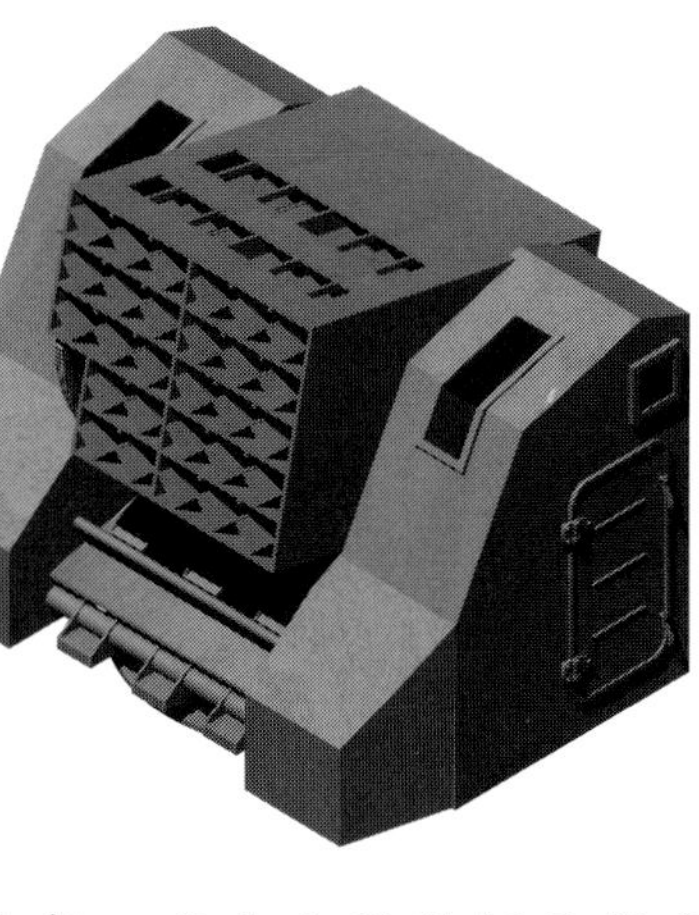

■十二糎二八連装噴進砲

口径	120mm
砲身長	12.5口径
初速	240m/秒
最大射程	4,800m
最大射高	2,600m
発射速度	15～20発/分
弾量	22kg（12cmロサ弾）

離と方位精度は劣るが、小型軽量で信頼性に優れる一号三型電探（最大探知距離変わらず、有効距離は単機50㎞、編隊目標で100㎞）も、両艦ともに右舷前部の信号檣に各1基増設する措置が執られている。

逆探は、やはり日本艦艇の標準装備だったE-27系列のものが装備された。これは昭和18年中期にまずメートル波／デシメートル波対応型が、昭和19年初夏にセンチメートル波対応型が搭載されたと見られ、戦後の米軍レポートでは瑞鳳型（「龍鳳」を含む）はこれらを各1基搭載していると報じている。

船体・防御

剣埼型および「大鯨」の船体は、当時の重巡を元に発展した高速船型で、甲板高は最上甲板を除く主船体部が艦首から艦尾まで4～5層（機関区画の床面となる第二船艙甲板を含む）となっており、この上に潜水母艦時の第一から第三までの最上甲板（空母改装後の飛行甲板／機銃甲板／最上甲板）が載せられた格好となっている。主船体部の甲板数が少ないこともあり、下部格納庫は「蒼龍」「飛龍」や翔鶴型等の中型・大型空母では主船体内部に収めているのに対し、瑞鳳型および「龍鳳」では甲板一層分が最上甲板に露出しているという特色がある。

空母撃滅戦に使用する高速艦隊型空母として高速性能発揮が求められた「大鯨」（「龍鳳」）の船体は、水線長211·12m、水線幅18·07mという細長い船型が採用され、L／B値（※3）は約11·7と同時期の重巡や㊁計画（第二次補充計画）で建造された「蒼龍」「飛龍」より大きいものとされていた。

公試排水量は当初計画では1万7 17トンとされていたが、竣工後に友鶴事件と第四艦隊事件で発覚した問題に対処するための大規模修繕が行われ、昭和13年9月の再就役後、公試排水量は1万4400トンに大幅に増大、水線長は210m、水線幅は19·58mへと変化した。なお、友鶴·第四艦隊事件による修繕工事の内容は、昭和11年（1936年）2月の最上甲板および艦艇外鈑への二重張りの実施、外鈑および甲板の一部張り替え、前後部へのリベット構造部分設置とバラストの増載、船首尾材の鋼鈑から鋳鋼製のものへの換装等となっている。さらに、昭和12年8月以降には艦尾乾舷を増大するための上甲板の延伸、バルジの設置とい

■空母「瑞鳳」高角砲・機銃・電探配置図（昭和19年7月10日）

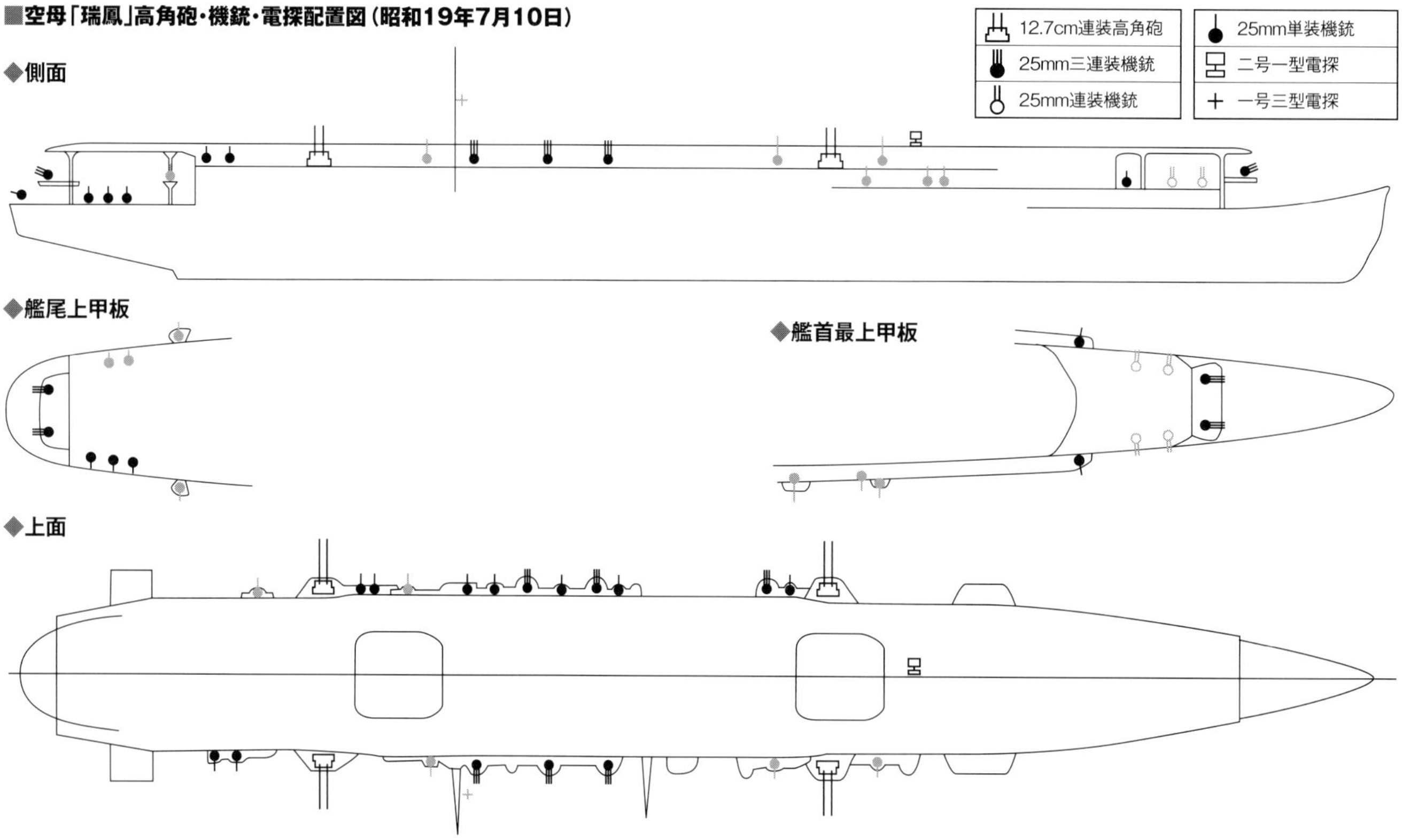

マリアナ沖海戦後、昭和19年7月10日における空母「瑞鳳」の高角砲・機銃・電探の配置図。グレーのものは増設されたもので、この時点で「瑞鳳」は25mm機銃の三連装型10基、単装型16基を搭載（46挺）、増設により連装型4基、単装型12基、橇式2挺を搭載し、合計搭載数を68挺としている。（『各艦 機銃、電探、哨信儀等現状調査表』を元に作図）

（※3）…船の長さ（Length）を幅（Beam）で割った値。数字が大きいほど船は細長い形状となる。

った改正も実施されている。

一方、空母化改装後の「龍鳳」では、空母改装後の復原性能改善のために後述の瑞鳳型同様に固定バラストが搭載されたが、船型が大型なだけにその量は瑞鳳型より多くなり、改装後の排水量は「航空母艦飛行甲板比較図」記載の要目表に曰く、公試排水量が1万5300トンと潜水母艦時代より約900トン増加していた(基準排水量は1万3360トン)。この結果、空母改装後の水線長は以前と変化はないとされるが、水線幅は約19・8mとさらに拡幅している。このため、空母化改装後のL/B値は約10・6と、同時期の重巡や「蒼龍」「飛龍」に近い数値となった。

ちなみに、空母化改装後の本艦の全長は約215・7mと「蒼龍」よりは約11m小型だが、米のインディペンデンス級軽空母と比べて約26m、英のコロッサス級軽空母より約4m大きいという、軽空母としてはかなり大型の部類に属する艦でもあった。

㊁計画での計画時点では、最上甲板を設けないことを含めて、高速給油練習艦とする改正を行うことを除けば、剣埼型の船体は「大鯨」と同型とする予定だった。だが、友鶴事件とその後の「大鯨」での問題発生を受けて、やや全長と幅を減じると共に、吃水を増大させる等の改正が行われた結果、寸法が違うことを含めて、剣埼型の船体は事実上完全な新規設計と言えるものへと変化している。

第四艦隊事件での問題対策を織り込んで工事が行われた「剣埼」の竣工時点で、公試排水量は1万3350トン、水線長は200m、水線幅は18mとなっている。空母化改装後、復原性能にやや問題を生じたため、固定バラスト400トンの増載が行われたが、空母化改装後の寸法および排水量は、「航空母艦飛行甲板比較図」の要目表によれば、排水量は基準1万1159トン、公試1万3000トンと潜水母艦時代と大差ない数字とされ、全長は205・5m、水線長は200mだった。水線幅は18mで変化なしとされているため、L/B値は11・1と「龍鳳」より細長い船型となっている。

瑞鳳型および「龍鳳」は排水量が小さく海象の影響を大型空母より受けやすいこと、L/B値が大きい不安定な船型であること、さらに「鳳翔」および「龍驤」の運用実績も受けて、荒天時の航空機運用能力を改善するため、三菱長崎式の安定器(ジャイロ・スタビライザー)の装備が予定されていた。実際に瑞鳳型及び「龍鳳」では機械室後部にその装備区画が設けられており、安定器の製造もこれらの艦の空母改装開始とともに行われたが、完成が太平洋戦争開戦後となったため、いずれの艦も装備の機会を逸している。

なお、太平洋戦争中の瑞鳳型と「龍鳳」では、発着艦作業時には風に向けて艦首を立てるため、ピッチングはともかく、ローリングはそれほど大きくは発生しないことから、安定器がなくても航空機の発着艦作業には支障はなかったと言われている。

防御面では、被雷時に格納庫に浸水する可能性を局限するため、下部格納庫の底面となる甲板を、吃水線部に近い下甲板より一層上となる中甲板としたこと、至近弾等による浸水被害の局限を考慮して、船体主要部の側面に一層の空隙を持たせて、同部を燃料層とするなどはされているが、本格的な装甲や水中防御はなされておらず、基本的にその防御は脆弱なものでしかなかった。

■二号一型電探

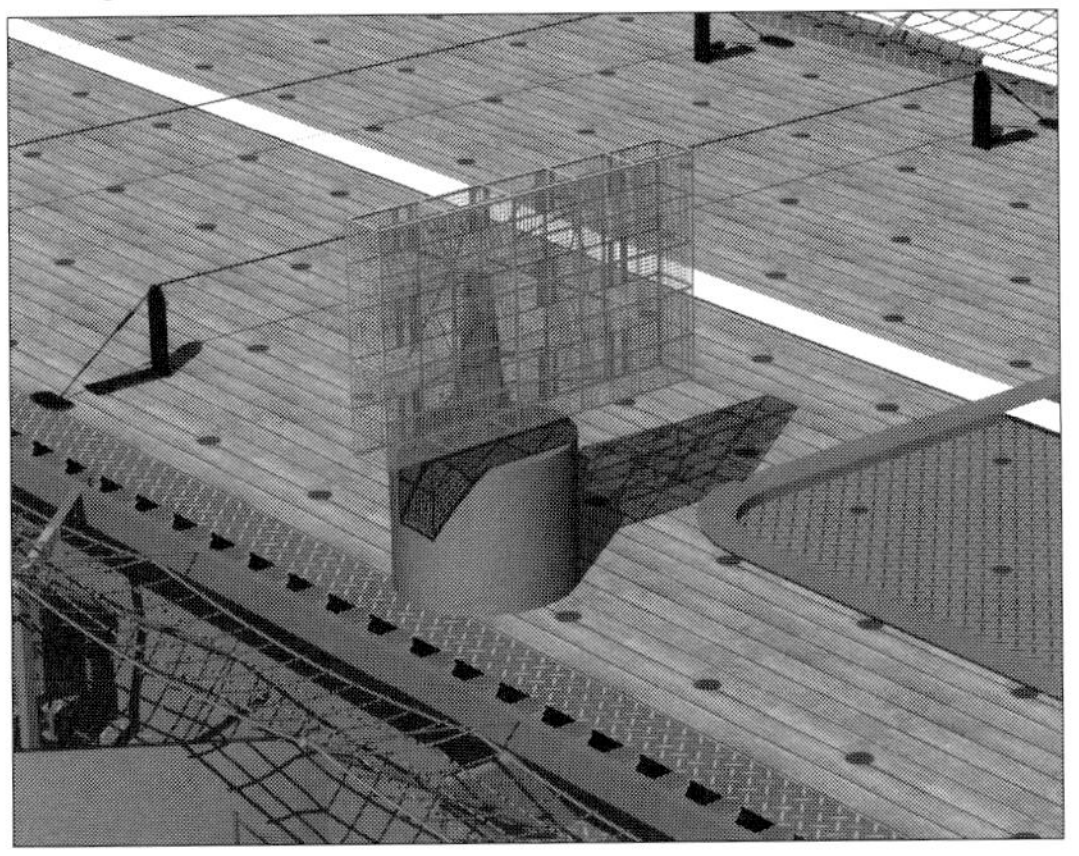

■二式二号電波探信儀一型

用途	対空見張用
波長	1.5m
出力	5kW
最大探知距離	150km
有効距離	編隊100km/単機70km

■一号三型電探

■三式一号電波探信儀三型

用途	対空見張用
波長	2m
出力	10kW
最大探知距離	150km
有効距離	編隊100km/単機50km

終戦後の昭和21年(1946年)、解体工事中の空母「龍鳳」。水線長210m、水線幅19.8m、L/B値は約10.6と、比較的細長い船体だった。また、米英海軍の同種の艦と比べて、軽空母としては大型でもあった。

空母「瑞鳳」「祥鳳」「龍鳳」の建造経緯

戦時には空母に改装することができる「空母予備艦」として計画された、高速給油艦／潜水母艦「高崎」「剣埼」と潜水母艦「大鯨」は、アメリカとの戦争に備えて、空母「瑞鳳」「祥鳳」「龍鳳」に改装されることになる。本稿では軍縮条約下での日本海軍の空母増勢計画と、「高崎」「剣埼」「大鯨」の建造経緯、そして空母への改装の経緯を解説する。

文／本吉 隆

空母の価値の向上とワシントン・ロンドン軍縮条約下での空母整備計画

ロンドン条約締結で巡洋艦及び駆逐艦等に対する総量規制がなされたことで、旧来の漸減作戦構想が一旦崩壊すると、日本海軍はこの制限下での新たな漸減作戦構想を再構想し始める。

そしてこの時期は、米英海軍の研究及び演習結果で報じられた情報からも、空母を中核とする高速機動部隊が、艦上機による制空及び索敵、攻撃等の実施を含めて、各種の作戦時に不可欠な戦力であるということが分かってきた。さらにそれだけでなく、同時に決戦時に戦闘を優位に進める要因となる決戦水域の制空権確保のためには、「敵空母を撃破して敵戦闘機の活動を阻止する」事が重要であると強く認識されるなど、空母の価値が大きく向上している時期でもあった。

その中で日本海軍も、空母決戦で使用しうる高速空母の価値を認めて、ロンドン条約締結の翌年である昭和6年（1931年）に開始された第一次軍備補充計画（㊀計画）の整備を新たな漸減作戦構想の中で推進することを決定する。だがしかし、ここでもワシントン条約での英米の5に対して我は3という空母保有排水量の総量規制と、ロンドン条約での「空母は一万トン以下の艦でも規制対象外とせずに排水量総量規制に含む」という条項の改定が、日本海軍の空母整備の大きな枷となってしまう。

大正13年（1924年）の補助艦艇補充計画で、大型空母を補完する存在として、ワシントン条約では総量規制外となる一万トン型の航空機補給艦（小型空母）の整備検討が行われたことや、ロンドン条約締結前の軍備制限研究委員会で、同様に速力30ノットを発揮可能で搭載機数18機（+補用6機）の一万トン型補助航空母艦が整備対象の中に含まれていた様に、日本海軍ではワシントン条約の規制外となる一万トン以下の小型空母を大型空母を補完する兵力として整備する事を前提として、空母整備を検討し続けていた。

1922年に締結されたワシントン海軍軍縮条約では、1万トン以下の空母は規制の対象に入っていなかった。そのため日本海軍は1万トン以下の「龍驤」を建造したが、1930年にロンドン軍縮条約が締結されると、1万トン以下の空母も規制対象になってしまった。写真は昭和9年～10年ごろの「龍驤」

だがロンドン条約の規制改定により、これらの艦の建造は事実上不可能となってしまい、更に同条約締結前に起工された「若宮」代艦の水上機母艦代艦として整備された「龍驤《りゅうじょう》」が総量内に含まれる格好となった。そのため、この時期には残余の排水量枠は2万1００トンにまで減少しており、これは昭和9年以降に開始される第二次補充計画（㊁計画）で建造が要求されたとされた新型の高速艦隊型空母（後の「蒼龍」と「飛龍」）の整備で使い切る見込みとなってしまっていた。

戦時に空母改造可能な特務艦の建造計画

この様な状況から、日本海軍は条約の制限下において、機密を保ちつつも見かけ上は合法的に空母の増勢潜在力を保有することを検討し始める。これの対象艦は、平時の第一状態では、軍縮条約下の制限外艦艇と見なされる各種の特務艦として供される艦となるが、その状態から戦時状態となる第二状態（空母）へと短期間に改装可能とするため、航空機用エレベーターを始めとする所要の艤装品や各種機械を、予《あらかじ》め装備した艦として設計を行うものとして検討が進められた。

この条約の隙間を突く格好で、大型空母を補う小型空母へと改装しうる「空母予備艦」を整備する検討は、まず㊀計画で要求されたが、いずれも整備が見送られた九八〇〇トン型空母と、八〇〇〇トン型水上機母艦各1隻の補充検討から開始された。

これは小型空母の整備はもちろんだが、当時整備が進められつつあった大型高速の巡潜型及び海大型潜水艦に対応可能な能力を持つ新型潜水母艦の整備がともに喫緊の課題と見なされていたことによるものだった。

またこの両者の艦の規模が概ね合致すること、さらに潜水母艦という艦種は、居住区画及び工作設備設置のため、大型の長大な上構を持つことが常である艦であることを含めて、第一状態での目眩ましに適した点があるなど、総じて「空母予備艦」として整備するのに都合の良い艦であったことも、この計画を推進させた要因となったと思われる。この艦は昭和7年（1932年）中に計画が具現化し、同年12月末から開始された第六四回帝国議会で成立した昭和8年度（1933年度）の単年度予算となる昭和8年追加計画で、一万トン型潜水母艦として建造が承認されるに至った。

溶接ブロック式構造など新機軸を導入した「大鯨」

この一万トン型潜水母艦は、第一状態での兵装及び速力要求はワシントン・ロンドン条約の特務艦の範囲に収めるが、第二状態では空母の機動作戦に投入可能な33ノットの速力付与と、常用30機+補用機を搭載可能な空母へ、3カ月の予告期間を以て

右舷前方から見た「大鯨」。長大な上部構造物が印象的だ。昭和10年10月、東京湾で撮影された艦影。この後、性能改善工事が行われることになる

空母「龍驤」とともに写っている「大鯨」。艦橋付近の様子がよく分かる。艦橋前には12.7cm連装高角砲を装備している

改装可能とすることが望まれた。また「単年度での建造」が要求された様に、早期の完成が望まれていた艦でもあった。

このため計画当初、艦政本部は本艦を鋲接構造として設計作業を実施していたが、建造を担当する横須賀工廠では、本艦の早期建造要望を考慮して、当時の最新技術であった電気溶接による溶接ブロック式構造法により船体建造を行う事を要望。最終的に艦政本部もこれを認めて、横須賀工廠で構造図を改めて同構造法による建造工事を行うこととなった。

この最新の建造方法は予期した成果を収め、本艦は一万トン級という大型艦でありながら、昭和8年4月12日に起工されて、僅か約7カ月後の昭和8年11月16日には進水に至り、第一状態の潜水母艦として「大鯨《たいげい》」と命名された。

かくして電気溶接による溶接ブロック式構造による建造が、急造に適することを証明した本艦の建造工事であったが、当時は未だ電気溶接の技術が未熟であったことが災いし、進水前には既に船体のゆがみが著しく、縦強度材に内応力が出ているなど、様々な問題が指摘されていた。

更に進水前に行う軸芯見通しで車軸中央の見通しが不可能、と判定されてしまったことから、本艦は進水後に入渠させて、船体を前部と後部で3個に切断した上で、ゆがみを矯正すると共に、強度対策のために鋲接構造を取り入れての船体改正工事が行われた。

本艦は昭和9年（1934年）3月31日に竣工扱いとなり、要求通りに「単年度での建造」を達成した形とした。だが、爾後《じご》「友《とも》鶴《づる》」事件及び第四艦隊事件を受けて、復原性の改善と再度の船体構造の見直しが図られ、それを受けてのバルジ設置を含む大規模な改造工事が必要となり、実用可能な艦として艦隊配備となったのは昭和13年（1938年）まで遅れてしまった。なお、就役後、大型で船体規模に余裕があって居住性に優れるのに加え、当時最新の装備を持つ「大鯨」の配備は、潜水艦部隊からは大いに歓迎されたという。

だがこの時点でも、本艦の複動式ディーゼル機関は機構的な問題から満足な運転が出来ないままだった。このためこの時期大型複動式ディーゼル主機を搭載した各艦が揃って機関不調に悩まされるという事態となっていた海軍では、潜水母艦として活動を開始した直後に本艦を一旦「空母予備艦」から外して、当面大型複動式ディーゼルの試験艦扱いとしてしまう。

後述するが、「空母予備艦」として整備された3隻のうち、最初に整備された本艦の空母改装が最後とされたのは、これも大きな要因の一つとなった。なお、この時点での「大鯨」の第二状態は、速力27ノット、搭載機数29機（補用機含む）へと変化していた。

純粋な「空母予備艦」として計画された高速給油艦「剣埼」「高崎」

「大鯨」に続く空母予備艦の整備は、続く㊁計画でも検討が進められており、軍令部は当初3隻の整備を要求していたが、各部との折衝の結果、㊁計画では2隻を商議の中に含めることで決着を見た。

㊁計画の空母予備艦は、平時は第一状態の高速給油練習艦（補給用燃料搭載量は、戦艦1隻分の5000トンに過ぎなかった）として活動するが、戦時には1カ月で空母となる第二状態に改造しうる艦として計画されており、空母としては基準排水量9500トン、艦上機36機（+予備機10機）を搭載可能で、ディーゼル主機搭載により速力30ノット以上（実際の要求は36ノット以上）を発揮可能、なおかつ空母の機動作戦に必要な18ノットで1万浬の航続力を持つ艦として要求が行われた。

この高速給油練習艦整備の計画は、爾後の大蔵省査定で1隻にされる事態も生じたが、以後の折衝で㊁計画で要求の2隻の整備が無事に確定。一番艦となる第一給油艦は昭和9年12月3日に横須賀工廠の第二船台で起工されて翌年（1935年）6月1日に給油艦「剣埼《つるぎざき》」として進水、この直後の6月19日には同

船台で第二給油艦が起工されて翌年（1936年）の6月19日に給油艦「高崎」と命名の上で進水した。

立て続けに2隻が建造されたこともあり、横須賀工廠などの関係者から「剣高《けんたか》」と称されたというこの両艦は、進水後、横須賀工廠が多忙であったことと、日本がワシントン・ロンドン条約体制下から離脱する方針となるなどの情勢変化や、やはり「友鶴」事件と第四艦隊事件の影響で設計及び構造の見直しの必要が生じてしまい、進水後の艤装工事を中断して、しばらく放置されることになった。

ちなみに㊁計画では、「空母への改装を考慮して」要求された艦として、水上機母艦の千代田型2隻と「瑞穂《みずほ》」も建造されているが、これらの艦は特に早期に空母状態とするための艤装等は実施されておらず、あくまで当初から空母用の艤装を含める形で建造される「空母予備艦」として要求されたのはこの高速給油艦2隻のみであった。なお、無条約下となった第三次海軍補充計画（㊂計画）以降では、「空母予備艦」の必要性が無くなったため、「剣埼」「高崎」の2隻は「空母予備艦」として最後に整備された艦となった。

昭和14年4月24日、鹿児島県有明湾に停泊中の「剣埼」

潜水母艦を経て空母となった「瑞鳳」と「祥鳳」

日本がワシントン・ロンドン条約体制下から抜け出すと、この両艦をどの様な形で竣工させるかについて検討が行われる。最終的に「友鶴」事件と第四艦隊事件で発覚した復原性及び強度不足等の対策を実施した上で、第二状態を公試排水量1万3000トン、速力29ノットの空母とすることを前提として、船体上部に大型の上構の追加設置等を行う「第一状態B」とされた潜水母艦として竣工させることが、昭和12年（1937年）12月11日に決定された。

ちなみにこの時、給油艦から潜水母艦へと艦種変更することが決定したのは、大型の巡潜型や海大型に対応出来る能力を持つ潜水母艦の整備が喫緊と見なされていて、まもなく竣工する予定だった有力な艦隊型水上機母艦である「千歳」「千代田」のいずれかを、潜水母艦とする必要があるのでは無いか、と考えられていたことなどが大きく影響している。

この様な情勢もあり、まず給油艦としての艤装が進んでいた「剣埼」より工事を再開、船体補強を含む各種性能改善の実施と、第二状態では格納庫になる上構の増設、航空機用のエレベーターを前後の2基とも搭載するなど、より空母に近い形で竣工させる艤装工事が進められた。

潜水母艦としての艤装は「大鯨」を元に実施されたが、エレベーターの事前搭載数が「大鯨」では1基に対して2基とされたこ

昭和15年12月17日、就役を前にした公試中に館山沖を全力航行中の「瑞鳳」（元「高崎」）

就役直後の昭和15年12月28日、横須賀港で撮影された「瑞鳳」

と、艦橋直後に上構を設けずに艦載艇の収容位置とするなど、各部に変化が生じたため、その艦容は「大鯨」とは異なるものとなっている。

機関は空母への改装をより容易とするため、給油艦では半数

昭和16年12月20日、横須賀港に停泊する竣工直前の「祥鳳」（元「剣埼」）。翌年1月26日、空母として就役する

搭載を予定していた主機械を、当初から全数搭載することとしたが、この時点で既に「大鯨」の主機の不成績が伝えられていたこともあり、「剣高」の両艦で同様の問題発生を危惧した海軍では、昭和14年（1939年）には、「大鯨」と「剣埼」「高崎」の空母改装に備えて、駆逐艦用の主機と主缶を予備として整備する事を指示することにもなった。

横須賀工廠で艤装が行われた「剣埼」は昭和14年1月15日に竣工、これに続いて横須賀工廠では、この時期までに第四艦隊事件に基づく船体構造対策を終えて、潜水母艦としての艤装工事を進めつつあった「高崎」の工事に注力を開始した。しかしこの時期には世界情勢の変化もあって同艦の空母化改装実施が望まれる様になり、欧州大戦が勃発した昭和14年9月になると、「高崎」を第二状態で竣工させることが決定される。

「高崎」の空母改装に当たっては、「剣埼」の竣工後に搭載したディーゼル主機にやはり問題が発生、全力運転が出来ない状態が続いていたことから、主機を予備の駆逐艦用の主機と主缶の組み合わせへと改めることとされた。

この結果、昭和15年（1940年）1月に着工した「高崎」の空母改装は、船体部の再度の大規模な強度改善の実施や、主機械換装に伴う機関区画の全面改正を含む艦内区画の大規模変更等が必要となるなど、「エレベーター以外は全部やり直し」と言われた大工事となり、約1年の工期を掛けて同年12月27日に完工し、空母「瑞鳳」として竣工した。

続いて横須賀工廠では、出師《すいし》準備の第一着作業が発動された昭和15年11月15日に予備艦となった「剣埼」に対して、「瑞鳳」同様の大規模改装工事を、出師準備の第一段工事発令による特急工事として昭和16年（1941年）初頭に開始、同年12月22日に「祥鳳」と改名された本艦の改装工事は、昭和17年（1942年）1月26日に完了した。

3隻の中では最後に空母に改造された「龍鳳」

一方「剣埼」「高崎」の空母改装決定と、大型複動ディーゼル主機試験艦の必要性、更に有力な潜水母艦の不足もあって、「大鯨」の空母改装は、昭和15年初頭の段階で「当面潜水母艦とす」とされたように、しばらくの間は見送られてしまう。

このためもあって開戦時はなお第三潜水戦隊の潜水母艦として活動していた「大鯨」だが、出師準備の第一着作業開始後の特設潜水母艦の整備もあって、出師準備第二着作業の発動以後の計画で空母改装が決定。昭和16年12月15日に三潜戦から除かれた後、12月20日に予備艦となった後に、瑞鳳型に準ずる形での機関換装を含む大規模な空母改装工事を開始した。

その途上の昭和17年4月18日のドーリットル空襲の際、右舷バルジ前端部に227kg爆弾一発を受けて損傷、舷側に大破口を生じるという事態も生じたが、これの復旧工事は改装工程には直接の影響は無かったと言われ、昭和17年11月30日には工事を完了、同日「龍鳳」に改名の上で空母として再役するに至った。

上記の様に日本海軍が期待を掛けた「空母予備艦」は、全艦が設計に起因する復原性不良の発生や、船体構造の問題による強度不足等の各種問題の発生に見舞われただけでなく、当初搭載したディーゼル主機の不具合が解決出来なかったことから、当初の計画より空母としての性能が低下した状態で竣工することになった。

またその改装工期も、当初予定した1カ月もしくは3カ月という短期間での改装はならず、それぞれ1年程度の工期を要してようやく完了する形となった。

このため「空母予備艦」の計画は、ある意味失敗したとも言えるが、昭和15年末から昭和17年晩秋時期の約2年で、艦隊作戦で有用に使用出来る軽空母を戦力に加えることが出来たことは、太平洋戦争時の日本海軍の空母戦備においては、大きな福音となったことも事実である。

そしてこれらの艦が、珊瑚海海戦からレイテ沖海戦まで、日本の空母機動部隊の一翼をなす艦として活動出来たことを考えれば、ワシントン・ロンドン条約の制約をすり抜けて空母の増備を計画した「空母予備艦」という構想は、ある面では成功した施策だったというべきだろう。

昭和17年11月、「大鯨」からの改造工事を終え、東京湾にて公試運転中の空母「龍鳳」

空母「瑞鳳」「祥鳳」「龍鳳」
運用と艦隊編制

空母予備艦として建造され、太平洋戦争には空母となって参戦した「瑞鳳」「祥鳳」「龍鳳」。本稿ではその運用法と、各艦を含む艦隊編制・軍隊区分について詳解する。

文／本吉隆

空母「瑞鳳」「祥鳳」「龍鳳」の運用

日本海軍が計画した3隻の「空母予備艦」の基本的な運用構想は、大型高速の艦隊型空母を補完して空母撃滅戦を実施することを含めて、第二艦隊の巡洋艦以下の高速艦艇とともに活動をする、小型の高速艦隊型空母としてのものだった。

これは計画当初、これらの艦に空母の機動戦に対応可能な33ノットかそれ以上の速力付与を前提としていたことからも明瞭である。また、友鶴事件と第四艦隊事件に対応する復原性能改善及び船体強度強化実施に伴い、いずれも排水量が増大してしまい、昭和13年（1938年）には「剣高」の両艦は29ノット、合わせて機関出力も低下が予測された「大鯨」の第二状態は27ノットに低下すると見られていたが、なお「剣高」及び「大鯨」の第二状態の搭載機が、索敵・哨戒用の艦攻4機（補用機＋1機）のほかは、先制攻撃専用の艦として空母攻撃時の主要機種となる艦爆のみを18機（補用機＋6機）搭載予定としており、搭載弾薬に艦攻用の魚雷及び大型爆弾を含めないとしていたことからも裏付けられる。

この後間もなく、悪天候時には使用できず、戦闘時には回収できず再使用が困難な水上機で、主力艦隊の砲戦観測と直衛を実施するのは信頼の面で難があるため、これを補う主力艦随伴用の空母の整備が必要と認められる。

この構想を受けて、速力低下により空母の機動作戦には使用し辛い面が生じていた「剣高」および「大鯨」の任務変更が考慮され、まず「大鯨」が同任務に振り向けられ、第二状態で第一艦隊附属の主力艦随伴用空母となることが予定された。これに対して、「剣高」の両艦は以後もしばらく第二艦隊の先制攻撃用軽空母としての運用が検討されていたが、連合艦隊司令部の主力艦戦隊に配属される空母整備の要求がさらに強まったことから、「高崎」（後の「瑞鳳」）は昭和15年（1940年）初頭に空母予備艦から外れた「大鯨」を代替する第一艦隊用の主力艦戦隊配属の空母となり、また「剣埼」（後の「祥鳳」）は「龍驤」とともに第二艦隊配属で同様の任務に就くことが決定された。

この決定を受けて、搭載機数にも変化が生じ、当初は艦戦18機（補用6機）、偵察用艦攻4機程度とすることを考慮していたが、太平洋戦争開戦時期の「瑞鳳」や珊瑚海海戦時の「祥鳳」では艦戦16機＋艦攻12機、ミッドウェー海戦時の「瑞鳳」では艦戦12機＋艦攻12機を定数としている。

ミッドウェー海戦での敗北後に空母部隊が再編されると、これらの軽空母の運用も改められる形となった。新編された第三艦隊では、これらの小型空母の主任務は艦戦による艦隊防空とされ、これを受けて各航空戦隊に防空戦闘用としての軽空母が各1隻配される形に変わった。またこれに合わせて、各軽空母の搭載機定数も、戦闘機は大型空母並みの搭載数とされたが（21機）、索敵等に使用する艦攻の搭載数を1個中隊程度（6～9機）に抑える措置が執られた。この「同じ航空戦隊の大型空母を補う」編制は、ガ島戦時の一航戦（第一航空戦隊）から始まり、マリアナ沖海戦の二航戦（第二航空戦隊）まで継続して行われている。

その一方で昭和19年（1944年）2月1日に「瑞鳳」を含む軽空母3隻で新編された第三航空戦隊は、マリアナ沖海戦では戦艦「大和」以下の大型水上戦闘艦を主力とする第一遊撃部隊（第二艦隊）の直援に当たり、搭載する爆戦により敵機動部隊への先制攻撃任務にも当たる部隊とされたように、初期の「空母戦での先制攻撃」を行う空母としての任務が復活したことを含めて、以前の軽空母とは異なる運用が行われている。

マリアナ沖海戦後になると、軽空母の運用は基本的に所属航空戦隊の大型空母とともに、艦戦による直援及び護衛、爆戦による敵機動部隊攻撃、艦攻による哨戒及び索敵に当たるというものに変化した。また、比島沖海戦（レイテ沖海戦）後に計画された「神武」作戦（※）に投入予定だった「龍鳳」では、特攻運用される爆戦を搭載する母艦として活動することが考慮されている。

これ以外の戦時における主要任務としては航空機輸送があり、これは開戦時から戦争末期まで、相当の回数が実施されている。

空母「瑞鳳」「祥鳳」「龍鳳」を含む艦隊編制

「空母予備艦」で最初に空母として竣工した「瑞鳳」は、当初、佐世保鎮守府警備艦扱いとされた後、昭和16年（1941年）4月10日に、第一艦隊の主力艦戦隊の護衛用空母の戦隊である第三航空戦隊に配されており、以後、昭和17年（1942年）4月1日に三航戦が解隊されて第一艦隊附属になるまで、「鳳翔」とともに同戦隊で活動を行っている。一方、「祥鳳」は竣工前の昭和16年12月22日に第一航空艦隊の第四航空戦隊に配され、以後、珊瑚海海戦で喪失するまで同戦隊にあった。

「祥鳳」の喪失後、昭和17年6月のミッドウェー海戦では、第二艦隊の護衛に当たる空母の手当がなくなったことから、第一艦隊附属の「瑞鳳」がこの任務に当たった。ミッドウェー海戦直後の6月20日、「瑞鳳」は第一航空艦隊第五航空戦隊に所属。7月14日の戦時編制の改定では、第三艦隊が独立した艦隊（空母機動部隊）として建制されて航空戦隊が再編され、「瑞鳳」は第一航空戦隊に編入された。第二次ソロモン海戦直後の9月以降、「瑞鳳」は「翔鶴」「瑞鶴」を補完する艦として活動、南太平洋海戦では機動部隊本隊の艦として活躍を見せた。

一方、昭和17年11月30日に改装を完了した「龍鳳」は、まず第三艦隊附属、続いて昭和18年（1943年）1月15日に第三艦隊第五〇戦隊に編入されて訓練

横須賀軍港に仮泊中の空母「祥鳳」、昭和16年12月25日の艦姿。同艦は3日前の12月22日に第四航空戦隊に配され、珊瑚海海戦での喪失まで同航空戦隊に所属した。

（※）「龍鳳」および雲龍型空母に特攻機を搭載し、秋月型駆逐艦とともに出撃して比島方面の米水上艦を攻撃することを企図した特攻作戦。結局空母搭載は実現せず、陸上基地からの特攻作戦に変更された。

■空母「瑞鳳」「祥鳳」「龍鳳」の艦隊編制・軍隊区分

■昭和16年12月8日の艦隊編制(太平洋戦争開戦時)

- 連合艦隊
  - 第一戦隊　戦艦「長門」「陸奥」(直率)
- 第一艦隊
  - 第二戦隊　戦艦「伊勢」「日向」「扶桑」「山城」
  - 第三戦隊　戦艦「金剛」「榛名」「霧島」「比叡」
  - 第六戦隊　重巡「青葉」「衣笠」「加古」「古鷹」
  - 第九戦隊　軽巡「大井」「北上」
  - 第一水雷戦隊　軽巡「阿武隈」
    - 第六、第十七、第二十一、第二十七駆逐隊
  - 第三水雷戦隊　軽巡「川内」
    - 第十一、第十二、第十九、第二十駆逐隊
  - 第三航空戦隊　空母「鳳翔」「**瑞鳳**」
- 第二艦隊
  - 第四戦隊　重巡「高雄」「愛宕」「摩耶」「鳥海」
  - 第五戦隊　重巡「那智」「羽黒」「妙高」
  - 第七戦隊　重巡「最上」「三隈」「鈴谷」「熊野」
  - 第八戦隊　重巡「利根」「筑摩」
  - 第二水雷戦隊　軽巡「神通」
    - 第八、第十五、第十六、第十八駆逐隊
  - 第四水雷戦隊　軽巡「那珂」
    - 第二、第四、第九、第二十四駆逐隊
- 第一航空艦隊
  - 第一航空戦隊　空母「赤城」「加賀」
    - 第七駆逐隊
  - 第二航空戦隊　空母「蒼龍」「飛龍」
    - 第二十三駆逐隊
  - 第四航空戦隊　空母「龍驤」
    - 第三駆逐隊
  - 第五航空戦隊　空母「翔鶴」「瑞鶴」
    - 駆逐艦「秋雲」「朧」

(略)第三艦隊、第四艦隊、第五艦隊、第六艦隊、第十一航空艦隊、南遣艦隊、連合艦隊直属・附属

■MO作戦時の軍隊区分(昭和17年5月4日)

- MO機動部隊
  - MO機動部隊本隊　重巡「妙高」「羽黒」(第五戦隊)
    - 駆逐艦「曙」「潮」(第十戦隊第七駆逐隊)
  - 航空部隊　空母「瑞鶴」「翔鶴」(第五航空戦隊)
    - 第二十七駆逐隊(第二水雷戦隊)
- MO攻略部隊
  - MO主隊　重巡「青葉」「衣笠」「加古」「古鷹」(第六戦隊)
    - 空母「**祥鳳**」(第四航空戦隊)
    - 駆逐艦「漣」(第十戦隊第七駆逐隊)
  - ツラギ攻略部隊　敷設艦「沖島」(第十九戦隊)
    - 駆逐艦「菊月」「夕月」(第六水雷戦隊第二十三駆逐隊)ほか
  - ポートモレスビー攻略部隊　軽巡「夕張」(第六水雷戦隊)
    - 駆逐艦「卯月」(同第二十三駆逐隊)ほか
  - 掩護部隊　軽巡「天龍」「龍田」(第十八戦隊)ほか

■昭和17年7月14日の艦隊編制(空母機動部隊の建制化)

- 連合艦隊
  - 第一戦隊　戦艦「大和」(直率)
- 第一艦隊
  - 第二戦隊　戦艦「長門」「陸奥」「扶桑」「山城」
  - 第六戦隊　重巡「青葉」「衣笠」「加古」「古鷹」
  - 第九戦隊　軽巡「大井」「北上」
  - 第一水雷戦隊　軽巡「阿武隈」
    - 第六、第二十一駆逐隊
  - 第三水雷戦隊　軽巡「川内」
    - 第十一、第十九、第二十駆逐隊
- 第二艦隊
  - 第三戦隊　戦艦「金剛」「榛名」
  - 第四戦隊　重巡「高雄」「愛宕」「摩耶」
  - 第五戦隊　重巡「羽黒」「妙高」
  - 第二水雷戦隊　軽巡「神通」
    - 第十五、第十八、第二十四駆逐隊
  - 第四水雷戦隊　軽巡「由良」
    - 第二、第九、第二十七駆逐隊
  - 第十一航空戦隊　水上機母艦「千歳」
- 第三艦隊
  - 第一航空戦隊　空母「翔鶴」「瑞鶴」「**瑞鳳**」
  - 第二航空戦隊　空母「龍驤」「隼鷹」「飛鷹」
  - 第七戦隊　重巡「最上」「鈴谷」「熊野」
  - 第八戦隊　重巡「利根」「筑摩」
  - 第十戦隊　軽巡「長良」
    - 第四、第十、第十六、第十七駆逐隊
  - 第十一戦隊　戦艦「比叡」「霧島」

(略)第四艦隊、第五艦隊、第六艦隊、第十一航空艦隊、連合艦隊直属・附属

■南太平洋海戦時の軍隊区分(昭和17年10月23日)

- 支援部隊
  - 前進部隊－本隊　重巡「愛宕」「高雄」(第二艦隊第四戦隊)
    - 戦艦「金剛」「榛名」(第二艦隊第三戦隊)
    - 重巡「妙高」「摩耶」(第二艦隊第五戦隊)
    - 空母「隼鷹」(第三艦隊第二航空戦隊)
    - 軽巡「五十鈴」(第二艦隊第二水雷戦隊)
    - 第十五、第二十四、第三十一駆逐隊(同)
  - 機動部隊－本隊　空母「翔鶴」「瑞鶴」「**瑞鳳**」(第三艦隊第一航空戦隊)
    - 第四、第十六、第六十一駆逐隊(第十戦隊)
    - 重巡「熊野」(第二艦隊第七戦隊)
  - 前衛部隊　戦艦「比叡」「霧島」(第三艦隊第十一戦隊)
    - 重巡「鈴谷」(第二艦隊第七戦隊)
    - 重巡「利根」「筑摩」(第二艦隊第八戦隊)
    - 軽巡「長良」(第十戦隊)
    - 第十、第十七駆逐隊(同)

(略)前進部隊附属、機動部隊補給部隊

■マリアナ沖海戦時の軍隊区分(昭和19年6月19日)

- 本隊・甲部隊　空母「大鳳」「翔鶴」「瑞鶴」(第三艦隊第一航空戦隊)
  - 重巡「妙高」「羽黒」(第二艦隊第五戦隊)
  - 軽巡「矢矧」(第三艦隊第十戦隊)
  - 第十、第十七、第六十一駆逐隊(同)
  - 駆逐艦「霜月」、第六〇一航空隊(附属)
- 本隊・乙部隊　空母「隼鷹」「飛鷹」「**龍鳳**」(第三艦隊第二航空戦隊)
  - 第六五二航空隊(同)
  - 戦艦「長門」(第二艦隊第一戦隊)
  - 重巡「最上」(第三艦隊附属)
  - 第四駆逐隊(第三艦隊第十戦隊)
  - 第二十七駆逐隊(第二艦隊第二水雷戦隊)
  - 駆逐艦「秋霜」「早霜」(同附属)
  - 駆逐艦「浜風」(第三艦隊第十戦隊)
- 前衛部隊　戦艦「大和」「武蔵」(第二艦隊第一戦隊)
  - 戦艦「金剛」「榛名」(第二艦隊第三戦隊)
  - 空母「**瑞鳳**」「千歳」「千代田」(第三艦隊第三航空戦隊)
  - 第六五三航空隊(同)
  - 重巡「愛宕」「高雄」「鳥海」「摩耶」(第二艦隊第四戦隊)
  - 重巡「熊野」「鈴谷」「利根」「筑摩」(第二艦隊第七戦隊)
  - 軽巡「能代」(第二艦隊第二水雷戦隊)
  - 第三十一、第三十二駆逐隊(同)
  - 駆逐艦「島風」(同附属)

(略)第一、第二補給部隊

■レイテ沖海戦時の軍隊区分(昭和19年10月20日)

- 機動部隊本隊
  - 主隊　空母「瑞鶴」「**瑞鳳**」「千歳」「千代田」(第三艦隊第三航空戦隊)
    - 戦艦「日向」「伊勢」(第三艦隊第四航空戦隊)
  - 巡洋艦部隊　軽巡「多摩」(第三艦隊附属)
    - 軽巡「五十鈴」(第三十一戦隊)
  - 警戒隊　軽巡「大淀」(第三艦隊附属)
    - 駆逐艦「桑」「槇」「杉」「桐」(第三十一戦隊)
    - 駆逐艦「初月」「秋月」「若月」(第三艦隊第十戦隊第六十一駆逐隊)
    - 駆逐隊「霜月」(同第四十一駆逐隊)
  - 補給部隊　駆逐艦「秋風」(第三十一戦隊第三十一駆逐隊)ほか

(※)機動部隊本隊(小澤機動部隊)のみ

に従事した後、昭和18年6月12日に第三艦隊第二航空戦隊に配されて、「隼鷹」「飛鷹」を補完する存在となった。

以後、しばらくこの編制に変化はなかったが、昭和19年2月1日に「瑞鳳」は一航戦を離れ、「千代田」「千歳」とともに第三艦隊第三航空戦隊に編入された。この後、「瑞鳳」を含む三航戦は、「あ」号作戦発動後の昭和19年5月5日の戦時編制改定で、第二艦隊司令長官が指揮する第一遊撃部隊に編入され、マリアナ沖海戦では敵艦隊索敵攻撃を第一義とする前衛(丙部隊)の艦として活動した。一方、「龍鳳」は「隼鷹」を旗艦とする乙部隊に配されて、旗艦「大鳳」以下の甲部隊とともに敵艦隊撃滅を第一義とする本隊を構成する艦として活動している(なお、この時期の「瑞鳳」「龍鳳」の搭載機数は艦戦21機[爆戦含む]、艦攻9機)。

マリアナ沖海戦後の機動部隊再建が進められつつあった昭和19年8月10日、「瑞鳳」は「瑞鶴」「千歳」「千代田」とともに三航戦を構成(乙部隊主力)、「龍鳳」は「隼鷹」と航空戦艦「伊勢」「日向」からなる四航戦(丙部隊主力)に配された。台湾沖航空戦での航空機の損耗もあり、レイテ沖海戦では乙部隊の空母のみが囮《おとり》部隊として出動、「瑞鳳」を含む全空母を喪失するに至った(なお、本作戦での搭載機数は艦戦8機、爆戦4機、艦攻5機[天山]の計17機だった)。

一方、レイテ沖海戦に参加できなかった「龍鳳」は、昭和19年11月15日に第一航空戦隊に配されており、「神武」作戦への投入も計画されたが、以後、燃料事情等もあって比島戦終了後に大型艦による大規模な外洋作戦実施が諦められたことに伴い、昭和20年(1945年)4月20日に呉鎮守府予備艦となるまで出撃の機会は得られなかった。

その後、6月1日に呉鎮守府特殊警備艦となり、係留防空砲台として活動した後、終戦を迎えている。

レイテ沖海戦エンガノ岬沖海戦にて米空母機の空襲に晒される空母「瑞鳳」(左下)。同艦は第三艦隊第三航空戦隊に所属、捷号作戦の軍隊区分により機動部隊本隊の主隊に配されていた。

「瑞鳳」「祥鳳」「龍鳳」艦上機とその運用法

本稿では「瑞鳳」「祥鳳」「龍鳳」が搭載した艦上機とその搭載数の内訳、発着艦をはじめとする飛行甲板上での運用法について見ていこう。

文・図版・写真提供／野原 茂

「瑞鳳」が昭和17年前半まで、「祥鳳」が同年5月の戦没まで、零戦二一型と混成で搭載していた九六式四号艦上戦闘機

【データ】全幅11.00m、全長7.57m、全高3.24m、全備重量1,671kg、発動機 中島「寿」四型(785hp)×1、最大速度435km/h、航続距離1,200km、固定武装7.7mm機銃×2、爆弾30kg×2、乗員1名

九七式艦攻の不足により、「瑞鳳」が昭和17年前半期に搭載していた旧式の九六式艦上攻撃機（写真は空母「加賀」搭載機）

【データ】全幅15.00m、全長10.15m、全高4.38m、全備重量3,500kg、発動機 中島「光」二型（840hp）×1、最大速度278km/h、航続時間 8時間、固定武装7.7mm機銃×2、魚雷/爆弾800kg、乗員3名

昭和18年3月、トラック諸島泊地上空を飛行する「瑞鳳」搭載の九七式艦攻一二型。その下方にいるのは戦艦「武蔵」

【データ】全幅15.51m、全長10.30m、全高3.70m、全備重量3,800kg、発動機 中島「栄」一一型（970hp）×1、最大速度377km/h、航続距離1,990km、固定武装7.7mm機銃×1、魚雷/爆弾800kg、乗員3名

任務に応じた搭載機種構成

「赤城」「翔鶴」「蒼龍」クラスの正規空母と言われる中型以上の各艦と異なり、「瑞鳳」「祥鳳」「龍鳳」を含めた軽空母は、太平洋戦争緒戦期までは大きな作戦時の攻撃戦力となる対象ではなかった。すなわち、戦艦部隊や輸送船団に随伴して防空、索敵、対潜哨戒などの任務を担うものとされた。よって搭載機種も艦戦と艦攻のみに限られ、艦爆は搭載しなかった。

これら3隻のなかで最も早く空母として竣工した（昭和15年12月）「瑞鳳」の開戦時の搭載機定数は艦戦12機、艦攻12機。「瑞鳳」より1年遅れて竣工した「祥鳳」も同じであった。この頃、正規空母の艦戦隊は零戦二一型に統一されていたが、「瑞鳳」と「祥鳳」はすべてを零戦で充足できず、旧式の九六式艦戦との混成だった。艦攻については、「祥鳳」は昭和17年2月の時点ですべて九七式艦攻となり、同年5月8日に戦没するまで変わらなかったが、「瑞鳳」は複葉固定脚の旧式な九六式艦攻のままだった。

昭和17年6月のミッドウェー海戦で、主力空母4隻を一挙に失う大打撃を受けた日本海軍は、直後の7月に実施した空母部隊の再編成にあたり、正規空母の不足を補完するために「瑞鳳」を第一航空戦隊（「翔鶴」「瑞鶴」「瑞鳳」の3隻で構成）に編入し、攻撃戦力に〝格上げ〟した。

これに伴い、搭載機定数はそれまでの戦訓を踏まえ、艦戦隊を大幅に増強して21機に、逆に艦攻隊は6機に減じられた。無論、この時には搭載機は零戦と九七式艦攻に統一されていたが、攻撃戦力に格上げされたのちも「瑞鳳」に艦爆が配備されることはなかった。

攻撃戦力として「瑞鳳」が初めて臨んだ昭和17年10月26日の南太平洋海戦時には、第一次攻撃隊として零戦9機、第二次攻撃隊として零戦14機、九七式艦攻5機を出撃させたが、敵機の奇襲を受けた爆弾2発が飛行甲板後部に命中。着艦不能となり早々に戦場離脱を余儀なくされた。

軽空母での発着艦

「瑞鳳」「祥鳳」の飛行甲板は長さ180m（「瑞鳳」はのちに延長して195m）、最大幅23mしかなく、正規空母「翔鶴」の飛行甲板257.5m×26mに比べると7～8割のサイズである。故に攻撃戦力として搭載機を発艦させる際にも、「翔鶴」のように横方向3列に並ばせることはできず、2列が限界だった。

米海軍の空母のような発艦用カタパルトを持たなかった日本海軍の空母は、先頭に並んだ機が滑走して発艦できるだけの飛行甲板前部スペースを必要とする。故に一度に発艦させられるのは「翔鶴」クラスでもせいぜい搭載機定数63機のおよそ半分、30機ほどが限度である。

これが瑞鳳型のような軽空母であれば、一度に発艦させられるのは常用27機のうち零戦十数機、九七式艦攻数機の計20機ほどが限界である。その発艦待機の一例として示したのが併載した図である。

正規空母のような島型艦橋を持たない軽空母は、搭載機の発着艦に際しては飛行甲板下の構造物先端に位置する羅針艦橋（操縦室）の後方両舷に、飛行甲板より一段低く設けた補助艦橋（左舷）と防空指揮所（右舷）のうち、防空指揮所のやや後ろを発着艦指揮所とし、ここから搭載機群に指示を出した。

ただ、島型艦橋からであれば飛行甲板の後方に並んだ搭載機群を高い位置から一望できるが、飛行甲板より少し低い位置にある軽空母の発着艦指揮所からはすべては見渡せない。故に、おそらく搭載機群との中間に当た

■空母「瑞鳳」の発艦態勢の一例

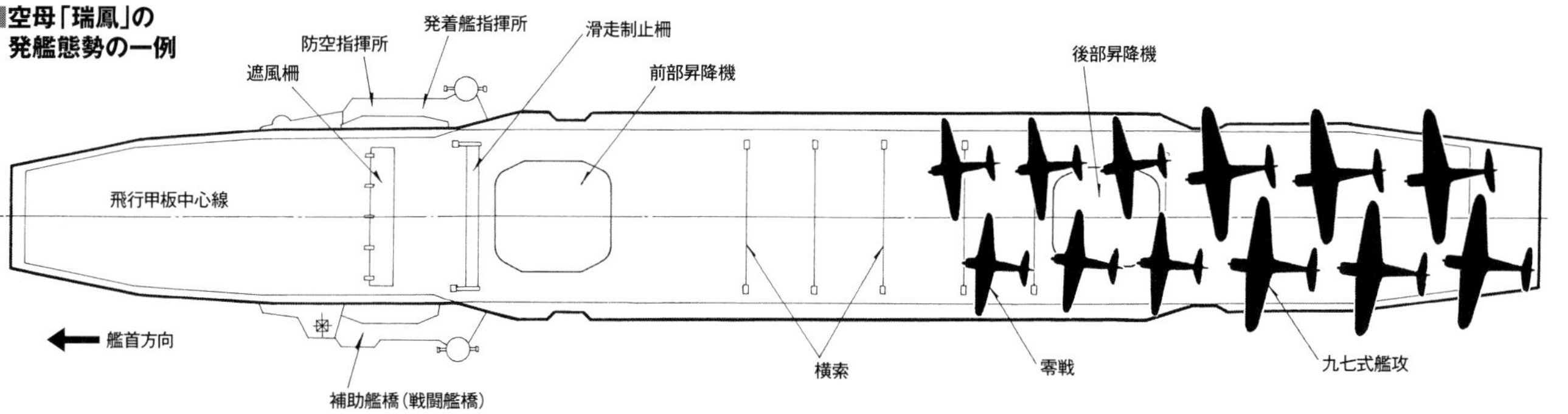
防空指揮所
発着艦指揮所
滑走制止柵
遮風柵
前部昇降機
後部昇降機
飛行甲板中心線
艦首方向
補助艦橋（戦闘艦橋）
横索
零戦
九七式艦攻

昭和18年6月19日、横須賀を出港してトラック諸島に向かう途上の「龍鳳」から前路対潜哨戒のため滑走発艦する零戦二一型。画面右端の飛行甲板後端近くに後続の1機が写っている
【データ】全幅12.00m、全長8.97m、全高3.52m、全備重量2,389kg、発動機 中島「栄」一二型（940hp）×1、最大速度533km/h、航続距離3,500km、固定武装7.7mm機銃×2、20mm機銃×2、爆弾120kg、乗員1名

「瑞鳳」にとって最後の作戦参加機会となった昭和19年10月25日のエンガノ岬沖海戦時に5機が搭載されていたとされる天山一二型
【データ】全幅14.89m、全長10.86m、全高4.32m、全備重量5,200kg、発動機 三菱「火星」二五型（1,850hp）×1、最大速度481km/h、航続距離3,045km、固定武装7.92mm機銃×1、13mm機銃×1、魚雷/爆弾800kg、乗員3名

る飛行甲板の右端に指示伝達要員を配してこの欠点をカバーしたと思われる。着艦時も同様であったろう。

「龍鳳」艦爆隊の内実

同じ空母予備艦として瑞鳳型よりも先に計画されながら、諸般の事情により空母への改造作業が遅れ、「瑞鳳」に約1年遅れて昭和17（1942）年11月末に竣工した「龍鳳」は、排水量がやや大きく、艦の全長も15mほど長かったが、飛行甲板は5m長いだけの185m（幅は同じ23m）だった。

竣工後は約半年間にわたり空母搭乗員の発着艦訓練用として使われたため固有の飛行機隊は持たなかったが、昭和18（1943）年6月12日に第二航空戦隊に編入されるのと同時に艦戦21機、艦攻9機の搭載機定数が割り当てられた。

「龍鳳」搭載機については、その二日前に被雷して損傷修理に入った、同じ二航戦の空母「飛鷹」のそれを移管して賄われたのだが、同艦の搭載機定数は艦戦24機、艦爆18機、艦攻9機の計51機で、そのすべてはとても「龍鳳」には積みきれない。

二航戦の飛行機隊はアメリカ軍の来寇が予想されたマーシャル諸島に派遣され、陸上基地で運用されることが決まっていたため、「龍鳳」飛行機隊も（艦爆隊を含めて）先発した空母「隼鷹」飛行機隊の後を追い、洋上飛行にて硫黄島、テニアン島を経由し、6月中旬には中継地のトラック諸島に進出した。

ところが同月30日、アメリカ軍はソロモン諸島中部のレンドバ島に上陸してきたため、「龍鳳」飛行機隊はこの方面の陸上基地部隊として活動することになり、7月上旬にブーゲンビル島に進出した。そして、同地での約1カ月半の激戦を経て戦力が半減したため、9月1日付けで二航戦の各空母飛行機隊はすべて陸上基地部隊の第二十六航空戦隊に編入された。

この間、本来は「龍鳳」の搭載機定数には含まれない九九式艦爆が8月1日のレンドバ島攻撃に「龍鳳艦爆隊」として参加したことが戦闘行動調書などに記載されているのは、前記したような経緯による。

空地分離制度導入後の搭載機

「瑞鳳」「龍鳳」も含めた各空母飛行機隊は、戦況の逼迫にともない相次いで陸上基地部隊に組み入れられ、消耗と戦力再建を繰り返した。

その間、昭和19（1944）年2月から3月にかけて日本海軍はいわゆる空地分離制度を導入。従来の空母固有飛行機隊を廃止し、新たに六〇〇番台の隊名を冠する艦隊航空隊を編成して航空戦隊の隷下に置き、作戦に際しては各空母に分乗させるというかたちに変更した。

これにより「瑞鳳」は三航戦に属し第六五三航空隊の、「龍鳳」は二航戦に属して第六五二航空隊の各機を搭載することになった（搭載機定数は従来と同じ）。艦戦は依然として零戦だったが、新しい零戦五二型が配備された。

また、六五二空、六五三空には軽空母で運用できない彗星艦爆の代わりに、旧式の零戦二一型を改造して二五番（250kg）爆弾1発を懸吊可能とした、いわゆる爆戦を一定数配備するようにした点が特筆される。昭和19年6月19日のマリアナ沖海戦では、第一次攻撃隊として六五三空から出撃した64機のうち43機が、六五二空から出撃した51機のうち25機が爆戦であった。

艦攻については、正規空母3隻で構成される一航戦隷下の六〇一空では新鋭の天山が充足し、マリアナ沖海戦時の六五三空では空母「千歳」が9機、六五二空ではいずれも索敵、攻撃隊誘導任務のため空母「隼鷹」「飛鷹」が数機ずつ天山を搭載していたが、「瑞鳳」「龍鳳」には依然として旧式の九七式艦攻が充てがわれた。

「瑞鳳」は昭和19年10月25日のエンガノ岬沖海戦で戦没したが、このとき初めて天山5機を搭載した。「龍鳳」は同海戦には参加せず生き残ったが、以降は攻撃戦力として作戦行動する機会がなく、昭和20（1945）年2月、日本海軍は空母運用を廃止。「龍鳳」も空しく陸岸に繋止された状態で終戦を迎えた。

天駆《あまか》ける三羽の鳳凰《ほうおう》

空母「瑞鳳」「祥鳳」「龍鳳」の戦歴

潜水母艦から改造され、軽空母として日本海軍機動部隊の一翼を担った「瑞鳳」「祥鳳」「龍鳳」。本稿では三艦の戦歴について詳細に解説する。軽空母ながら、日米空母決戦に参加して奮闘を見せた、三艦の航跡を辿る。

文／松田孝宏（オールマイティー）　イラスト／六鹿文彦

太平洋戦争の開戦　米空母捕捉ならず

瑞鳳型空母「瑞鳳」「祥鳳」とその準同型艦「龍鳳」のうち、昭和16年（1941年）12月8日の太平洋戦争開戦時に空母として行動していたのは「瑞鳳」のみであった。同艦は「鳳翔」とともに第三航空戦隊を編成して旗艦を務め、第一艦隊に属していた。開戦初日、山本五十六《いそろく》連合艦隊司令長官はハワイ空襲を成功させた機動部隊を、第一艦隊で出迎えることとした。

戦艦部隊や駆逐隊など20隻の艦隊は8日正午に瀬戸内海の柱島を出撃、三航戦も同行した。この時、「瑞鳳」は九六艦攻12機、九六艦戦16機と旧式機を搭載していた。三航戦の任務は対潜警戒だったが、この日は田中一郎大尉の九七艦攻が着艦に失敗して海中に転落、搭乗員らは「トンボ釣り（こうした時に救助を行う）」の駆逐艦「三日月《みかづき》」に拾われ、一泊した。田中大尉はなけなしの真水風呂で手厚く世話を受け、配置もないため、ちびちびと酒を飲みながら次々と入電する大戦果を聞いていたとのことだ。11日、「瑞鳳」艦攻は15時40分の潜水艦警報を受け、対潜爆弾を投下している。しかしこれは誤認で、艦隊は戦果も損害もなく13日に帰投した。

一方、同型艦の「祥鳳」は開戦時、潜水母艦「剣埼」から空母への改造工事がたけなわで、開戦から2週間後の12月22日に完了した。また、「龍鳳」の前身となる潜水母艦「大鯨」は第三潜水戦隊旗艦として中部太平洋に出撃しており、改造工事は20日から開始された。

昭和17年（1942年）2月1日、米海軍はハワイ空襲で難を逃れた空母を用いて日本軍が展開する内南洋の諸島を攻撃した。2月20日は米空母「レキシントン」の発見が報告され、一番近いのがラバウルへの飛行機輸送を終えた「祥鳳」だったが、捕捉はできなかった。米空母は4月18日、「ホーネット」から双発爆撃機B-25を飛ばし、大胆にも日本本土を空襲した（ドーリットル空襲）。米機動部隊を発見した日本側は重巡主体の第二艦隊が出動、これに「祥鳳」も続いたが、目標を発見できず追撃は中止となった。第一艦隊からは第二戦隊を中心に「瑞鳳」と「鳳翔」も出発したが途中で引き返し、いずれも無駄に油を消費する結果となった。

しかも、空母「龍鳳」への改造工事を行っていた「大鯨」は、B-25が投下した爆弾を艦首の水線付近に受け、穴が開いてしまった。このため工員など7名が負傷し、改造未了とはいえ、最初に敵の攻撃で損傷した日本空母となってしまった。

珊瑚《さんご》海の空母決戦　集中攻撃で「祥鳳」沈没

昭和17年5月3日、日本海軍はオーストラリアとアメリカの連絡を遮断すべくソロモン諸島のツラギ島を無血占領した。船団護衛には「祥鳳」も参加しており、この時、艦上機は新鋭の零戦が6機と九七艦攻が12機、従来の九六艦戦が10機と増強されていた。「祥鳳」では毎朝4時に艦攻と艦戦各3機を対潜・対空警戒のために飛ばすなど、ようやく空母らしい働きができた。

■空母「瑞鳳」「祥鳳」「龍鳳」関連地図

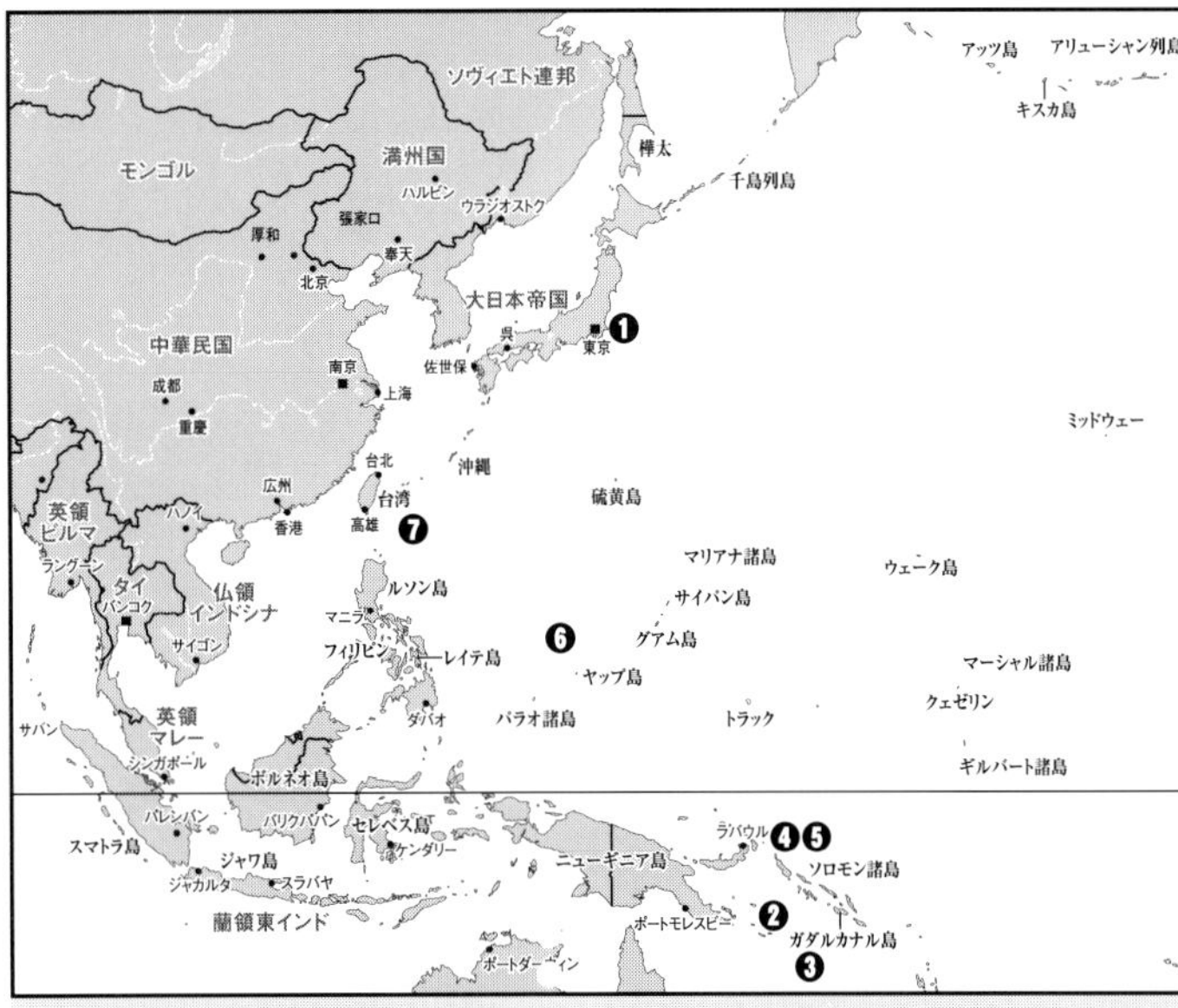
ソヴィエト連邦
アッツ島
アリューシャン列島
キスカ島
樺太
モンゴル
満州国
ハルビン
ウラジオストク
千島列島
厚和
張家口
奉天
北京
大日本帝国
呉
東京
中華民国
南京
佐世保
上海
成都
重慶
ミッドウェー
台北
沖縄
広州
台湾
香港
高雄
硫黄島
英領ビルマ
ハノイ
ラングーン
タイ
バンコク
仏領インドシナ
マリアナ諸島
ウェーク島
ルソン島
サイパン島
マニラ
サイゴン
グアム島
フィリピン
レイテ島
ヤップ島
マーシャル諸島
クェゼリン
英領マレー
ダバオ
パラオ諸島
トラック
サバン
シンガポール
ボルネオ島
ギルバート諸島
パレンバン
バリクパパン
セレベス島
ケンダリー
ラバウル
スマトラ島
ニューギニア島
ソロモン諸島
ジャワ島
ジャカルタ
スラバヤ
蘭領東インド
ポートモレスビー
ガダルカナル島
ポートダーウィン

❶ドーリットル空襲（昭和17年4月18日）
❷珊瑚海海戦（昭和17年5月4日～8日）
❸南太平洋海戦（昭和17年10月26日）
❹い号作戦（昭和18年4月7日～15日）
❺ろ号作戦（昭和18年10月28日～11月12日）
❻マリアナ沖海戦（昭和19年6月19日～20日）
❼レイテ沖海戦（昭和19年10月20日～25日）

■珊瑚海海戦

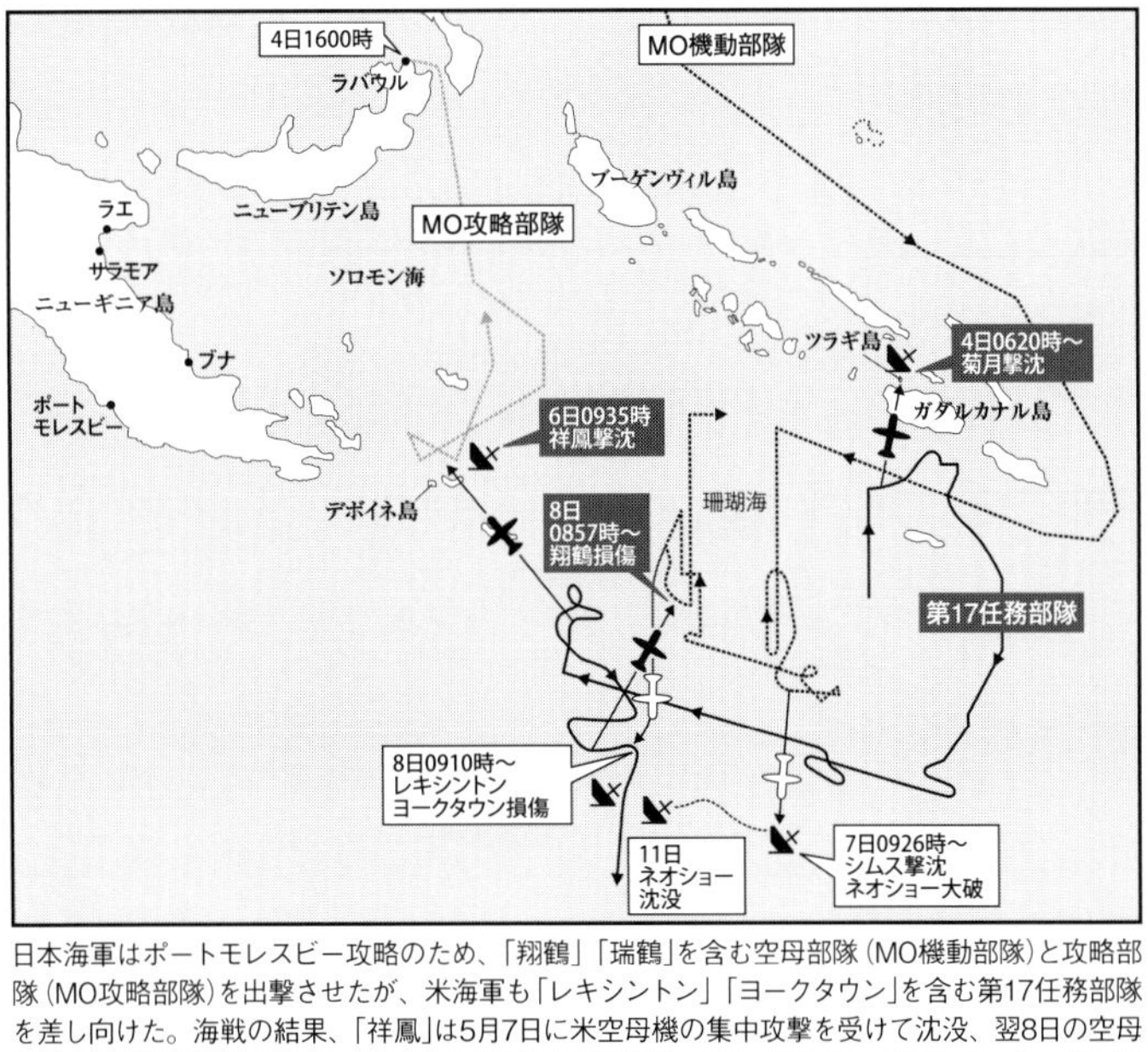
4日1600時
ラバウル
MO機動部隊
ブーゲンヴィル島
ラエ
ニューブリテン島
MO攻略部隊
サラモア
ソロモン海
ニューギニア島
ツラギ島
4日0620時～
菊月撃沈
ブナ
ポート
モレスビー
6日0935時
祥鳳撃沈
ガダルカナル島
デボイネ島
8日
0857時～
翔鶴損傷
珊瑚海
第17任務部隊
8日0910時～
レキシントン
ヨークタウン損傷
11日
ネオショー
沈没
7日0926時～
シムス撃沈
ネオショー大破

日本海軍はポートモレスビー攻略のため、「翔鶴」「瑞鶴」を含む空母部隊（MO機動部隊）と攻略部隊（MO攻略部隊）を出撃させたが、米海軍も「レキシントン」「ヨークタウン」を含む第17任務部隊を差し向けた。海戦の結果、「祥鳳」は5月7日に米空母機の集中攻撃を受けて沈没、翌8日の空母決戦では「翔鶴」が大破、「レキシントン」大破（後に沈没）、「ヨークタウン」中破となった。本海戦は世界初の空母対空母の海戦となっている。

昭和17年（1942年）5月7日、空母「祥鳳」を含むMO攻略部隊は7時35分に「ヨークタウン」索敵機に発見された。「レキシントン」「ヨークタウン」は攻撃隊を発艦させ、計92機（F4Fワイルドキャット18機、SBDドーントレス52機、TBDデヴァステイター22機）の攻撃隊が「祥鳳」を襲撃。「祥鳳」は魚雷7本、爆弾13発を受けて沈没し、日本海軍の喪失空母第一号となってしまった。

3日の上陸時は艦攻がツラギ島の爆撃も行ったが、間もなく完全なもぬけの殻と判明した。「祥鳳」飛行隊に未帰還機はなく、見張員も「全機帰ります」と弾んだ声で報告した。

「祥鳳」の次なる任務は、MO作戦への参加となった。作戦の目的はニューギニアの首都ポートモレスビーを占領し、オーストラリアに圧力をかけることにある。ポートモレスビー上陸船団の護衛に当たるのは、MO攻略部隊主隊となる第六戦隊の重巡と「祥鳳」である。

昭和17年5月5日、輸送船団と合流した「祥鳳」は伊沢艦長らが戸惑うほど熱狂的な歓迎を受けた。輸送船の舷側では鈴なりの陸兵が声を上げ、手や帽子を振り、哨戒の九六艦戦が上空を通過するたびに歓呼の声がわきあがった。

しかし艦隊は5月7日11時過ぎ、米艦上機に発見されてしまう。11時10分、米空母「レキシントン」艦爆隊を皮切りに続々と攻撃隊が出現、その数は40機近くに達した。「祥鳳」は増速しながら戦闘機を発艦させたが、零戦3機と九六艦戦2機に過ぎない。

「レキシントン」隊が目標としたのはもちろん「祥鳳」で、最初の攻撃は直撃こそなかったものの、至近弾により飛行甲板から5機が海上に吹き飛ばされてしまう。さらに「ヨークタウン」の攻撃隊42機も到着し、「祥鳳」は92機もの米軍機の攻撃を一身に受ける。「祥鳳」が初めに放った対空砲火は急降下爆撃隊に初弾が命中、1、2番機を撃墜したと伝えられるが、いかんせん多勢に無勢。直衛戦闘機も奮闘したが、20分間の戦闘で魚雷7本、爆弾13発を受けた「祥鳳」は大火災を起こし、11時31分の総員退艦命令後、沈んでいった。しばしば日本空母の喪失第1号と伝えられるが、最も多くの命中弾を受けた日本空母でもあった。「祥鳳」の戦死者は636名という甚大な数に上り、米軍は3機を失っただけだった。

珊瑚海海戦時、米空母機の攻撃を受ける「祥鳳」

翌8日は世界初となる空母同士の戦いで日米ともに大きな損害を出し、第四艦隊司令長官の井上成美中将はMO作戦の中止を命じた。この珊瑚海海戦の結果、ポートモレスビー作戦は実施されず、「祥鳳」の沈没も実に残念なことであった。

続く昭和17年6月のミッドウエー海戦（MI作戦）では、「瑞鳳」が攻略部隊に属して参加した。重巡4隻と高速戦艦2隻、水雷戦隊を擁する強力な艦隊の護衛が「瑞鳳」の役目で、5月29日の出撃後はしきりに対潜哨戒機を飛ばしていた。

しかし6月5日の戦闘で南雲機動部隊の空母4隻が全滅、「瑞鳳」は作戦に寄与することなく作戦は中止となった。ただ1隻で米空母に挑む覚悟の「瑞鳳」艦攻隊は、魚雷もなく急降下爆撃もできないため、前例のない9機の艦攻による緩降下爆撃を行うつもりだった。

6月9日、「瑞鳳」は角田覚治少将の第二機動部隊に組み込まれ、北方に向かうことになった。「瑞鳳」「瑞鶴」「龍驤《りゅうじょう》」と空母3隻となった第二機動部隊は6月28日、アリューシャン方面で反撃に転じると思われる米空母を叩くべく出撃した。しかし日米とも会敵できず、作戦は中止された。これが、北方に日本空母が進んだ最後の作戦であった。

南太平洋海戦と準同型艦「龍鳳」の竣工

昭和17年8月より、ガダルカナル島（以下、ガ島）の攻防を中

■珊瑚海海戦における空母「祥鳳」の被雷・被弾状況

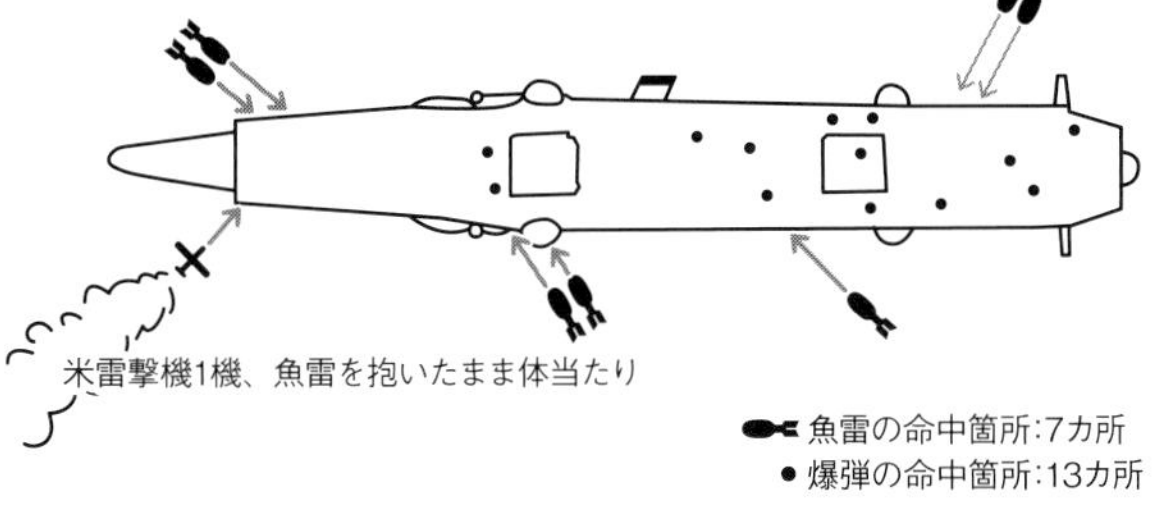
米雷撃機1機、魚雷を抱いたまま体当たり
魚雷の命中箇所:7カ所
爆弾の命中箇所:13カ所

心とするソロモン諸島での戦いが開始された。第一次、第二次ソロモン海戦を経てもガ島の奪回はならず、戦いは長期化しつつあった。

10月26日、今度こそ飛行場を奪回すべく企図された総攻撃に先立ち、日米機動部隊が激突した。南太平洋海戦である。

この日の早朝に米機動部隊を発見すると、南雲機動部隊は5時25分、第一航空戦隊の「翔鶴」「瑞鶴」そして「瑞鳳」から62機の第一次攻撃隊を発進させた。うち「瑞鳳」からは零戦9機が発艦。62機の攻撃隊は同じく日本機動部隊を目指す「ホーネット」の艦爆隊とすれ違い、その10分後にも「エンタープライズ」の攻撃隊を認めた。すると「瑞鳳」の零戦9機はF4F戦闘機、TBF雷撃機各8機とSBD急降下爆撃機3機に襲いかかり、戦闘機3機と雷撃機4機を撃墜したものの4機が失われ、残った機も機銃弾を撃ち尽くしたため攻撃隊の直掩ができず、母艦に引き返してしまった。これは独断専行であり、「瑞鳳」隊の行動は批判されるべきである。

零戦の減った第一次攻撃隊は28機が未帰還となっている。ただし「ホーネット」に魚雷2本、250kg爆弾4発を命中させるなど、戦果もまた大きかった。

だが攻撃隊が帰投した頃、母艦も損傷しており、「翔鶴」は味方機に「瑞鶴」へ着艦するよう命じた。「瑞鳳」も攻撃隊を送り出した後の5時40分、飛行甲板後部に2発の爆弾を受けて火災が発生。爆弾はいずれも227kgと、米軍の標準となる454kgより軽いため貫徹力は低かったものの、飛行甲板には穴が開き、17名が戦死した。これで着艦が不可能となったものの、命中箇所が後部であったため発艦は可能で、火災も消し止められたことは不幸中の幸いであった。

第二次攻撃隊は「翔鶴」「瑞鶴」隊、以後の2回は前進部隊から参加の空母「隼鷹」が攻撃隊を放ち、5回目にして一航戦にとっての第三次攻撃隊は、各艦からの混成による先発隊が零戦7機と九七艦攻8機、後発隊が零戦と九九艦爆が各2機、艦攻6機となっており、艦攻5機は「瑞鳳」搭載機、後発隊は「瑞鳳」艦攻隊の田中分隊長が率いていた。先発隊は「隼鷹」の第二次攻撃隊とほぼ同時に第三の空母と信じた「ホーネット」に殺到、いずれか

■南太平洋海戦

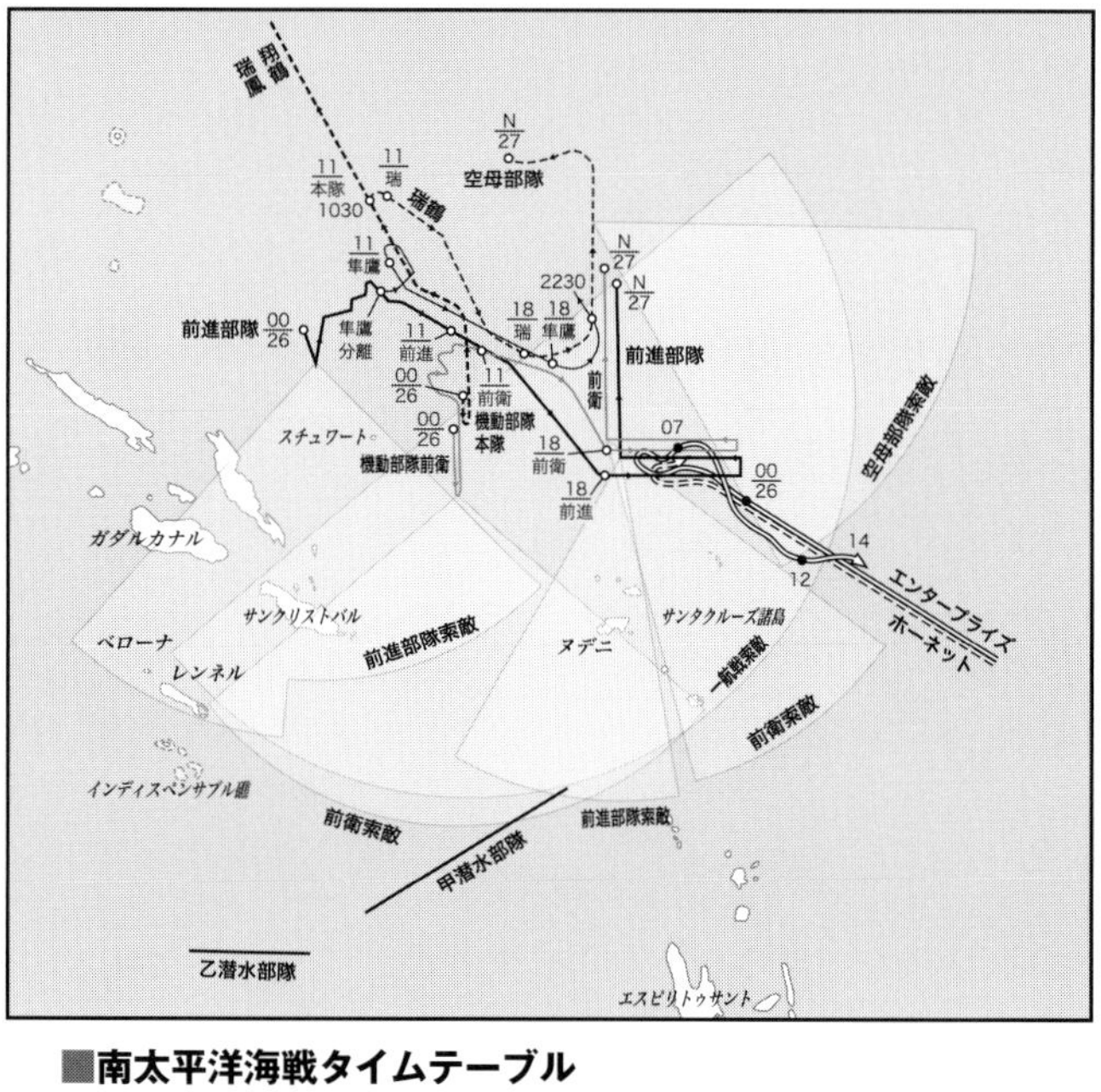

■南太平洋海戦タイムテーブル

0525時	第一航空戦隊(「翔鶴」「瑞鶴」「瑞鳳」)から第一次攻撃隊発進
0530時	「ホーネット」から第一次攻撃隊発進
0600時	「エンタープライズ」から第二次攻撃隊発進
0610時	第一航空戦隊から第二次攻撃隊発進
0615時	「ホーネット」から第三次攻撃隊発進
0714時	第二航空戦隊(「隼鷹」)から第一次攻撃隊発進
1106時	第二航空戦隊から第二次攻撃隊発進
1115時	第一航空戦隊(「瑞鶴」)から第三次攻撃隊発進
1333時	第二航空戦隊から第三次攻撃隊発進
2335時	「ホーネット」沈没

昭和17年10月25日、日米4度目の空母決戦として南太平洋海戦が生起した。日本側兵力は第三艦隊の第一航空戦隊「翔鶴」「瑞鶴」「瑞鳳」と、第二艦隊の第二航空戦隊「隼鷹」。米側は「エンタープライズ」と「ホーネット」。互いに攻撃隊を繰り出す激戦となったが、「瑞鳳」は被弾により戦線離脱、その航空隊は他空母から出撃して戦闘を継続した。結果、米空母「ホーネット」を大破(後に撃沈処分)させる戦果を挙げている。

■南太平洋海戦時・第三艦隊陣形

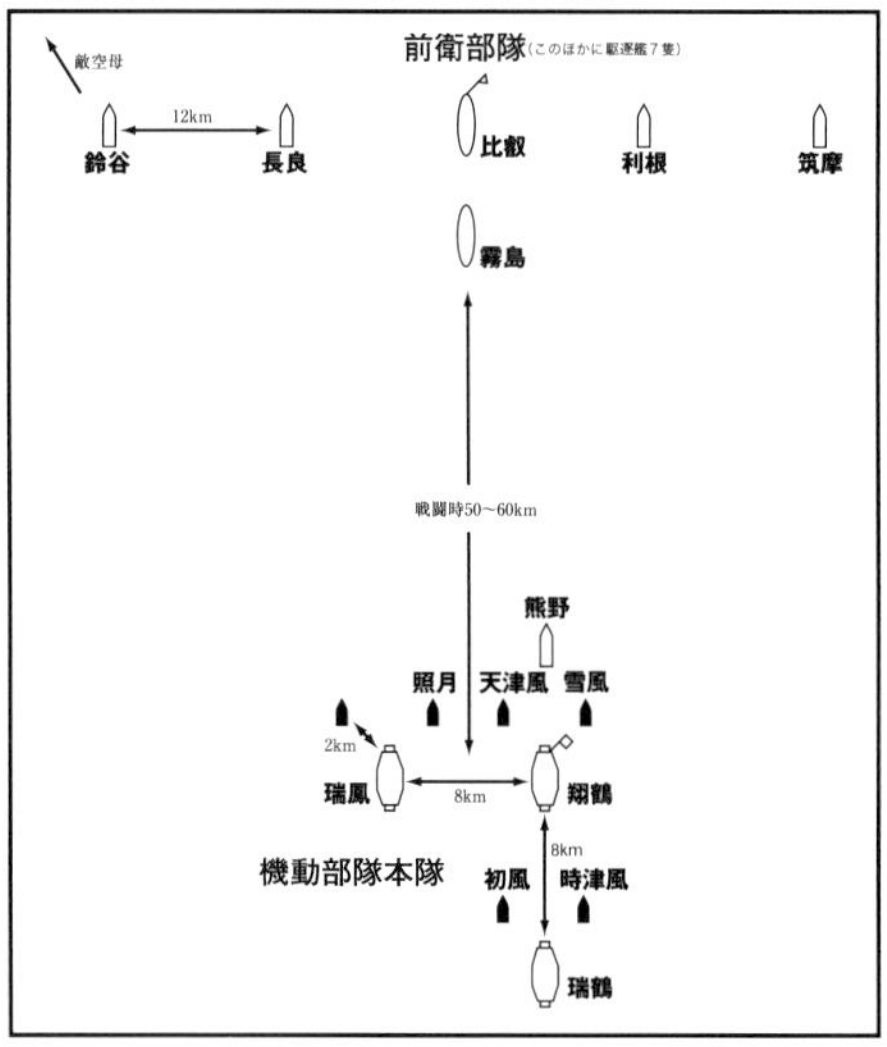

南太平洋海戦の際、第三艦隊は軍隊区分として機動部隊本隊および機動部隊前衛を編成、機動部隊本隊は空母「翔鶴」「瑞鶴」「瑞鳳」と護衛の駆逐隊から成り、前衛部隊には戦艦「比叡」「霧島」、重巡と軽巡および駆逐隊が配された。陣形は機動部隊前衛が先行、空母「瑞鳳」は翔鶴型2隻とともに護衛の駆逐艦に護られながら進撃した。

南太平洋海戦に際し、艦上機を発艦させる空母「瑞鳳」。「瑞鳳」搭載機は第三艦隊第一次攻撃隊(62機)に零戦9機が参加した。「瑞鳳」被弾後、搭載機は「瑞鶴」に収容され、艦攻隊は第三艦隊第三次攻撃隊に参加、「ホーネット」撃破に貢献している。

昭和17年、南太平洋方面で行動中の「瑞鳳」を、翔鶴型空母の飛行甲板から望む。「瑞鳳」の飛行甲板上には、中部に九六艦戦1機と九九艦爆3機、後部に九七艦攻が搭載されている。7月の改編により搭載機は零戦21機・九七艦攻6機となるため、この写真はそれより前に撮影されたものだろう

の艦攻が魚雷1本を命中させた。

田中分隊長の率いる後発隊は、真珠湾攻撃以来となる800kg爆弾の水平爆撃を敢行、2000mまで高度を下げて、対空砲火に「怖い。ともかく怖い」という思いを抱きながら投弾した(田中分隊長の回想による)。田中機のみは戦果確認のため弾幕の中に戻り、「ホーネット」の後甲板に1発の命中を確認した。帰艦後、再度の突入を命じられた操縦員と電信員は生きた心地がしなかったと言ったが、当然であろう。これは艦攻による敵空母への水平爆撃という稀有な例となる。

最終的に南雲、角田機動部隊は6回もの攻撃隊を放ち、「ホーネット」を沈めた。しかしその代償に戦闘で69機を失い、別に23機が海上に不時着したため、飛行機の損失は92機にも及んだ。肝心の総攻撃も失敗、ガ島奪回は果たせなかった。

ガ島が餓島と呼ばれるようになった昭和17年11月30日、瑞鳳型空母の準同型艦となる「龍鳳」が、潜水母艦「大鯨」からの改造工事を終えた。直後に第三艦隊(機動部隊)に編入された「龍鳳」は、新鋭艦攻・天山の着艦テストに用いられたのち、初めての航海は陸軍の九九式双軽爆撃機をトラック島に輸送する任務となった。

昭和17年12月11日、狭い飛行甲板に九九式双軽を22機も並べた「龍鳳」は駆逐艦「天津風《あまつかぜ》」とともに横須賀を出発。12日朝、「龍鳳」は米潜水艦の雷撃により魚雷1本を受け、亀井艦長によれば「轟然たる爆発音とともに衝撃を感じ休憩室の電気は消え、黄色の煙が室内に流れ込んできた」という。被雷による100余名の死傷者のうち、45名は陸軍の飛行第四十五戦隊の隊員であった。「龍鳳」は18日に横須賀に戻ったが、肝心の飛行機は輸送できなかったため、今度は12月31日に「瑞鳳」が横須賀を出発、昭和18年(1943年)1月4日にトラック島の春島に陸揚げした。「瑞鳳」にとって、唯一の陸軍機輸送であった。

「瑞鳳」が横須賀を発ったその日、大本営はガ島からの撤退を決定(ケ号作戦)。昭和18年2月1日の第一次撤退に「瑞鳳」が参加し、作戦は成功裏に終わった。ケ号作戦直後、「瑞鳳」はニューギニア北岸ウエワクへ陸兵を輸送している。

空母艦上機、陸上へ「龍鳳」機による撃沈戦果

ガ島を巡る戦いで日本軍は消耗したが、撤退後もソロモンやその近傍での戦いは続いていた。ガ島撤退後、ラバウルの後方に位置するニューギニアには米軍が迫っており、東北岸のラエに陸軍第五十一師団を送ることになった。これが八十一号輸送作戦で、8隻の輸送船のため「瑞鳳」から零戦15機を送り、基地航空隊とともにこれを護ることにした。船団は昭和18年2月28日にラバウルを出発、3月3日は「瑞鳳」の15機の出番で、ラバウルから現場に到着した零戦隊はB-17の姿を認めた。「瑞鳳」隊は奮闘したが、翌4日までに輸送船は全滅し、「ダンピールの悲劇」と称されている。

日本側は衝撃を受けたが、予定されていたニューギニア北東岸マダンへの上陸作戦は決行された。これに際してブナの米軍飛行場を叩くことになり、「瑞鳳」の零戦13機(八十一号輸送で2機減)や基地航空隊、陸軍航空隊の66機が3月11日にブナを襲い、零戦2機を失ったが陸軍の爆撃機は未帰還機もなく、12日は第二十師団が無血上陸に成功した。

一方、連合艦隊司令部では大航空兵力によりソロモンやニューギニアの米航空戦力や艦船を叩き、戦局の挽回を企図した。基地航空隊が疲弊していたため、新たに機動部隊を率いる小澤長官の反対も退けて空母艦上機を陸上基地に上げて運用することとした。

これが「い号作戦」で、第三艦隊(空母機動部隊)からは「瑞鳳」と「瑞鶴」飛行隊がラバウルに展開する。昭和18年4月7日に行われた第一次作戦に参加した227機のうち「瑞鳳」の零戦隊は16機で、誇張された戦果に連合艦隊司令部は気を良くした。

このため、11日の第二次作戦(94機中、「瑞鳳」の零戦15機)、12日の第三次作戦(166機中、「瑞鳳」の零戦14機)、14日の第四次作戦(196機中、「瑞鳳」の零戦15機)と攻撃が実施され、一連の戦果は輸送船18隻、巡洋艦1隻、駆逐艦2隻撃沈、航空機134機撃破と発表された。しかし、米軍側資料による実際の戦果は輸送船2隻、駆逐艦・給油艦1隻、飛行機25機に過ぎず、反対に日本側は空母艦上機の3割を喪失した。

6月30日、米軍がソロモン諸島レンドバ島に上陸したため、これに対峙すべくブーゲンヴィル島ブインに、母艦を離れた「龍鳳」や「飛鷹」「隼鷹」の艦上機が派遣された。この時期、「龍鳳」飛行隊長となった岡嶋清熊《せいゆう》大尉によれば、潜水艦にこそ警戒していたものの、艦内の雰囲気はあまり緊迫したものではなかったという。

7月2日、「龍鳳」隊が真っ先に現地到着、4日のレンドバ島爆撃に参加した。基地航空隊からも応援が飛来して、一時ブインは賑やかとなった。以後も二航戦は上空直衛や護衛などに働き、8月1日は90機近い攻撃隊が三次に分けてレンドバ島攻撃に向かった。このうち第三次攻撃隊の九九艦爆隊には「龍鳳」の6機が含まれており、米魚雷艇基地を襲うと1機が撃墜されたが、PT-117を急降下爆撃で撃沈した。これが「龍鳳」隊の戦果で、日本の空母艦上機が魚雷艇を沈めた最初の例となった。ただし、「龍鳳」の「飛行機隊戦闘行動調書」には「特大発3隻撃沈、1隻撃破」と記されているので、この戦果を認識していな

■い号作戦

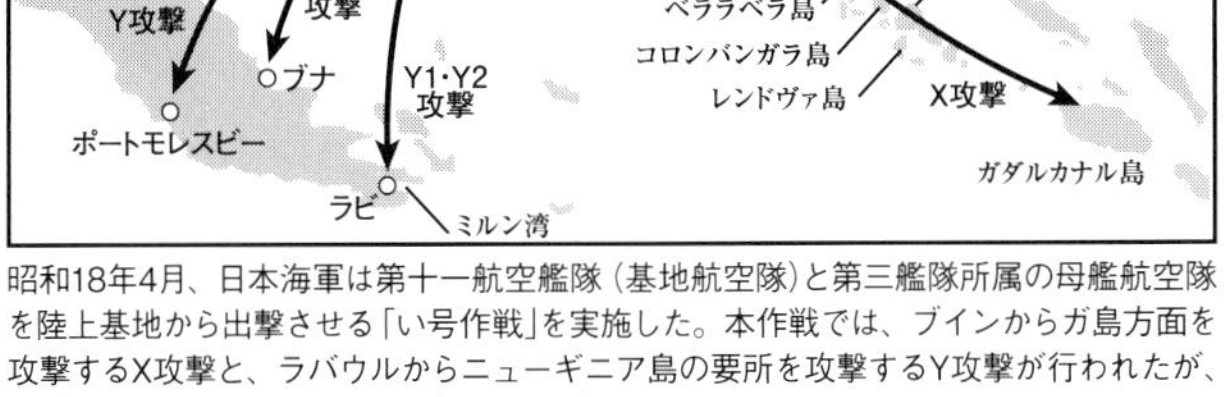
アドミラルティ諸島
ビスマルク海
ラバウル
ろ号作戦
ダンピール海峡
ブーゲンヴィル島
ラエ
ブイン
ニューギニア島
ニュージョージア島
ソロモン海
Y2
攻撃
ベララベラ島
Y攻撃
コロンバンガラ島
ブナ
Y1・Y2
攻撃
レンドヴァ島
X攻撃
ポートモレスビー
ガダルカナル島
ラビ
ミルン湾
昭和18年4月、日本海軍は第十一航空艦隊(基地航空隊)と第三艦隊所属の母艦航空隊を陸上基地から出撃させる「い号作戦」を実施した。本作戦では、ブインからガ島方面を攻撃するX攻撃と、ラバウルからニューギニア島の要所を攻撃するY攻撃が行われたが、いずれも特筆すべき戦果を挙げることは叶わなかった。

いかも知れない。

さらに8月13日は、米軍が集結地としていたガ島のルンガ泊地を「龍鳳」の九七艦攻7機が襲撃。なんと夜間雷撃で輸送船を撃沈し、併せて飛行場にも火災を起こし全機が帰投した。

8月15日は米軍がラバウルに近いベララベラ島に上陸してきた。ソロモンや南東方面における要衝ラバウルを護るべく二航戦と第十一航空艦隊（基地航空隊）による攻撃隊が向かったが、戦果は少なく「龍鳳」機も7機が失われた。なおも米軍の攻勢は続いたため、「龍鳳」と「隼鷹」の飛行隊はブインの基地航空隊に吸収されてしまった。

「龍鳳」が参加した著名な作戦はマリアナ沖海戦のみだが、功績はこの時期が最高潮となるだろう。

反攻に転じる米軍逼迫する戦局

搭載機がなくなった二航戦はしばらく輸送任務に従事し、昭和18年9月1日で旗艦となった「龍鳳」はシンガポールに飛行機を運び、現地で1カ月半の訓練後に油、マンガン、ニッケルなどの戦略物資を満載して帰投した。

9月から11月にかけては陸兵をラバウルへ運ぶ丁号作戦が実施されており、このうち11月の丁四号輸送はラバウルに進出していた一航戦搭載機のうち「瑞鳳」の零戦8機が上空警戒に当たった。

この間の11月1日、米軍がラバウル攻撃の拠点とすべくブーゲンヴィル島に上陸。これを阻止せんと2日は日米艦隊が激突（ブーゲンヴィル島沖海戦）、さらに追い打ちをかけるべく古賀連合艦隊司令長官は「ろ号作戦」を発動、同日にラバウルから一航戦の攻撃隊83機が出撃した。うち零戦16機が「瑞鳳」機である。5日はラバウルの空襲に際して13機もの零戦（「瑞鳳」機12機）が飛び立ったほか、「ろ号作戦」の一環となる第一次ブーゲンヴィル島沖航空戦が行われた。これは11月8日の第二次、11日の第三次と続き、「ろ号作戦」は終了した。

一連の作戦で大本営は米空母2隻撃沈を報じたが、米側資料では軽巡、魚雷艇、輸送船がそれぞれ数隻損傷した程度である。対して一航戦は投入した173機のうち121機を喪失、89名が戦死した。ブーゲンヴィル島沖の航空戦は六次まで続いたが、あまりの損害により「ろ号作戦」は途中の三次で打ち切られたのである。

その後、一航戦航空隊はラバウルに展開、翌昭和19年（1944年）2月まで攻撃や迎撃など諸任務に従事した。「瑞鳳」の小八重幸太郎上飛曹は12月27日に20分ほど零戦でF6Fと戦ったが決着がつかず、「どちらからともなく寄り沿い、横一線上に並ぶような格好で飛行し、顔を見合わせたあと」は互いに飛び去ったという劇的な様子を伝えている。

また12月は「龍鳳」飛行隊がトラック島からカビエンへ陸兵を運ぶ戊《ぼ》号作戦に参加しており、「龍鳳」と「瑞鳳」は陸兵輸送の丙、丁、戊作戦に協力したことになる。

しかしこの時期、米軍の対日反攻作戦は本格化しており、中部太平洋ではマキン、タラワが玉砕していた。

米軍の進撃はいよいよ激しさを増し、2月はナムル、ルオット、クェゼリン島とマーシャル諸島を攻略。17日は連合艦隊の巨大基地、トラックが大空襲を受ける。この時、在島していた「龍鳳」と「飛鷹」の九七艦攻のうち4機が夜間雷撃を行ったが、戦果は不明である。

マリアナ沖海戦に日本航空隊壊滅

昭和19年3月、米空母が基地とするマーシャル諸島のメジュロ環礁を奇襲する「雄作戦」が提案され、機動部隊と基地航空隊の総力を投入するものとされた。「龍鳳」ら二航戦、三航戦に配された「瑞鳳」も当然のごとく参加が予定されたが、古賀連合艦隊司令長官が殉職して自然消滅した。

しかしギルバート諸島、マーシャル諸島を手中にした米軍の次なる目標は、マリアナ諸島と予想された。ここを奪われると日本全土がB-29爆撃機の攻撃圏内となるため、機動部隊と基地航空隊で米軍を迎え撃つ「あ号作戦」が立案された。

5月、フィリピンのタウイタウイ島に艦隊が集結して訓練を開始したが、22日に「瑞鳳」ら三航戦が訓練中に米潜水艦の雷撃を受け、飛行訓練は激減を余儀なくされた。それでも6月13日までに何度か訓練は行われたが、事故により56機以上、66名の機体と人命が失われた。うち二航戦が13機7名、三航戦が10機以上8名で、軽空母の祥鳳型にと

■マリアナ沖海戦（6月19日の戦闘）

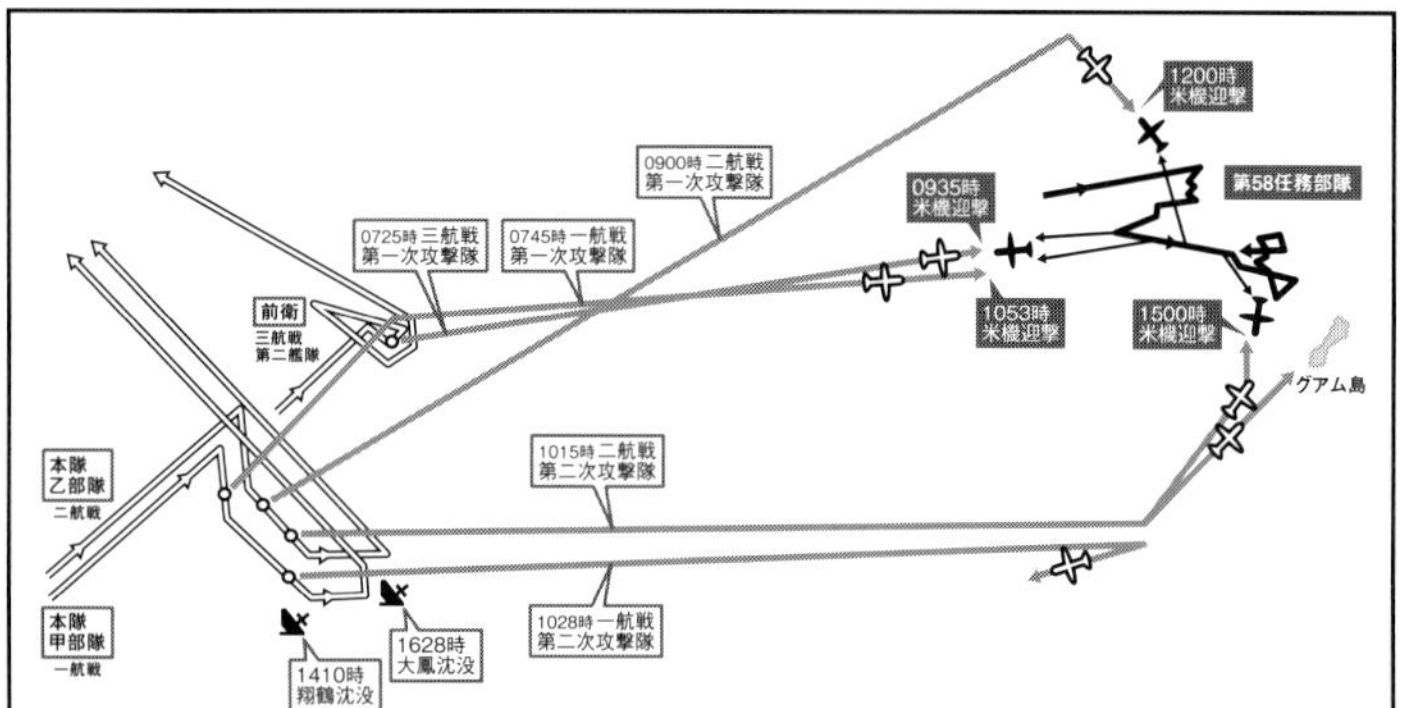
1200時 米機迎撃
第58任務部隊
0900時 二航戦 第一次攻撃隊
0935時 米機迎撃
0725時 三航戦 第一次攻撃隊
0745時 一航戦 第一次攻撃隊
前衛 三航戦 第二艦隊
1053時 米機迎撃
1500時 米機迎撃
グアム島
本隊 乙部隊 二航戦
1015時 二航戦 第二次攻撃隊
本隊 甲部隊 一航戦
1628時 大鳳沈没
1410時 翔鶴沈没
1028時 一航戦 第二次攻撃隊

■マリアナ沖海戦（6月20日の戦闘）

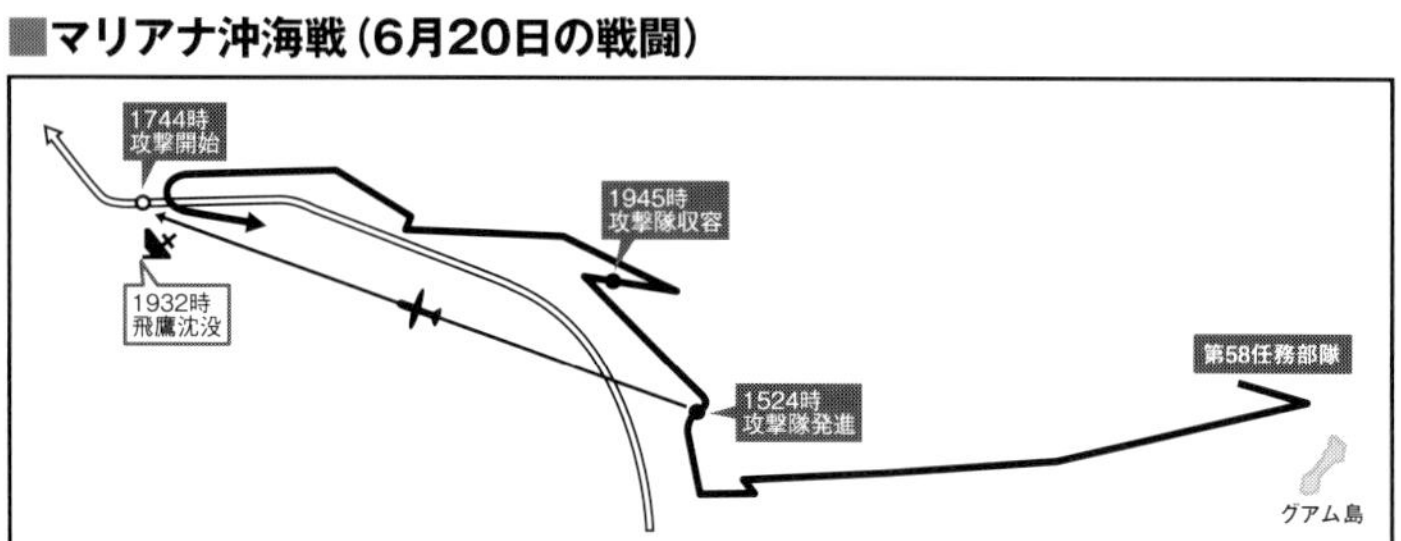
1744時 攻撃開始
1945時 攻撃隊収容
1932時 飛鷹沈没
第58任務部隊
1524時 攻撃隊発進
グアム島

昭和19年（1944年）6月19日～20日、中部太平洋において日米最大の空母決戦・マリアナ沖海戦が生起した。この海戦に、「瑞鳳」は「千歳」「千代田」とともに前衛部隊麾下・第三航空戦隊の一員として、「龍鳳」は「隼鷹」「飛鷹」とともに本隊・乙部隊麾下の第二航空戦隊の一員として参加した。だが、攻撃隊は米空母戦闘機隊の迎撃に阻まれて戦果を挙げられず、本隊・甲部隊の「大鳳」「翔鶴」を米潜水艦の攻撃で失うなど、海戦は日本側の大敗に終わった。

ケ号作戦（ガ島撤退作戦）時、発艦した九七艦攻の後部座席から撮影された空母「瑞鳳」の艦姿。続いて発艦しようとしている艦攻との対比で、軽空母の小ささが分かる

前路索敵任務に就く天山艦攻を発艦させる、マリアナ沖海戦時の空母「龍鳳」。「龍鳳」は本海戦において、搭載する六五二空の艦上機を出撃させている。第一次攻撃隊では零戦4機、戦爆7機が出撃し、第二次攻撃隊では零戦6機、天山4機が出撃。このうち第二次攻撃隊の消息が判明しており、零戦1機がグアム、天山1機がロタ島に着いた以外はすべて未帰還となっている。さらに、20日の上空直掩に零戦10機と戦爆8機が参加、零戦2機と戦爆5機が未帰還となった。

っては大きな損失であった。

6月15日、米軍がサイパン島に上陸すると「あ号作戦」が発令され、中部フィリピンのギマラス島にあった第一機動艦隊は出撃した。18日、索敵機が敵機動部隊を発見、翌19日も攻撃に備え入念な三段索敵を行い、このうち「瑞鳳」「千代田」は九七艦攻を13機投入したが、実に8機（5機とも）を失っている。

やがて7時30分に発進を開始した第一次攻撃隊の先陣となったのは「瑞鳳」および「千歳」「千代田」らの三航戦攻撃隊64機で、「瑞鳳」からは爆装零戦（戦爆）と零戦を送り出した。続く一航戦は１２８機、二航戦の51機のうち、「龍鳳」は零戦5機と戦爆7機である。この時、「瑞鳳」では上空を通過する編隊に「敵機に間違いなし」と念押ししたうえで高角砲が射撃を開始したが、「大和」からの「あの飛行機は味方なり。注意せよ」との信号に射撃を止めた。

第一次攻撃隊は戦闘機の迎撃と対空砲火などで１４７機を喪失する甚大な被害を受け、見るべき戦果は空母「バンカーヒル」「ワスプ」と戦艦「サウスダコタ」損傷にとどまった。三航戦の戦果は重巡「ミネアポリス」への至近弾のみ。「瑞鳳」は零戦2機、戦爆12機を失った。二航戦の攻撃は空母「エセックス」に距離90mの至近弾を与えたのみで、11機が失われた。

第二次攻撃隊は一、二航戦から10時20分より出撃を開始。「瑞鶴」のみとなった一航戦は18機、二航戦は64機、うち「龍鳳」は零戦が6機と前路索敵の天山艦攻が2機である。だがその多くは散り散りとなって敵を捕捉できず、45機が失われた。

三航戦は19機による第三次攻撃隊の準備を進めていたが、他部隊の機による緊急着艦が相次ぎ、幸か不幸か発進の機会を逸した。

19日夕方、小澤長官が残存機を調査させたところ、一航戦（「瑞鶴」のみ）は32機、二航戦は46機、三航戦は22機。４３０機が、たったの１００機にまで激減したのである。

迎えた20日、朝からの索敵で「瑞鳳」は2機の九七艦攻が未帰還となった。19日は迎撃に徹した米機動部隊はこの日、追撃に転じており、「瑞鶴」が被弾、「飛鷹」が沈んだ。第一機動艦隊が沖縄へ帰投したのは6月21日のことで、マリアナ諸島は米軍の手に渡った。

落日の機動部隊 なおも消耗続く

マリアナ沖海戦で戦力が激減した機動部隊は、新たに一、二、三、四航戦から成る第三艦隊として再編された。指揮官は引き続き小澤中将で、「瑞鳳」は三航戦、「龍鳳」は四航戦である。このうち「瑞鶴」「瑞鳳」「千歳」「千代田」を擁する三航戦は実質的な主力だが、昭和19年9月1日時点における4隻の、すなわち六五三空の兵力は77機だった。このため、「瑞鳳」が7月末に小笠原諸島への船団を護衛した際は、九三一空から九七艦攻を借りなければならなかった。

また、9月から10月にかけて日本空母には12センチ噴進砲（ロケット砲）が搭載され、「瑞鳳」「龍鳳」は28連装のものが6基設置された。この時、乗員らはマリアナ沖の敗北は口止めされており、工廠や呉市民たちは「勝って帰って来たのですから、本当にご苦労様です」などとねぎらってくれたため、心苦しかったという。

昭和19年10月10日、米機動部隊は沖縄、奄美諸島、台湾などを攻撃。20日に予定したフィリピンのレイテ島上陸に先立ち、日本軍の航空戦力を削いでおくためである。

これを日本陸海軍攻撃隊が迎え撃って台湾沖航空戦が生起するが、空母飛行隊はこの時、鹿屋に基地を持つ第二航空艦隊の指揮下に入った。日本側の攻撃は10月12日から開始されたが、14日の総攻撃には第一次攻撃隊に四航戦の49機、第二次攻撃には三航戦の63機が参加、それぞれ「龍鳳」「瑞鳳」機も含まれていたのだろう。三、四航戦の艦上機は15日も出撃して敵を求めたが、陸軍機も含む３００機以上が失われ、空母11隻撃沈を筆頭とする大戦果の実情は、巡洋艦2隻を大破させた程度であった。

台湾沖航空戦が戦況に与えた悪影響は数多いが、訓練未了だった空母部隊を予定より1カ月早く前線に出したこと、基地航空機の大多数を喪失したことで、次のレイテ沖海戦で上空直衛機がいない艦隊を出撃させることになってしまった。

しかし、後方基地である台湾の再建は急務で、10月21日に「龍鳳」および「海鷹」は飛行機や必要資材を搭載、護衛の艦艇とともに25日に佐世保を出港した。その直後、臨時の輸送部隊はB-29の大編隊と遭遇し、「龍鳳」も猛然と対空射撃を行った。直撃はなかったものの、かなりの損害を与えたという。輸送任務をまっとうした部隊は無事に帰投したが、時期すでにレイテ沖海戦真っ只中。エンガノ岬沖では「瑞鳳」ら第三艦隊が空襲を受けていた（次節参照）。

決死の囮《おとり》作戦に「瑞鳳」最後の咆吠

昭和19年10月20日、米軍はレイテ島に上陸を開始した。フィ

■エンガノ岬沖海戦における空母「瑞鳳」の被弾状況

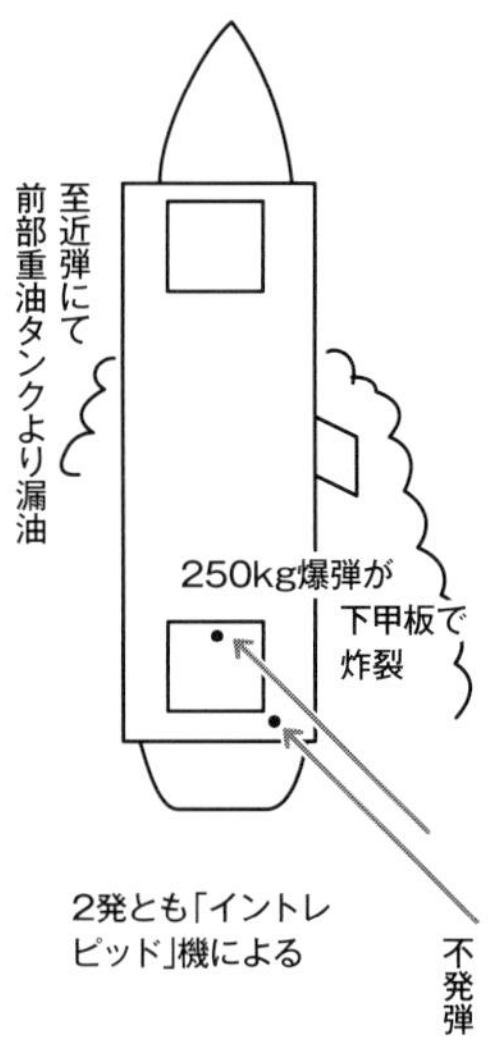
至近弾にて前部重油タンクより漏油
250kg爆弾が下甲板で炸裂
2発とも「イントレピッド」機による
不発弾

エンガノ岬沖海戦・第一次空襲の際の「瑞鳳」の被弾状況。10月25日朝8時35分

■エンガノ岬沖海戦

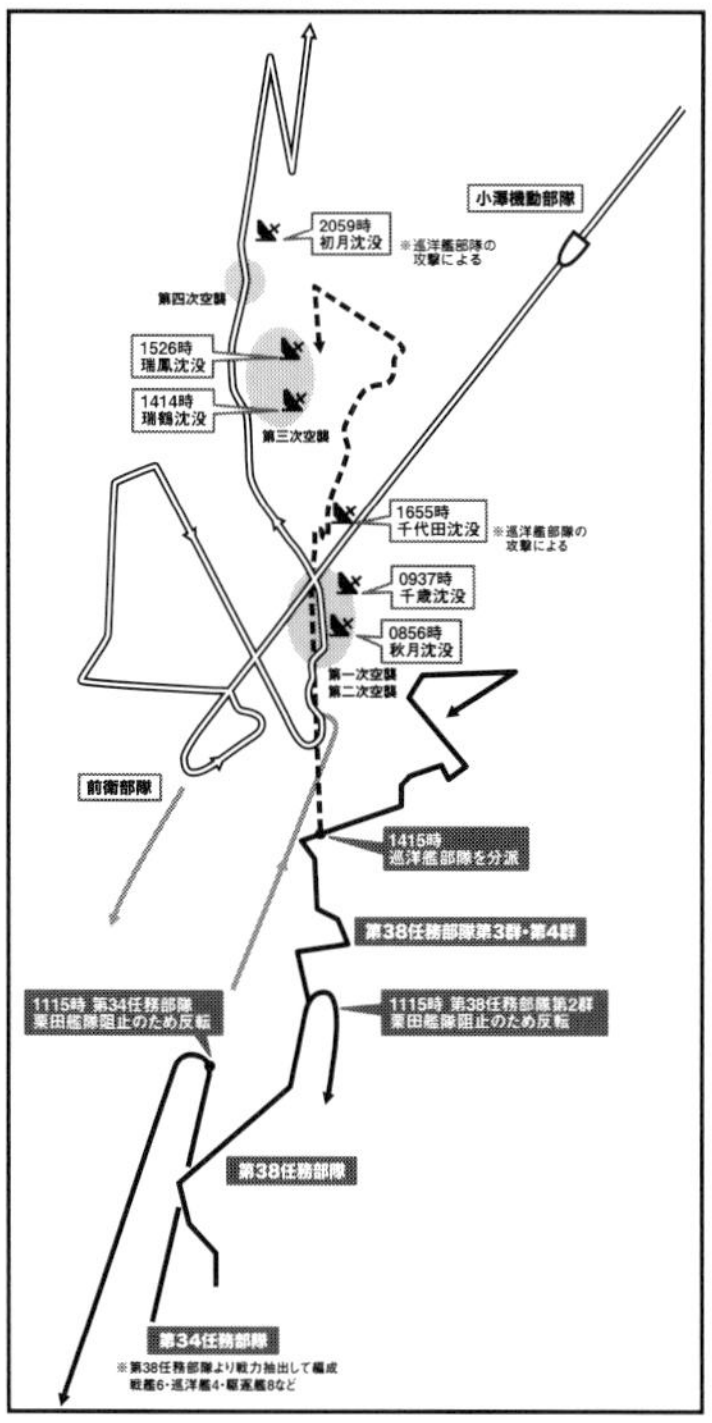
小澤機動部隊
2059時
初月沈没
※巡洋艦部隊の攻撃による
第四次空襲
1526時
瑞鳳沈没
1414時
瑞鶴沈没
第三次空襲
1655時
千代田沈没
※巡洋艦部隊の攻撃による
0937時
千歳沈没
0856時
秋月沈没
第一次空襲
第二次空襲
前衛部隊
1415時
巡洋艦部隊を分派
第38任務部隊第3群・第4群
1115時 第34任務部隊
栗田艦隊阻止のため反転
1115時 第38任務部隊第2群
栗田艦隊阻止のため反転
第38任務部隊
第34任務部隊
※第38任務部隊より戦力抽出して編成
戦艦6・巡洋艦4・駆逐艦8など

昭和19年10月24日、「瑞鶴」「瑞鳳」「千歳」「千代田」の4空母を擁する小澤機動部隊は囮任務を実施すべくフィリピン方面へ向けて南下、日本機動部隊最後の攻撃隊を発艦させた。小澤機動部隊は米空母部隊の誘引に成功した結果、25日、旗艦「瑞鶴」以下は米艦載機群の攻撃を受け、4空母ともに撃沈されている。

■レイテ沖海戦

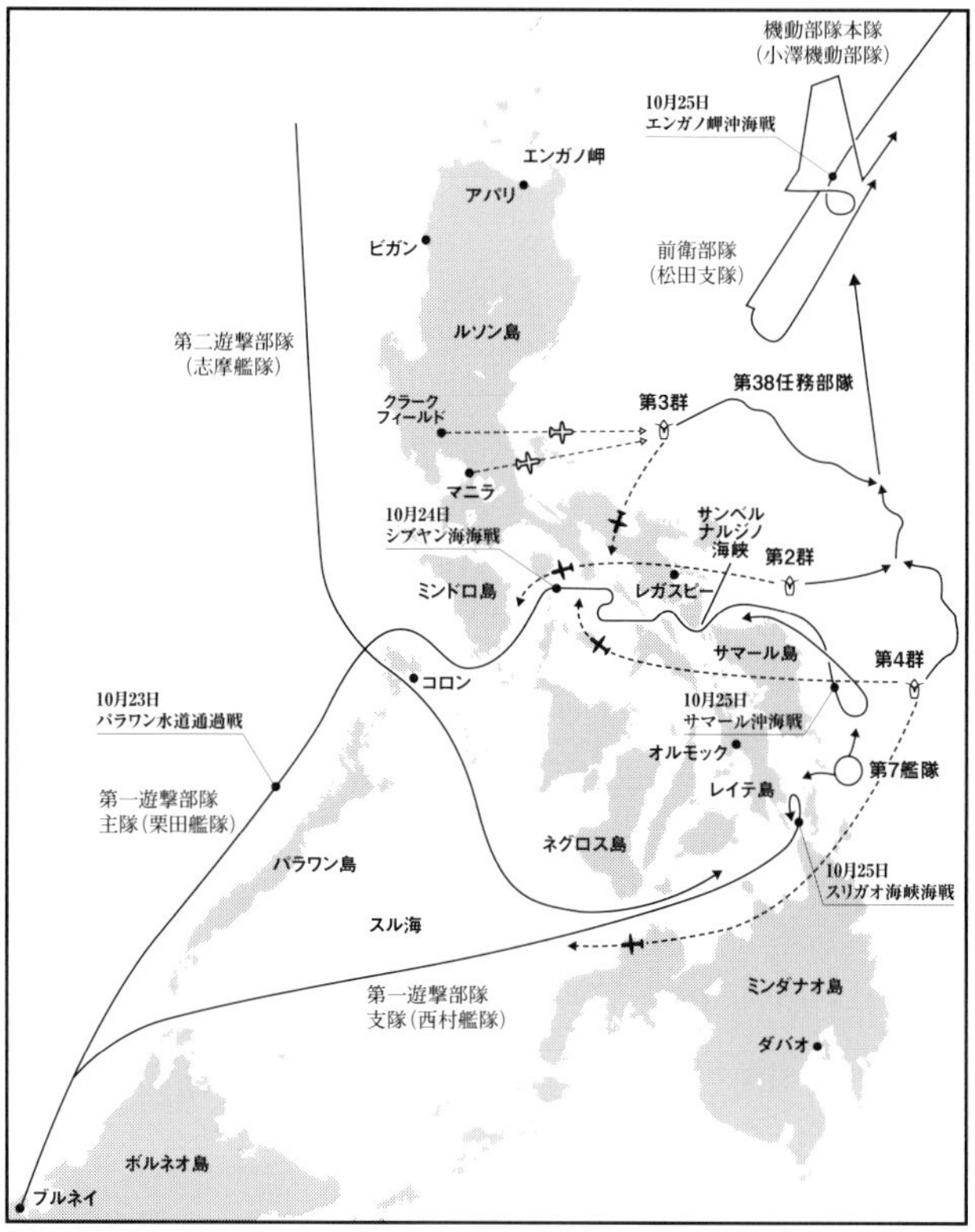
機動部隊本隊
（小澤機動部隊）
10月25日
エンガノ岬沖海戦
エンガノ岬
アパリ
ビガン
前衛部隊
（松田支隊）
ルソン島
第二遊撃部隊
（志摩艦隊）
クラーク
フィールド
第3群
第38任務部隊
マニラ
10月24日
シブヤン海海戦
サンベル
ナルジノ
海峡
第2群
ミンドロ島
レガスピー
サマール島
第4群
コロン
10月23日
パラワン水道通過戦
10月25日
サマール沖海戦
オルモック
第7艦隊
レイテ島
第一遊撃部隊
主隊（栗田艦隊）
パラワン島
ネグロス島
10月25日
スリガオ海峡海戦
スル海
第一遊撃部隊
支隊（西村艦隊）
ミンダナオ島
ダバオ
ボルネオ島
ブルネイ

昭和19年10月、フィリピン・レイテ島へ来寇した米軍に対し、日本陸海軍は「捷一号作戦」を発動した。海軍は第一遊撃部隊（栗田艦隊）をはじめとする水上艦部隊をレイテ島沖へ送り込むべく、機動部隊本隊（小澤機動部隊）を囮として出撃させ、米空母部隊を誘引する策を採った。

リピン一帯は南方資源が集約されるため、戦争を継続するためには米軍に渡してはならない。かくて発動された「捷一号作戦」は主力の栗田艦隊の殴り込みを骨子としたが、台湾沖航空戦で著しく飛行機を消耗したため上空直衛機は出せず、代わりに小澤中将の機動部隊に敵空母機を吸収する囮任務が与えられた。小澤機動部隊の基幹となるのは第三航空戦隊の「瑞鳳」に「瑞鶴」「千歳」「千代田」だが、方々からかき集めた搭載機は116機。「瑞鳳」は零戦8機、戦爆4機、天山5機とわずか17機を搭載した。

10月20日に瀬戸内海から出撃した小澤機動部隊は、栗田艦隊の旗艦「愛宕《あたご》」以下がパラワン水道で失われたと知るや盛大に電波を出したが、普段ならちょっとした発信も捉える米軍は、これに気づかなかった。

やがて10月24日昼、至近距離に敵艦隊発見の報を受けた小澤中将は攻撃を命じた。「瑞鳳」でも「頼むぞ」「やっつけてくれ」との声援に見送られ、零戦8機と戦爆3機が出撃した。日本空母が敵艦に向けて飛ばした最後の攻撃隊は、58機である。

攻撃隊は「瑞鳳」ら軽空母隊と「瑞鶴」隊が分かれて行動したが、「瑞鶴」隊は見るべき戦果がない。ただし敵戦闘機を吸収し（零戦隊は7機撃墜を主張）、間接的に「瑞鶴」隊を支援した。「瑞鶴」隊の戦爆は空母「エセックス」に至近弾を与え、これは米軍も認めており、日本空母最後の攻撃隊はごくわずかとはいえ戦果を残したことになる。

翌25日朝、「待望」の米攻撃隊が飛来し、まず8時51分に零戦隊が襲いかかり、次いで航空戦艦「日向」の主砲が火を噴いた。真っ先に「千歳」が沈み、「瑞鶴」も被雷し、最後に攻撃された「瑞鳳」は飛行甲板後部に爆弾2発を受けた。うち1発は不発で、依然として「瑞鳳」は28ノットの発揮が可能だった。第一次空襲後は囮作戦の成功により「大和」「長門」の主砲で敵空母撃沈、攻

昭和19年10月25日、エンガノ岬沖海戦における空母「瑞鳳」。同日13時から始まった米艦載機による第三次攻撃の場面で、「瑞鳳」は「瑞鶴」とともに集中攻撃を受けながらも機銃や噴進砲による対空戦闘を敢行している。だが、爆弾・魚雷多数を浴びた「瑞鳳」は15時27分に沈没。乗員等977名は駆逐艦「桑」や戦艦「伊勢」に救助され、761名が生還した。

米空母「フランクリン」搭載機が捉えた、沈没に瀕する空母「瑞鳳」

撃続行中との報が入り、「瑞鳳」乗員らは歓声を上げた。

9時58分から開始された第二次空襲で「瑞鳳」には目立つ損害はなかったが、13時過ぎからの第三次空襲で「瑞鶴」が沈んだ。「瑞鳳」は噴進砲で1機撃墜を報じるなど奮戦していたが、多数の爆弾と魚雷を受けてしまう。杉浦艦長は「どんなことをしてもよいから、傾斜を復元し、ポンプで艦内の浸水を汲み出せ」と江口副長に命じたが、もはや「瑞鳳」は助からず、15時10分に退艦命令が出された。15時26分、開戦以来、大小の任務によく働いた小型空母は艦首を突き上げると、右後方に滑るように沈んでいった。977名の乗員等に戦死者は比較的少なく、杉浦艦長以下、多くが救助されたのは不幸中の幸いだった。

栗田艦隊はレイテ湾を前にしながら引き返してしまったが、小澤機動部隊の囮作戦自体は成功してすべての空母を失った。

なお、「捷一号作戦」では、台湾沖航空戦に際して陸上に上がった空母機も戦闘に参加した。作戦開始前、第二航空艦隊の三、四航戦機は空母に移さず基地で使用することになり、零戦、彗星、天山などその総数は92機であった。基地航空隊は栗田艦隊を助けるべく24日からフィリピン方面の米軍に航空総攻撃を開始し、軽空母「プリンストン」に直撃弾を与えた(後に沈没)。これには4隊が関わっており、空母機も含まれている。また、三航戦と七五二空の天山は夜間雷撃にも出撃したが、敵影を見ずに帰投した。

「捷一号作戦」からは特別攻撃隊も編成・出撃が開始されたが、第二航空艦隊の空母機は直掩として同行している。11月1日は第三神風梅花隊として四航戦の零戦1機が特攻機となり、2機の直掩を受けてレイテ島の米駆逐艦「アンダーソン」に突入した。12日も聖武特攻梅花隊3機が出撃したが、特攻機、直掩機とも行方不明となった。空母機が特攻機になった、数少ない例だ。

捷一号作戦に敗れた後も、フィリピンでの戦いは続いた。増援の船団が向かった際は、第二航空艦隊の三、四航戦が直掩任務に就いた。三航戦の天山は10月26日から何度かレイテの米軍に夜間攻撃を行い、艦船や地上施設に損害を与えている。

「龍鳳」は沈まず終戦 日本空母の終焉を看取る

「祥鳳」「瑞鳳」が沈み、残るは準同型艦の「龍鳳」のみとなった。レイテ沖海戦後の昭和19年11月7日、「龍鳳」は小澤長官の機動部隊旗艦として将旗を掲げ、艦内の士気は高まった。11月15日に機動部隊は解隊となったため、「龍鳳」が8日間とはいえ最後の機動部隊旗艦となったのである。

昭和19年12月30日に門司を出発したヒ八十七船団には護衛艦として「龍鳳」も同行。昭和20年(1945年)1月9日は台湾の高雄で空襲を受けたものの、「龍鳳」機が1機を撃墜したとの記録がある。これはおそらく、日本空母搭載機最後の戦果となる。「龍鳳」は1月18日に呉に帰投したが、これは日本空母最後の外洋航海となった。なお帰路につく際、「龍鳳」には台湾の在留邦人が引揚のため便乗したが、その中には少なからぬ数の婦人も含まれていた。「龍鳳」では引揚者の専用のトイレを格納庫に仮設、内部を覗かれないよう内側から紙を貼っていた。思わぬ女性の乗艦に、乗員たちはソワソワしていたようだ。引揚者たちは無事に帰国できたが、「女は乗せない、いくさ船」の故事にちなんだのか、主計科は艦内のあちこちに塩をまいていたという。

その後、航空戦隊は次々に解隊され、持て余された空母の多くは呉で待機していた。3月19日は呉が大空襲を受け、「龍鳳」は対空砲火で応戦したものの、ロケット弾によって飛行甲板に穴が開き、30名が戦死した。さらに7発ものロケット弾が命中したが、幸運にもすべて不発だった。爆弾3発、不発を含むロケット弾9発を受けた「龍鳳」の浸水は多量で、ポンプで排水するのに15日を要した。仮修理は1週間で済んだが飛行甲板はそのままで、空母としての機能は喪失した。

その後、「龍鳳」は呉工廠西方の能美《のうみ》島に移動、6月1日は特殊警備艦に指定され、陸岸に繋留されただけの状態となった。7月24日の呉空襲では多くの艦艇が損傷したが、巧みに擬装した「龍鳳」は対空砲火も撃たなかったため、損害はなかった。28日の空襲でも多くの艦艇が傷ついたが、「龍鳳」は応戦しなかったため米軍機の攻撃を受けなかった。

広島に原子爆弾が投下された8月6日、「龍鳳」では副長の訓示が行われていたが、8時頃に強烈な閃光を感じた。副長はいぶかしく思いながら訓示を続けたが、今度は大きな衝撃音が聞こえてきて、訓示は打ち切られた。その夜、電信兵がアメリカの情報を傍受し、電信室では「特殊爆弾」で広島市が全滅したとの会話がなされていた。

そして、8月15日の終戦を迎えた時、航行可能な空母は「龍鳳」と「鳳翔」「葛城」の3隻となっていた。引揚輸送艦となった僚艦と違い、飛行甲板を損傷している「龍鳳」はこの任務に就くことなく、呉造船で昭和21年(1946年)4月より解体に着手。同年9月に終了し、9195トンの鋼材が得られた。

「瑞鳳」「祥鳳」「龍鳳」は搭載機も少なく速力も低いが、戦況に関わる大作戦から人目に触れない隠れた作戦まで、小さな船体とは正反対にその功績は大きい。いずれも大型正規空母に勝るとも劣らぬ存在として、誇るべき艨艟《もうどう》ばかりである。

昭和20年10月に撮影された、江田島秋月海岸にて係留状態の「龍鳳」。同艦は昭和20年4月20日に呉鎮守府の予備艦となり、特殊警備艦＝防空砲台として終戦を迎えている

「龍鳳」「祥鳳」「瑞鳳」の艦歴

文／松田孝宏（オールマイティー）

龍鳳

■改造工事着手 昭和16年12月20日 ■改造工事完了 昭和17年11月30日
■造船所 横須賀工廠

瑞鳳型の準同型艦となる「龍鳳」は、まず潜水母艦「大鯨」として昭和8年（1933年）4月12日に起工、日本軍艦で初めて全面的な電気溶接技術を用いたが失敗が続出し、部位によっては溶接後一度切断し、リベットで結合するなどの苦労があった。同年11月16日に進水、昭和9年3月31日に竣工したが、実際は工事未了の箇所も多かった。日本海軍の大型艦艇として初めてディーゼルエンジンを搭載したことも「龍鳳」の特色だが、故障が多く予定の半分程度しか出力を得られないなど、失敗となった。

工事を終えた「龍鳳」は初代艦長に亀井凱夫《よしお》大佐を迎え、第三艦隊付属に編入された。12月、飛行機輸送のためトラック島へ向かうが、八丈島付近で雷撃を受け初陣で損傷する不運に泣く。亀井の衝撃は大きく、報告書でも戦死者と遺族に顔向けできないと記した。亀井は酒が強くなかったが、事務処理後に行われた戦死者の追悼を兼ねた新年会では正体を失うほど飲み、若い兵隊に担がれて帰宅した。

横須賀における入渠、修理中となる昭和18年1月に第三艦隊第五十航空戦隊へ編入。2月に修理を終えると、3月より内海にて訓練を開始した。7月は搭載機がブーゲンヴィル島ブインに派遣されて連日のように出撃。魚雷艇や輸送船を撃沈するなど、短い生涯における「龍鳳」の戦果はほとんどこの時期に集中している。しかし「龍鳳」機の損耗も激しく、現地の二〇四空に吸収されてしまった。搭載機のなくなった「龍鳳」は秋ごろまで輸送任務に従事した。

昭和19年1月末からはラバウルの東にあるグリーン島に米軍が上陸したが、そこから舟艇の交通を妨害される恐れがあるとして「龍鳳」艦攻隊が出撃、魚雷艇2隻を撃沈した。「飛鷹」「隼鷹」もグリーン島攻撃に参加したが、同島は間もなく敵の手中に落ちた。17日にトラック島が大空襲を受けた際は、「龍鳳」「飛鷹」の艦攻が夜間雷撃を行っており、米空母「イントレピッド」の被雷はいずれかの戦果とも言われている。3月は一、二、三航戦の空母9隻に護衛総隊の護衛空母4隻、計13隻の空母によって米空母の基地を襲う「雄作戦」が企図され基地航空隊も含む800機の投入が検討された。しかし、決定権を持つ古賀連合艦隊司令長官が殉職して立ち消えになった。この時期、名艦長の誉れ高い松浦義大佐が着任している。

6月のマリアナ沖海戦には、雄作戦にも予定された一、二、三航戦を旗艦とする第一機動艦隊が出撃。「龍鳳」は第二航空戦隊に属していたが、多くの飛行機を失ってしまい、艦も軽微だが損傷した。海戦後、内地への帰途についた23日は小澤長官が乗艦して将旗を掲げている。レイテ沖海戦には出撃することなく、終了後のわずかな期間に機動部隊の旗艦となった。

大戦末期は呉に繋留されていたが、昭和20年3月19日の呉空襲では米空母から発進した45機に襲われた。「龍鳳」は機銃、高角砲、噴進砲を総動員して応戦したが、直撃弾により船体は揺れ、ロケット弾により5メートルの穴が開いた。敵機は反跳爆撃を行ったとのことで、爆弾3発とロケット弾9発（うち2発は不発）を受けた「龍鳳」を、乗員は日本空母でも最多の被弾としている。

終戦時、空母の機能を喪失していながら「龍鳳」は航行が可能であったが、引揚輸送には使用されず、昭和20年11月30日に除籍。昭和21年9月、解体を終えた。

祥鳳

■改造工事着手 昭和15年11月15日 ■改造工事完了 昭和16年12月22日
■戦没 昭和17年5月7日 ■造船所 横須賀工廠

「祥鳳」は、有事に際して急速に航空母艦に改造できる艦として、まず昭和9年（1934年）12月3日に高速給油艦「剣埼」として起工、昭和10年6月1日の進水を経て昭和14年1月15日に竣工した。

特務艦だった初代の「剣埼」同様に主機はディーゼルを搭載した。電気溶接も多用されたが、「大鯨」（のちの「龍鳳」）での失敗を糧に作業は順調だった。就役後はディーゼルエンジンの不調に悩まされたものの、潜水戦隊旗艦として練度向上に貢献した。空母への改造はタービンの換装に手間取ったため、1年を要している。初代にして最後となる艦長には伊沢石之介大佐が着任、第一航空艦隊第四航空戦隊に配備された。

昭和17年2月4日、トラックまで飛行機を輸送すべく横須賀を出港、2月10日現地に到着した。これが初めてとなる本格的な外洋航海であった。3月7日はトラックを出港、今度はラバウル方面へ飛行機を運んだ。4月、横須賀に戻ったが18日に本土が初空襲を受けたため、敵機動部隊を追撃するが捕捉できなかった。

最後の作戦となる珊瑚海海戦に際しては、「祥鳳」1隻を輸送船団の護衛とするより「翔鶴」「瑞鶴」と一緒に運用すべきとの意見も強かったが、ポートモレスビーに上陸する陸軍の南海支隊が空母を派遣しないと兵を出さない、と言ったこともあり船団護衛に就いた。そのため、「祥鳳」の姿を見た陸軍の歓迎ぶりは伊沢艦長らがとまどうほどだった。

米攻撃隊による昭和17年5月7日の空襲は「龍鶴《りゅうかく》」（米軍は「祥鳳」／瑞鳳型を「龍鶴」／龍鶴型と呼んでいた）こと「祥鳳」が目標とされたが、「レキシントン」急降下爆撃隊による最初の攻撃は米側が感嘆するほど鮮やかに回避した。しかし、続く攻撃で受けた爆弾と魚雷が致命傷となり、11時35分に沈んだ。636名が戦死したと伝えられる。あたかも味方の攻撃を一身に受けた最期により、陸軍部隊には被害がなかった。昭和17年5月20日、除籍。

瑞鳳

■改造工事着手 昭和14年9月8日 ■改造工事完了 昭和15年12月27日
■戦没 昭和19年10月25日 ■造船所 横須賀工廠

「瑞鳳」も空母への改造を前提として昭和10年（１９３５年）6月20日に給油艦「高崎」として起工、昭和11年6月19日に進水したが途中から潜水母艦に変更され、さらに空母へと再び変更を経て昭和15年12月27日に「瑞鳳」として竣工した。

初代艦長には野元為輝艦長が着任、空母改造工事が完了すると佐世保鎮守府警備艦となった。昭和16年3月に初めて飛行機の発着艦訓練を行う。4月に第一艦隊第三航空戦隊に編入され、佐伯方面で訓練を行った。以後も多くを佐世保で行動し、大林末雄艦長のもと太平洋戦争の開戦を柱島で迎える。開戦初日、機動部隊の帰投支援と称して戦艦部隊らとともに出撃したが、「加俸目当て」との批判を浴びた。「瑞鳳」機は航海中や、帰投翌日の12月14日後に対潜攻撃を行っているが、すべて誤認であった。

しばらくは飛行機輸送や米機動部隊追撃などに従事したが、三航戦の解隊に伴い昭和17年4月1日には第一艦隊付属となる。6月、ミッドウェー海戦とアリューシャン作戦に参加、同月に第一航空艦隊第五航空戦隊に編入されるが、翌7月に第三艦隊第一航空戦隊に編入される。9月はトラック島に進出し、10月の南太平洋海戦では爆弾1発を受け損傷する。この海戦で奮闘した「瑞鶴」の野元艦長は、「瑞鳳」の初代艦長であった。海戦後、「瑞鳳」は応急修理のため、11月に佐世保に戻り入渠修理を受ける。修理後の昭和18年1月はトラック島に戻り、月末からガダルカナル島の撤退を支援する。4月、搭載機は「い号作戦」のため陸揚げされ、多くの搭載機を喪失した。

これ以後は佐世保〜横須賀、トラック島〜ブラウン環礁で行動したが、昭和18年11月の「ろ号作戦」で再び搭載機は地上基地に進出する。この作戦でも、大きな損害を出した。同月よりトラック島と横須賀との往来が、昭和19年1月まで続いた。

2月1日は第三艦隊第三航空戦隊に編入され、15日に最後の艦長となる杉浦矩郎大佐が着任した。4月は僚艦「龍鳳」とともにサイパン島への輸送を行った。この前の「千歳」「千代田」ともども軽空母による輸送作戦は成功率が高く、現場を喜ばせている。

5月、「あ号作戦」に備えてタウイタウイ泊地に進出するが、潜水艦が跳梁《ちょうりょう》するため満足な訓練ができなかった。6月、ギマラスを経て19日のマリアナ沖海戦に参加。敗北により大きな損害を受けて沖縄の中城《なかぐすく》湾に帰投する。幸いにも「瑞鳳」そのものには大きな損害がなかった。7月は父島に向かった船団の護衛を行ったが、マリアナ沖海戦で搭載機が激減していたため、海上護衛を主任務とする九三一空から九七艦攻を借り受けていた。

その後は内海での待機が続いたが、10月のレイテ沖海戦に囮《おとり》任務を帯びた小澤機動部隊の一員として参加。数少ない搭載機は米艦隊攻撃や上空直衛に奮闘した。「瑞鳳」では索敵に飛んだ天山が緊急着艦する一幕があり、しばらくは飛行甲板に繋止されていたが、空襲を前に投棄された。搭乗員は艦上で戦死している。10月25日、米軍機の空襲により損傷。空襲を受ける「瑞鳳」の写真は飛行甲板の迷彩塗装や各種艤装など、大戦末期の日本空母を伝える貴重な資料でもある。15時27分エンガノ岬の東北約４５０キロに沈没。２１６名が戦死、１３１名が負傷、生存者は７６１名と記録されている。昭和19年12月20日、除籍。

最後の戦いとなったエンガノ岬沖海戦で米艦上機と交戦する「瑞鳳」。空母「エンタープライズ」のVT-20（第20雷撃飛行隊）のTBFアヴェンジャーが撮影した写真。飛行甲板の迷彩や艦尾の「づほ」という文字が明確に見て取れるショット

「瑞鳳」仮想戦記
死闘！南太平洋海戦異聞

残念ながら華々しい戦果に恵まれたとは言い難い「瑞鳳」「祥鳳」「龍鳳」の三空母だが、その戦歴の中にはきっと大活躍の可能性も眠っているはず。そこで本項では、南太平洋海戦を舞台に、「瑞鳳」が大物食いを果たすイフ・ストーリーをお届けするぞ。

文／伊吹秀明　イラスト／栗橋伸祐

外れた爆弾——「瑞鳳」の戦いはつづく

「12時方向に機影あり！」

見張り伝令の声が「瑞鳳」の艦橋内にひびいた。

島型艦橋を持たない、平甲板型空母の艦橋は飛行甲板の下にある。艦首から続く機銃座甲板の前部に操舵室（羅針艦橋）と指令所があり、その後ろの左舷側に戦闘艦橋、右舷側に予備艦橋がある。

この構造では、とうぜん艦橋からの視界は限られていて、上空の様子は見えにくい。基準排水量1万トン少しの軽空母なので飛行甲板の面積は小さく、少しでも発着艦作業を容易にしようという設計であるが、操艦や発着艦の指揮が執りづらいのも確かだった。

「機影はふたつ。本艦に近づく！」

「故障か？」

攻撃隊が発進して、さほど時間は経っていない。エンジン等の不具合で引き返してくる機ではないかと何人もが思った。

やはり甲板下の後ろにある発着艦指揮所と電話のやりとりがあったが、くわしい状況は分からない。

「こちらから行った方が早い。速度はまだ落とすな」

大林末雄艦長は艦橋から左舷の張り出しに出た。信号マストの風切り音が耳に飛びこんでくる。全速力で攻撃隊を発進させたあと、不調機の緊急着艦もありえたので、艦の機関出力はまだ落としていない。

大敗北を喫したミッドウェー海戦では、航空戦は一分一秒で戦況が変わるという手痛い教訓を得た。僚艦の大型空母「翔鶴」「瑞鶴」の新しい艦長たちはいずれも、それまで艦長の定位置だった羅針艦橋から離れ、露天の防空指揮所で海戦の指揮を執っている。平甲板型の「瑞鳳」では、それに当たるのは両舷のポケットとも呼ばれる張り出し部分ということになる。

「敵機です！　接近中の2機は敵機！」

12㎝高角双眼望遠鏡で上空のそれを追っていた見張員が叫んだ。大林自身、断雲から舞い降りてくる小さな機影を見た。

「面舵いっぱい！　対空戦闘！」

矢継ぎ早に命令を下す。かつて「妙高」「日向」の砲術長を務めていた大林は、6年前から航空に転向。「瑞鳳」艦長に補される前は博多海軍航空隊司令だった。

ゴマ粒のようだった黒点が、近づくにつれて飛行機のかたちになってきた。

2機とも米海軍のSBDドーントレス。SBはスカウト・ボンバーの略で、索敵任務のときは５００ポンド（２２７㎏）爆弾を搭載し、置き土産のように爆弾を投下するという戦術行動をとる。

兒玉航海長が面舵を命じ、郡山砲術長の号令一下、「瑞鳳」の高角砲、機銃が火を噴きだした。射界が限られ、大転舵中の射撃なので、まぐれ当たりさえも難しいが、突然の発砲は米機パイロットも驚かせたようだ。タイミングを外して投じられた爆弾は、弧を描いて進む「瑞鳳」の右舷１００メートルほどに落下する。

「危なかった。もし、あれが飛行甲板に命中していたら……」

被害局限の責任者である小柳副長が海面上に噴き上がる水柱を見てつぶやいた。

時に昭和17年（１９４２年）10月26日5時40分のことである。世界海戦史上4度目となる日米空母同士の戦い。のちに南太平洋海戦と呼ばれることになる戦いでは、この瞬間、歴史の歯車が切り換わることとなる。

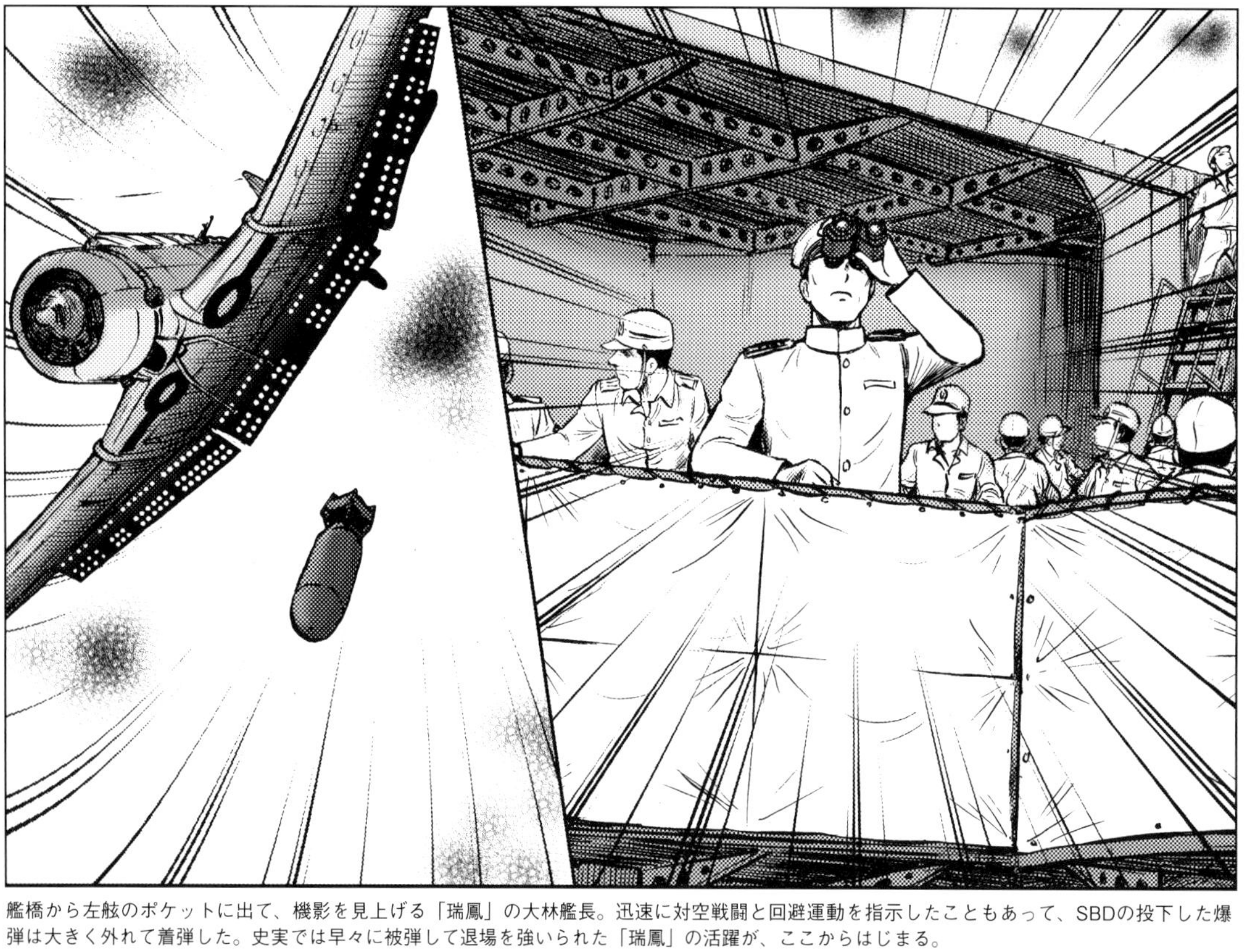

艦橋から左舷のポケットに出て、機影を見上げる「瑞鳳」の大林艦長。迅速に対空戦闘と回避運動を指示したこともあって、SBDの投下した爆弾は大きく外れて着弾した。史実では早々に被弾して退場を強いられた「瑞鳳」の活躍が、ここからはじまる。

ガダルカナル島をめぐる日米の激戦が始まって2カ月半となる10月下旬。飛行場制圧を目指す陸軍第十七軍の総攻撃を支援するため、連合艦隊司令部は第二艦隊と第三艦隊をソロモン海域に派遣した。

第三艦隊は、日米開戦以来それまで臨時編成だった第一航空艦隊をミッドウェー海戦後に解隊して、新たに空母を中心とした機動部隊として編成されたものだ。司令長官に南雲忠一中将、参謀長に草鹿龍之介少将というトップふたりは変わらなかったが、幕僚は一新された。海軍の頭脳集団と呼ぶべき新幕僚陣は、ミッドウェー海戦の戦訓から新しい戦策を練り、取り入れた。

そのひとつが軽空母の使用法だ。

7月14日、新編成の第一航空戦隊には大型空母「翔鶴」「瑞鶴」に、軽空母「瑞鳳」も加えられた。

「瑞鳳」の役割は、同艦の艦載機機種の比率を見れば分かる。開戦時に零式艦上戦闘機12機、九七式艦上攻撃機12機だったものが、一航戦編入時にはそれぞれ21機、6機と大幅に戦闘機が増加されている。軽空母に課された役割は艦隊の防空なのである。「瑞鳳」飛行科の幹部である蓑輪飛行長、佐藤飛行隊長ともに戦闘機乗り出身という人事にもそれは表れている。

7月から8月にかけて「瑞鳳」は新しい飛行隊の編成と訓練、艦体の整備で前線には出られなかったが、9月には内地からトラック環礁に移動。飛行機や人員等を輸送して、第六航空隊のラバウル進出に協力した。

そして来たる10月26日――「瑞鳳」は第三艦隊第一航空戦隊の一翼として、米空母との決戦の場に臨むこととなった。

25日のうちに米軍飛行艇の触接を受けた第三艦隊は、ガダルカナル島から離れる擬装針路を取りつつ、翌26日未明から「瑞鳳」の九七艦攻5機を含む20機もの索敵機を発進させた。

4時50分に「翔鶴」機が米空母部隊を発見。5時25分にはベテランの村田重治少佐を指揮官とする「翔鶴」「瑞鶴」「瑞鳳」から計62機の第一次攻撃隊が発進した。

断雲の間から2機のＳＢＤドーントレスが「瑞鳳」を狙って急降下してきたのは、そのわずか15分後のことだった。飛行甲板に直撃を受ければ、それだけで戦線離脱に追い込まれていたことは間違いない。

6時55分、村田少佐が率いる第一次攻撃隊は米艦隊を発見。攻撃は空母「ホーネット」に集中し、魚雷2本と２５０kg爆弾6発を命中させた。しかし、日本機側の被害は大きく、村田少佐も戦死してしまう。

米軍の方も黙ってはいない。7時27分に飛来した「ホーネット」の艦爆隊が日本空母を攻撃し、旗艦「翔鶴」が１０００ポンド（４５４kg）爆弾4発を受けて火煙を上げた。ミッドウェー海戦の戦訓から防火対策を徹底していたので大事には至らなかったが、発着艦能力を失った同艦は後退することとなった。

8時20分、関衛少佐が率いる日本の第二次攻撃隊は2隻目の米空母を発見した。「ホーネット」はほぼ停止状態だったため、関少佐は無傷の2隻目の方を目標に選定して、急降下爆撃によって２５０kg爆弾3発命中させ、艦尾近くに至近弾1を得た。だが、やはり第二次攻撃隊の被害も甚大で、関少佐もまた還らぬ人となった。

この2隻目の空母こそ米第16任務部隊指揮官トーマス・C・キンケード少将の旗艦「エンタープライズ」である。

米軍がガダルカナル島接近を図る日本艦隊阻止のために派遣した空母はこれら2隻。護衛艦艇によって空母を囲むリング・フォーメーションはいままでと一緒だが、新兵器の40mm機関砲を含めた対空砲火陣を統一指揮して濃厚な弾幕を形成する方式を取り入れていた。多くの日本軍搭乗員の命を奪ったのは、この新しいシステムだった。

「瑞鳳」雷撃隊、エンタープライズに突入す！

「何をやっているんだ?」

田中一郎中尉は、母艦の上で行われていることを目にして、首を傾げた。黎明のうちに「瑞鳳」を発艦し、艦攻の偵察員席で索敵任務を続けること5時間。ようやく帰艦できたと思いきや、その母艦上空で足止めをくらったのだ。

「瑞鳳」の飛行甲板上では、作業員たちが飛行機を押しだして海面に投棄するということが2機、3機と続いている。何と勿体ない、と田中以外でも思うはずである。

旋回するうち、海上から「翔鶴」の姿が消えていることに気づいた。すると、攻撃から帰還した「翔鶴」機が「瑞鳳」に着艦したが、損傷の程度が激しくて、泣く泣く投棄しているということか。

「瑞鳳」舷側中央の張り出しにある着艦指揮所から合図が出て、ようやく田中は母艦に降り立つことができた。ただちに蓑輪飛行長に戻ったことを報告し、短いやりとりから、自分の想像が概ね当たっていたことを知る。

「帰ったばかりで御苦労だが、また行ってもらうことになるぞ。索敵ではなく、雷撃でな」

飛行長の言葉どおり、まもなく発表された搭乗割には田中の名があった。雷撃隊の第二小隊長だ。第一小隊長は先任分隊士の長曽我部明中尉。合わせて6機。

「瑞鳳」に搭載する艦攻の全力出撃である。

基本的に「瑞鳳」艦攻隊の役割は索敵と対潜哨戒なので、武器庫にあるのは小型爆弾が主なのだが、このようなときに備えて航空魚雷が6本だけ用意されていた。逆にいえば、戦況はこの奥の手を使わねばならない局面になっているということだった。

「予定搭乗員整列」と高声令達器が告げると、田中たちは甲板下の搭乗員待機室から用具嚢を持って駆けだし、飛行甲板に出た。雷装した6機の艦攻は、展張を終えた主翼を並べている。艦攻の前には9機の零戦の姿がある。飛行隊長の佐藤正夫大尉、分隊長の日高盛康大尉がともに出撃することになっていた。

発進前に飛行長が黒板を使って、攻撃に必要なことを伝える。母艦の現在位置、予定針路、攻撃目標の位置と触接機が伝えてくる天候などの最新情報、等々を機長兼偵察員の田中自身が航法図板に記入した。

史実の南太平洋海戦で、日本側第二次攻撃隊の急降下爆撃により左舷に被弾した瞬間の「エンタープライズ」。同艦の被弾は史実通りだが、本稿では艦尾にも至近弾を受けている

「奥の手」の航空魚雷を抱いて「瑞鳳」を発艦する、田中一郎中尉搭乗の九七艦攻。史実の田中中尉は索敵中に「瑞鳳」が退避してしまったため「瑞鶴」に着艦、第三次攻撃隊の指揮官として800kg爆弾を搭載して発進し、同隊は「ホーネット」に命中弾を与えている。

「かかれ!」飛行長の号令がかかると、搭乗員たちはいっせいに愛機に向かった。艦長の訓示などはいっさいなく、そのことがまた切迫した戦況を伝えていた。

風上に艦首を立てて速力を上げている「瑞鳳」の甲板を蹴り、零戦隊、艦攻隊が次々に飛び立った。上空で旋回しつつ隊形を整え、進撃する。

一航戦にとって第三次となる攻撃隊は「瑞鶴」と「瑞鳳」、そして「翔鶴」の残存機から抽出したもので、零戦12機、九九艦爆2機、九七艦攻9機という兵力だった。

艦攻は「瑞鳳」機以外はわずか3機で、損耗の激しさを物語っていた。しかもその3機が搭載していたのは魚雷ではなかった。

「八〇番(800kg爆弾)か。あれで水平爆撃をやる気なのか?」

僚機が吊下しているものに気づいた田中は目を見張った。「瑞鶴」はすでに魚雷を使い果たしているということだろう。しかし、洋上の艦船相手に水平爆撃の命中率は低く、危険は大きい。果たして成功するのか……。

「こりゃあ、我が瑞鳳隊の責任重大ということだな」

田中は前方を行く艦攻第一小隊、そのさらに前方上空でバリカン運動(速度の速い戦闘機が左右ジグザグに飛ぶこと)をしている零戦に目をやった。直掩の戦闘機隊も「瑞鳳」機の割合が大きい。

ふと気になったのは、戦闘機隊を率いる佐藤大尉と日高大尉が発進前に、険しい表情で何かを話し込んでいたことだった。田中は自身の出撃準備に忙しかったので詮索はしなかったが、ふたりのただならぬ感じは強く印象に残っていた。

のちに聞いた話によると、第一次攻撃隊に参加した日高大尉率いる「瑞鳳」の零戦9機は、進撃途上で発見した米軍機の攻撃隊を、独自の判断で反転して攻撃。その半数を撃墜したが、機銃弾を撃ち尽くしてしまったので帰投することになった。しかし、航法の不備で4機が母艦に戻れなかった。護衛が減った第一次攻撃隊の大被害はすでに述べたとおりである。日高大尉は自分の判断の是非を自身に厳しく問うていたのは間違いない。

発進から2時間以上が経過した午後1時30分。田中は偵察員席の座席を上げて、水平線上に見つけた小さな凸凹に目を凝らした。動いている。やはり艦影だった。

「三宅、艦影見ゆ、と送信。位置は――」

左耳に電信受信器、右耳に伝声管を装着した電信員の三宅正雄三飛曹は、略語符号表を横目に電鍵を叩いた。手信号、バンクなどを交え、攻撃隊はただちに向きを変えて突撃準備隊形をつくりにかかる。

雲に入り、また出るたびに艦影は大きくなり、かたちもはっきりとしてくる。中央に空母、そのまわりに大小の護衛艦艇。まさに仇敵、米機動部隊!

現れたのは空母「エンタープライズ」を旗艦とする米第16任務部隊であった。キンケード少将は日本軍第二次攻撃隊の攻撃で被爆した同艦を避退させようとしたが、艦尾近くで炸裂した至近弾によって舵にダメージを受け、その修理に手間取っていたのである。

もう1隻の空母「ホーネット」は第一次攻撃隊が痛打を与えたあと、第二艦隊所属の空母「隼鷹」が粘り強く攻撃を続け、洋上停止に追いこんでいた。

触接機の報告で戦況をつかんだ第三艦隊司令部は「瑞鶴」「瑞鳳」からなる第三次攻撃隊に、まだ傷の浅いもう1隻の方(エンタープライズ)を仕留めることを託したのだ。

まるで「全軍突撃」のト連送を敵も聞いたかのように、上空で待ち構えていた米軍戦闘機が襲いかかってきた。そうはさせじと、我が戦闘機隊が立ちふさがる。

零戦対F4Fの死闘を横目に、雷撃隊も高度を下げながら突進した。出撃前の申し合わせどおり、長曽我部の第一小隊と田中の第二小隊は左右に分かれ、目標を挟撃できるように占位運動を開始。小隊各機は横陣となる。

米艦隊の対空砲火の凄まじさは、想像を絶していた。巨大な戦艦を含めた各艦が発する火《か》箭《せん》の勢いは、まさに槍衾《やりぶすま》のごとし。文字どおりの砲煙弾雨で辺りは暗くなり、夕闇かと錯覚するほどである。

田中の脳裏に浮かんだのは、

「瑞鳳」艦上から投棄されていた艦載機だった。あれはまだ生きて還れただけ幸運だった。先の攻撃隊員の多くはこの弾幕によって未帰還となっている……。

唯一の救いといえるのは、舵を損傷しているらしい米空母の船足は遅く、回避運動もろくにとっていないことだった。

「敵艦、爆発！」

操縦席の大坪高一飛曹長が爆音に負けじと叫んだ。空母の甲板中央辺りから火煙が上がっている。艦爆隊、たった2機の艦爆隊が急降下爆撃を成功させたのだ。

よし、俺たちも！

敵輪型陣の内側に入りこむと、弾幕が薄らいだようだった。回転するプロペラの向こうに、煙を上げる米空母を捕捉。射点に捉えた。

「目標前方のヨークタウン型空母。敵速18ノット、射角30度、ヨーソロ」

「30度、ヨーソロ」

「発射用意。……テッ！」

大坪が投下索レバーを引くと、機体がスッと浮き上がった。遙々と抱えてきた800kgもの重量物から解放された瞬間だ。

航空魚雷は海面に射入後、水圧で発動板が倒れ、燃焼機が働くようになっている。雷跡を確認できれば、発動成功ということだ。

「ようし、走っているぞ」

白い3本の雷跡を見守るように飛び、米空母の艦尾後方をすり抜ける。艦首方向から反対側に飛んでいくのは左舷側から魚雷を放った第一小隊だ。対空砲火にやられたのか、機数がひとつ減っている。

こちらの魚雷の方は——

「命中！ また命中！」

後部の電信席で三宅が叫んだ。米空母の舷側から水柱が2本、噴き上がっていた。

田中も声を上げる。夢にまで見た、雷撃成功の瞬間。艦攻乗りなら誰もがそうだろう。「瑞鳳」乗り込みが決まり、同艦の役割が索敵と艦隊防空と知ったときから、それから遠のいてしまったと思っていたのだが……。

「おっと。喜ぶのは後まわしだ。ここに長居は無用だぜ」

硝煙と機銃の曳光弾が飛び交う中、艦攻隊は海面を這うようにして戦場からの離脱を計った。

長居は無用と言いつつ、田中は上空から目を離すことができなかった。もうひとつの、たった3機の艦攻隊が水平爆撃に挑んでいるのだった。

魚雷の命中によって米空母の船足はさらに落ちて狙いやすくなっているとはいえ、速度と針路を一定に保ちながら飛行する水平爆撃は危険きわまりないことに変わりはない。

その艦攻隊を護るために、獅子奮迅の戦いぶりを見せている零戦隊は、きっと日高大尉の隊であろうと田中は思った。

嚮導《きょうどう》機を先頭に、三角形をつくった艦攻隊から800kg爆弾が投下された。

不思議なことに、田中の頭では自分こそがその水平爆撃隊を指揮しているような気がしてくるのだ。索敵から帰ると母艦の姿はなく、替わりに降りた「瑞鶴」では、魚雷が無いから八〇番で行ってくれと言われた、もうひとりの自分が……。

「命中！ 当たりました！」

伝声管の中で、先ほどよりも大きく三宅の声が聞こえた。戦艦の装甲をも貫く爆弾が、「エンタープライズ」の奥深くで炸裂し、巨大な火柱を噴き上げていた。

田中が触接機から米空母轟沈の報を聞いたのは、集合点について間もなくのことだった。

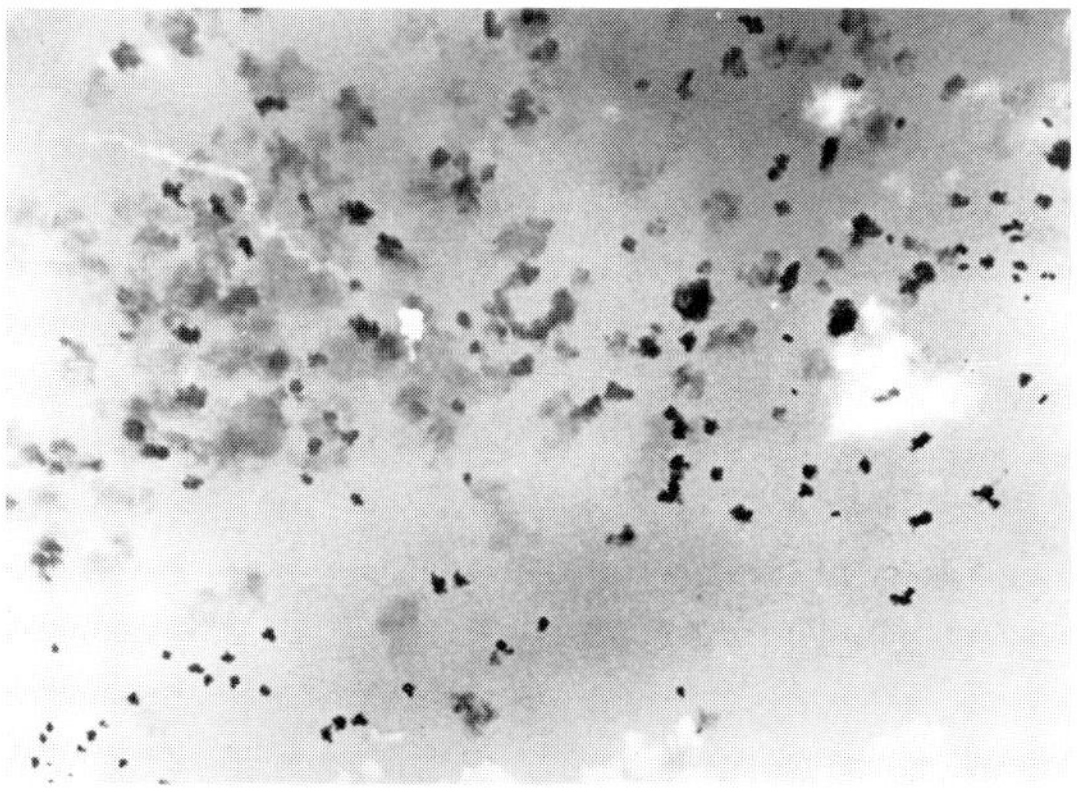

南太平洋海戦における米艦隊の対空砲火。おびただしい数の炸裂煙が生じており、その熾烈さを物語っている。実際に日本側の攻撃隊は多数が撃墜され、帰投しても損傷甚大により海中投棄された機体が多かった

「瑞鳳」艦攻隊が挟撃の態勢から「エンタープライズ」へ雷撃を敢行。魚雷が命中して行き足の鈍ったところに、さらに水平爆撃隊の800kg爆弾が命中し、史実では中破どまりだった「エンタープライズ」を轟沈せしめることに成功した。

空母「瑞鳳」「祥鳳」「龍鳳」ランダムアクセス

卵焼き食べりゅ?と訊いてくる「瑞鳳」、某アニメ7話で炎上した「祥鳳」、「時雨」と仲がいい「龍鳳」に、つるぺたな飛行甲板から発艦してアクセスしてみよう！

文／本吉 隆

日本海軍の改造中型空母・軽空母の整備

軍艦からの改装空母

日本海軍の純粋な空母予備艦は別項で概要を記した「大鯨」と「剣埼」「高崎」の3艦のみだが、「剣高《けんたか》」が整備された㈡計画では計画時に「航空母艦に改装しうること」ことを念頭に置いた艦として、水上機母艦の千歳型とその準同型艦である「瑞穂《みずほ》」も整備された。

このうち「瑞穂」はミッドウェー海戦前に喪失してしまったが、千歳型はミッドウェー海戦後の航空母艦急速増勢計画で空母改装対象艦として指定されている。これを受けて「千歳」は昭和17年11月末、「千代田」は昭和18年2月1日に空母改装に入り、前者は同年9月15日、後者は12月21日に再就役している。改装後、瑞鳳型に準じた能力を持つ軽空母となった本型は、以後レイテ沖海戦で喪失するまで、「瑞鳳」や「龍鳳」とともに艦隊型軽空母として活躍することになった。

この他に軍艦改装空母としては、改鈴谷型重巡として建造されたが、重巡としての工事停止後に空母改装が行われた「伊吹」が該当する艦となる。だが昭和18年11月に改装が開始された本艦は、昭和20年3月に戦局悪化により工程80％で工事を停止、以後終戦まで放置されて戦後に解体されてしまった。

水上機母艦から小型空母に改造され、大戦後半の空母決戦で「瑞鳳」や「龍鳳」とともに活躍した千歳型。基準排水量11,190トン、最大速力29ノット、搭載機数は常用30機と、瑞鳳型とほぼ同じ性能を持つ。写真は「千歳」

商船からの改装空母

日本海軍の商船改装の特設空母の計画は、昭和8年（1933年）時期から始まった「優秀船」とされた浅間丸型の空母改装検討から始まった。戦時には第一艦隊に配されて、「赤城」「加賀」とともに「決戦夜戦部隊」に属して、敵主力艦攻撃に当たることが構想されていた浅間丸型改装の特設空母は、簡易工事案を含めて様々な検討がなされたものの、要求された任務に投じるには能力不足の面があるとして実現せずに終わる。なお、ミッドウェー海戦後には改めて主機換装による能力向上を含む空母化改装案が検討されているが、これも改造前に全船が喪失したことで中止となった。

浅間丸型の空母化改装が白紙とされたのは、昭和12年の「優秀船舶建造助成施設」により、当初から空母化改装を念頭に置いた日本郵船の新田丸型の建造が行われたことが大きい。浅間丸型と同様の運用を考慮していた新田丸型の空母は、建造中の昭和15年末に徴用されて開戦前に竣工した「春日丸」（後の「大鷹《たいよう》」）を皮切りとして、3隻全船が大鷹型空母として昭和17年秋までに就役するに至った（同型船のうち「八幡丸」は「雲鷹《うんよう》」、「新田丸」は「冲鷹《ちゅうよう》」となった）。

就役後、速力が低くて開戦前の運用構想のように艦隊型空母の補助として空母の機動作戦で活動するのは不可能、と判断されてしまった大鷹型は、以後航空機輸送に主用されたが、「冲鷹」喪失後の昭和18年末以降は通商路保護用の護衛空母として活用されるようにもなり、昭和19年秋に全艦が喪失するまでこの目的で使用された。

重巡「伊吹」は建造途中に空母への改造工事が行われたが、完成することはなかった。予定されていた性能は、基準排水量12,500トン、最大速力29ノット、搭載機27機。写真は終戦後に解体を待つ「伊吹」

新田丸型客船3隻を空母に改造した大鷹型（基準排水量17,830トン）。貨客船としては非常に優秀な新田丸型であったが、空母としては最大速力21ノットと低速、搭載機は常用23機＋補用4機と少なく、空母機動作戦には使用できなかった。写真は元「春日丸」の「大鷹」

新田丸型に続いて、昭和13年の「大型優秀船建造助成施設」で太平洋航路用の快速豪華客船として日本郵船が建造した橿原《かしわら》丸型2隻は、中型空母に類した搭載機数の確保と、機動航空部隊への編入も考慮した速度性能を付与させた大型客船だった。

昭和15年11月の出師《すいし》準備開始後にまず徴用が決定し、後に客船としての原状復帰が不可能な規模の空母改装工事実施が決まって、購入に切り替えられた「橿原丸」と「出雲丸」の両船は、前者は昭和17年5月に「隼鷹《じゅんよう》」として、後者は同年7月に「飛鷹」として竣工する。速力は低めだが、蒼龍型に近い航空作戦能力を持ち、空母の機動作戦にも充当可能な能力があったこの両艦は、艦隊型の大型・中型空母計4隻を失ったミッドウェー海戦後、機動部隊の主力として活動、ガ島戦からマリアナ沖海戦までの諸作戦で多くの活躍を見せた。

その中で「飛鷹」はマリアナ沖海戦で喪失となったが、以後、輸送作戦等に使用された後に予備役編入された「隼鷹」は、終戦時もなおその姿を洋上に留めていた。

開戦後しばらく、日本海軍では商船の空母改装計画は進展を見せなかったが、ミッドウェー海戦後の空母の緊急造成計画の中で、第二次大戦開戦後に連合軍による抑留を恐れて神戸で係留中だったドイツ商船「シャルンホルスト」と、「優秀船舶建造助成施設」で大阪商船が建造した「あるぜんちな丸」と「ぶらじる丸」の空母化改装が決定する。

このうち「ぶらじる丸」は改装前に戦没したが、「シャルンホルスト」は昭和18年12月に「神《しん》鷹《よう》」として竣工、昭和18年11月に改装完了した「あるぜんちな丸」は「海鷹《かいよう》」となった。

この両艦は大鷹型同様、空母の機動作戦に使用出来る能力は無く、竣工後まず輸送任務で使用された後、昭和19年春以降には護衛空母として活動。「神鷹」はこの任務中の11月に喪失したが、「海鷹」は南方航路途絶までこの任務に当たり、以後、航空機の訓練目標艦を務めた後、昭和20年7月24日に触雷・擱座してそのまま終戦を迎えた。

最大速力25.5ノットとやや劣速なものの、搭載機は常用48機＋5機と、「蒼龍」「飛龍」に匹敵する航空機運用能力を持ち、ミッドウェー海戦後の空母機動部隊の中核として活躍した隼鷹型（基準排水量24,140トン）。写真は元「橿原丸」の「隼鷹」

神戸に係留されていたドイツ客船「シャルンホルスト」を日本海軍が購入し、小型空母に改造した「神鷹」。改造空母の中でももっとも数奇な運命を辿った艦と言える。基準排水量17,500トン、最大速力21ノット、搭載機は常用27機＋補用6機

日本海軍と米海軍からの評価

開戦時点では、瑞鳳型は戦艦隊および高速軽快艦艇の護衛用空母として充分に使用しうる各種能力を持つ艦と見なされていた。ミッドウェー海戦後に空母の機動作戦に充当された際も、航空作戦能力および速力を含めて、大型空母の補助兵力として活動可能な能力がある事が評価されている。ただし艦橋が甲板上に無いため、航空機の指揮管制や防空指揮に支障が出る場合がある、という平甲板型空母特有の問題等は指摘されていた。

米海軍では瑞鳳型を明確に分類したのは1943年中期のことだった（「龍鳳」は1944年時期に同型艦扱いとされた）。全長203・6mで基準排水量1万5000トン程度、速力25ノットもしくは優速で、搭載機36機程度と、当たらずとも遠からじ、といえる要目が示されたこれらの艦について、米海軍では米の軽空母同様の運用がなされていると見なしており、その目的では有用な能力を持つとするなど、相応に高い評価がなされていた。

また珊瑚海海戦での「祥鳳」の喪失時の様相から、水中防御が優良であるとも評価されたが、終戦前のレポートでは、「（大鯨）は安定性不良でローリングが酷い」等、各種の問題も抱えていると見なされてもいた。

他国の軍艦改造軽空母

米海軍の軍艦改造軽空母

アメリカ海軍で最初の軍艦改造軽空母となったのは、第一次大戦後に空母の整備が喫緊の問題とされた際に、大型給炭艦「ジュピター」から改装されて、1922年に米海軍最初の空母として完成した「ラングレイ」だとも言える。

本艦は、当時の空母としては平均以上の航空艤装と搭載機数を持つ艦だったが、速力が低くて空母の機動作戦に使用するには困難な艦でもあり、他の艦隊型空母就役後には主として練習空母として使用されていた。本艦はワシントン／ロンドン条約下の制限により、1936年～37

給炭艦から空母に改造され、アメリカ初の空母となった「ラングレイ（CV-1）」。基準排水量11,500トン、搭載機数36機と搭載能力には優れたが、最大速力15ノットと鈍足すぎ、機動作戦には使えなかった

年に空母としての運用能力を喪失させて水上機母艦兼飛行艇母艦へと改装され、１９４２年２月27日に日本の陸攻隊の攻撃を受けて沈没した。

その後しばらく米海軍では軍艦改装空母の検討は行われなかったが、太平洋戦争開戦後の空母増勢要求の中で、当時大量建造が進んでいたクリーブランド級軽巡洋艦の空母改装計画が進められ、これがインディペンデンス級軽空母として結実する。１９４３年中に９隻が整備された本級は、空母としては小型の艦で航空艤装等に問題も抱えていた。だが軽空母としては充分な搭載機数を持ち、空母の機動作戦に追随出来るだけの速力と航続力を持っていたことから、就役後は米空母部隊の一翼をなす存在として活動、空母の機動作戦で有用に使用されている。なお、本級は戦時中に１隻を失ったが、残りの８隻は戦後も活動しており、中には他国に譲渡・売却されて長期間運用された艦もあった。

建造途中のクリーブランド級軽巡の船体を流用して建造された米のインディペンデンス級軽空母。基準排水量11,000トン、最大速力31.5ノット、搭載機数は約35機。元が軽巡だけあって高速で、機動作戦にも充当できる軽空母だった。写真はネームシップの「インディペンデンス（CVL-22）」

艦隊随伴型給油艦から改造された米のサンガモン級護衛空母。基準排水量11,400トン、最大速力18ノット、搭載機数は約30機。さすがに鈍足で機動作戦には使えなかったが、輸送船団の護衛には十分だった。写真は3番艦の「シェナンゴ（CVE-28）」

この他に米海軍の軍艦改装の空母としては、シマロン級の艦隊随伴型給油艦から改装された護衛空母のサンガモン級の４隻を含めても良いかも知れない。

同時期の米護衛空母の中で最良の航空機運用能力を持っていた本級は、１９４２年11月の北アフリカ進攻作戦より実戦に参加、以後の太平洋方面の作戦で航空機運用能力不足として航空団を失うこともあったが、両用作戦支援の護衛空母群が編成されると、護衛空母としては高い航空機運用能力を活かして、終戦までの各作戦で戦功を重ねている。なお、本級は１９４４年度以降で新造整備されたコメンスメント・ベイ級の原型となったことでも知られている。

第一次大戦中に軽巡から空母に改造された英の「ヴィンディクティブ」。常備排水量9,545トン、最大速力30ノット、搭載機数は6～12機。空母揺籃期の設計だけに、全通甲板式ではなく飛行甲板が艦の前後に分割して設置されている

英海軍の軍艦改造軽空母

イギリス海軍で軍艦改造の軽空母に該当する艦は、第一次大戦時期にホーキンス級軽巡洋艦を改装した「ヴィンディクティブ」がある。１９１８年10月１日に就役した本艦は、この時期すでに実戦で活動していた大型軽巡（軽巡洋戦艦）改装の「フューリアス」に類した艦容を持つが、より小型で航空作戦能力が限られた艦であった。１９１９年夏にバルト海作戦に参加、搭載機がクロンシュタット空襲で戦果を上げる等もあったが、ワシントン会議で軽巡への改装が決定したことで空母としての活動を終えている。

英海軍が次に本格的に軍艦改装空母を検討するのは、ワシントン会議から約20年を経た１９４１年12月のマレー沖海戦後、同戦艦隊に航空掩護を与えうる軽空母の整備が喫緊の課題とされたときのことだった。

この際にはホーキンス級軽巡とアブディール級高速敷設艦が候補に挙がり、後者は船体サイズが小型に過ぎるとして早期に検討が中止されたが、前者は旧式軽巡の有効活用策と考えられたこともあって、戦闘機15機を搭載・運用可能な航空艤装と、戦艦隊に追尾可能な速力25ノットを発揮出来る軽空母としての改装検討がしばらく続けられた。だが最終的にコロッサス級軽空母の新造の方が望ましいと判断されたことで、実現せずに計画中止となった。

独海軍の軍艦改造軽空母計画

第二次大戦開戦後に不要不急の大型艦建造が抑制されたドイツ海軍だったが、１９４２年１月の「ティルピッツ」の初出動の際、英空母からの航空攻撃により同艦が危険に晒されたことを憂慮したヒトラー総統より、「敵に空母がいた場合、大型艦の洋上作戦を禁止する」という直々の命令が出されたことを受けて、42年２月以降、艦隊作戦に随伴可能な空母の整備を開始する。

その中で未成空母「グラフ・ツェッペリン」の戦力化と共に、５月以降は大型客船を含む一連の艦船の空母改装案が検討されることになり、当時艤装工事の最終段階に入っていた重巡「ザイドリッツ」の空母化が推進されることになった。

42年８月26日に空母改装実施の総統命令が発令された本艦の改装は、「グラフ・ツェッペリン」の設計を元にして、同艦の小型版とも言える戦艦に随伴可能な速力を発揮可能な軽空母として設計が纏められたが、事前の検討で「良い航空母艦にはならない」とされたように、搭載機が20機と少ないなど、空母としての能力が不足とも言える艦であった。

本艦は改装開始後間もない１９４３年１月26日の大型艦建造中止命令により工事中止となり、１９４５年１月29日に疎開先のケーニヒスベルクで自沈、４月10日に爆破処分とされた。

1942年5月8日、イギリス空軍の偵察機に撮影された建造中の重巡洋艦「ザイドリッツ」。隣の艦艇は駆逐艦Z34と思われる。元は基準排水量14,240トンという大型重巡だったが、結局重巡としても空母としても完成することはなかった

「瑞鳳」「祥鳳」「龍鳳」関連人物列伝

鳳翼を駆り南洋を疾駆した勇将たち

ここでは「瑞鳳」「祥鳳」「龍鳳」を指揮した艦長・提督や、名物搭乗員たちを紹介しよう。階級は終戦時、あるいは戦死時。

文／松田孝宏（オールマイティー）

■沈む「祥鳳」から生還

伊沢 石之介少将

軽空母「祥鳳」の最初で最後の艦長を務めたのが伊沢石之介大佐（乗艦当時、以後も特記ない限りは同様）である。明治26年（1893年）新潟に生まれ、海軍兵学校を43期で卒業。専攻は砲術で、航空戦の指揮は飛行長の杉山利一少佐に任せていた。大柄、温和な性格が伝えられており、珊瑚海海戦当日は乗艦していた報道カメラマン、吉岡専造に「吉岡君、今日はいい写真が撮れますよ」と声をかけている。

伊沢は小型とはいえ「祥鳳」が沈むとは考えていなかったようだ。その根拠となるのが開戦前に実施された空母の耐久テストで、この時は米軍機の爆弾は瞬発性だから、飛行甲板は破壊されても船体は大丈夫との結論が出ていたのである。

しかし「祥鳳」が傷つき総員退艦を進言された伊沢は、しばらくためらっていたと伝えられる。沈没に際して杉山飛行長から何か伝えることはあるかと声をかけられた際は「何もないよ」と言ったが、沈没時の衝撃で艦橋の窓ガラスが割れて外に放り出された伊沢は生還した。

伊沢は「祥鳳」と運命をともにすべく艦橋に閉じこもったとの証言により左遷や懲罰人事もなく海軍少将にも進級、横須賀警備隊司令官兼横須賀海兵団長として終戦を迎えた。昭和22年（1947年）逝去。

■「人的資源」を説いた「瑞鳳」艦長

杉浦矩郎大佐

昭和19年（1944年）2月、「瑞鳳」に杉浦矩郎大佐が艦長として着任した。東京出身、海兵47期。同時期の第三航空戦隊は「千歳」の岸艦長、「千代田」の城艦長ともども47期であったため、3隻が入港した際は「クラス会」になった。まとまった評伝などはないようだが、断片的ながら積極果敢な指揮が伝えられている。

「瑞鳳」最後の戦いとなったレイテ沖海戦では、首藤内務長から「もうだめです」との報告を受けると「そうか、もうだめか」と肩を落とした。飛行甲板に乗員を集めた杉浦は、「みなの奮戦も空しく、本艦は間もなく沈没する。本来ならば艦と運命をともにするのが、武人の常とされてきたが、今は長期戦となり人的資源こそ必要である。各員はくれぐれも命を大切にして生きながらえて、次の作戦に備えてほしいのが、艦長の願いである。ではただ今より軍艦旗を降ろす」と訓示、軍艦旗降下後は「総員、退去」と簡潔に命じた。

杉浦は飛行甲板後部が沈み始めたあたりで海に飛び込み、帰国後は戦傷のため呉病院へ入院した。

終戦時は体当たりボート「震洋」による第七特別攻撃戦隊の指揮官に任命されていた。最終階級は大佐。

■実戦に強い「龍鳳」艦長

松浦 義大佐

昭和19年3月に「龍鳳」艦長に着任した松浦義大佐は島根の出身で、海兵を49期で卒業。当初は砲術畑に進むが昭和12年より航空戦隊参謀や「鳳翔」副長、艦長など航空の経験も豊富に有していた。

「龍鳳」にとって最も過酷な作戦であるマリアナ沖海戦を指揮したわけだが、敵がサイパン島に上陸すると「しめた！」と言ってみなを怪訝《けげん》に思わせたが、「これで敵機動部隊はサイパン周辺に釘付けになる。それを徹底的にたたくぞ！」との考えであった。

「龍鳳」が空襲を受けた時の操艦、回避も見事なもので、直撃はなく、倒した状態のマストにのみ命中を許したという。「龍鳳」が属した第二航空戦隊で首席参謀を務めた寺崎隆治大佐は戦後、「マリアナ沖海戦で松浦艦長指揮のもとに龍鳳は実によく戦ったなー」と激賞したほどだ。

台湾への輸送任務時は、通常ならば岸壁にピタリと横付けして繋留するところを、岸壁に向かって斜めに繋留、つまり艦首のみが突き刺さるような状態で繋留した。対空戦闘時に火器の射界を十分に確保するためで、常識や慣例にとらわれない指揮は乗員の尊敬を集めていた。

■艦長から司令官へ

大林末雄少将

「瑞鳳」では開戦時、大林末雄大佐が艦長職に就いていた。明治28年愛知に生まれ、海兵43期。昭和11年ごろより航空関係の活動が多くなり、昭和16年9月に「瑞鳳」艦長。ミッドウェー海戦で南雲機動部隊の4隻が沈むと、弔《とむら》い合戦を期した「瑞鳳」では攻撃前日に大林の艦長公室で、飛行長、砲術長、航海長、機関長、搭乗員らが別れの杯を交わしたが会敵できなかった。

昭和19年2月、少将になっていた大林は第三航空戦隊司令官を任命され、旗艦「千歳」で「千代田」「瑞鳳」とともに戦う。マリアナ沖海戦の6月18日は索敵機が米空母を発見すると見込んで攻撃隊を用意しておくなど周到だったが、攻撃が夜になるなどの理由から大林の進言は小澤長官に退けられた。昭和58年（1983年）逝去。

■「祥鳳」戦闘機隊エース

納《のう》富《とみ》 健次郎大尉

「祥鳳」を代表する戦闘機搭乗員が、海軍の名物男でもある納富健次郎大尉だ。佐賀出身、海兵92期の士官搭乗員である。珊瑚海海戦の第一次空襲時は発艦の機会を逸し、飛行甲板上の愛機で操縦桿を握り、空をにらんでいた。

随行した報道班員の天藤明によれば「祥鳳」生き残りが今後も交流すべく名簿を作ろうとなった時、納富は笑って何も書かなかった。天藤は戦死の覚悟だったためとしているが、その通りに昭和18年11月8日のブーゲンヴィル島沖航空戦で戦死、中佐に特進した。

空母「瑞鳳」「祥鳳」「龍鳳」「千歳」「千代田」写真ギャラリー

本稿では「ミリタリー・クラシックス」の特集の際に掲載できなかった、各空母の写真・図をセレクトし、掲載する。 文／編集部

昭和16年（1941年）9月2日、横須賀工廠にて空母への改装工事中の「剣埼」。後方（写真右）には戦艦「比叡」の艦橋と後檣が見える。「剣埼」は同年12月22日に「祥鳳」と改名され、昭和17年（1942年）1月26日に改装工事を完了した

昭和18年（1943年）2月10日、トラックにおける「瑞鳳」。ケ号作戦（ガダルカナル島撤収作戦）の航空支援に出撃・帰投した直後で、飛行甲板後部にて乗員たちが軍歌演習を行っている。後方の艦は重巡「利根」（写真中央）と軽巡「阿賀野」（左）

ミッドウェー海戦以降、南太平洋海戦の前までに撮影された「瑞鳳」（昭和17年9月撮影と推定される）

呉軍港近くに係留された空母「龍鳳」。昭和20年（1945年）7月24日の呉軍港空襲では、高角砲81発、機銃1,376発、噴進砲15発を発射、同年7月28日の空襲でも高角砲12発、機銃252発を発射したと記録しており、係留状態ながら激烈な対空戦闘を行っている

23ページ左下の写真と同様、終戦後に撮影された「龍鳳」の飛行甲板およびエレベーター付近。被弾により飛行甲板中央部が盛り上がり、一部に亀裂が生じている

戦後に撮影された「龍鳳」の左舷艦尾部。四番高角砲や艦尾の艦載艇置き場、飛行甲板後部の着艦標識が見える。なお、写真右の格子状の構造物を載せた船は標的船である

捷一号作戦の際の「瑞鳳」戦闘詳報に付された、「別図第一 第一次被害弾着図（午前）」および「別図第二 第二被害弾着図（午後）」。エンガノ岬沖海戦における「瑞鳳」の被弾・被雷状況をまとめた図であるとともに、噴進砲の装備位置が三番高角砲の後方（右舷）および四番高角砲の前方（左舷）であることを示した一次資料でもある（資料提供／本吉隆）

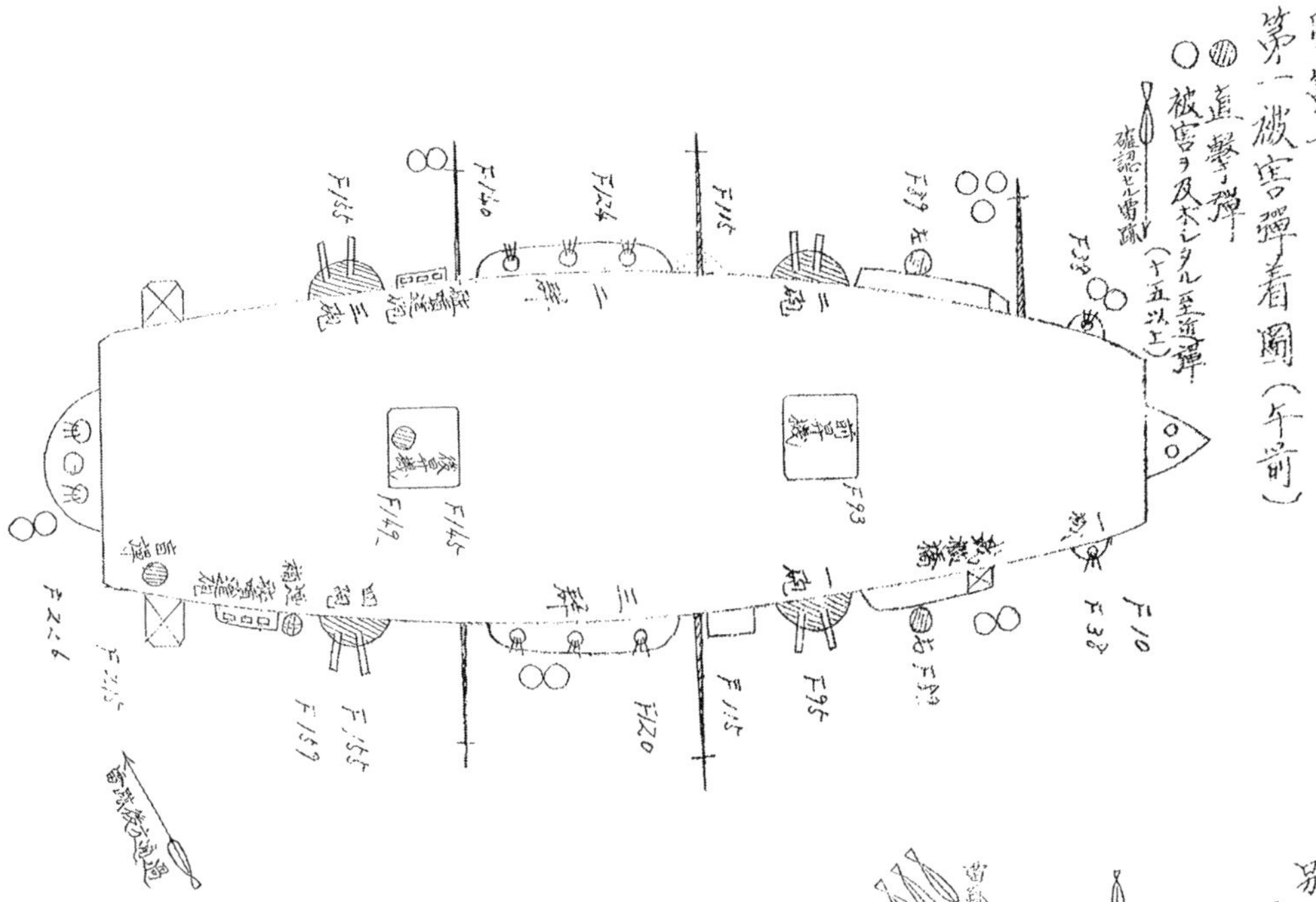

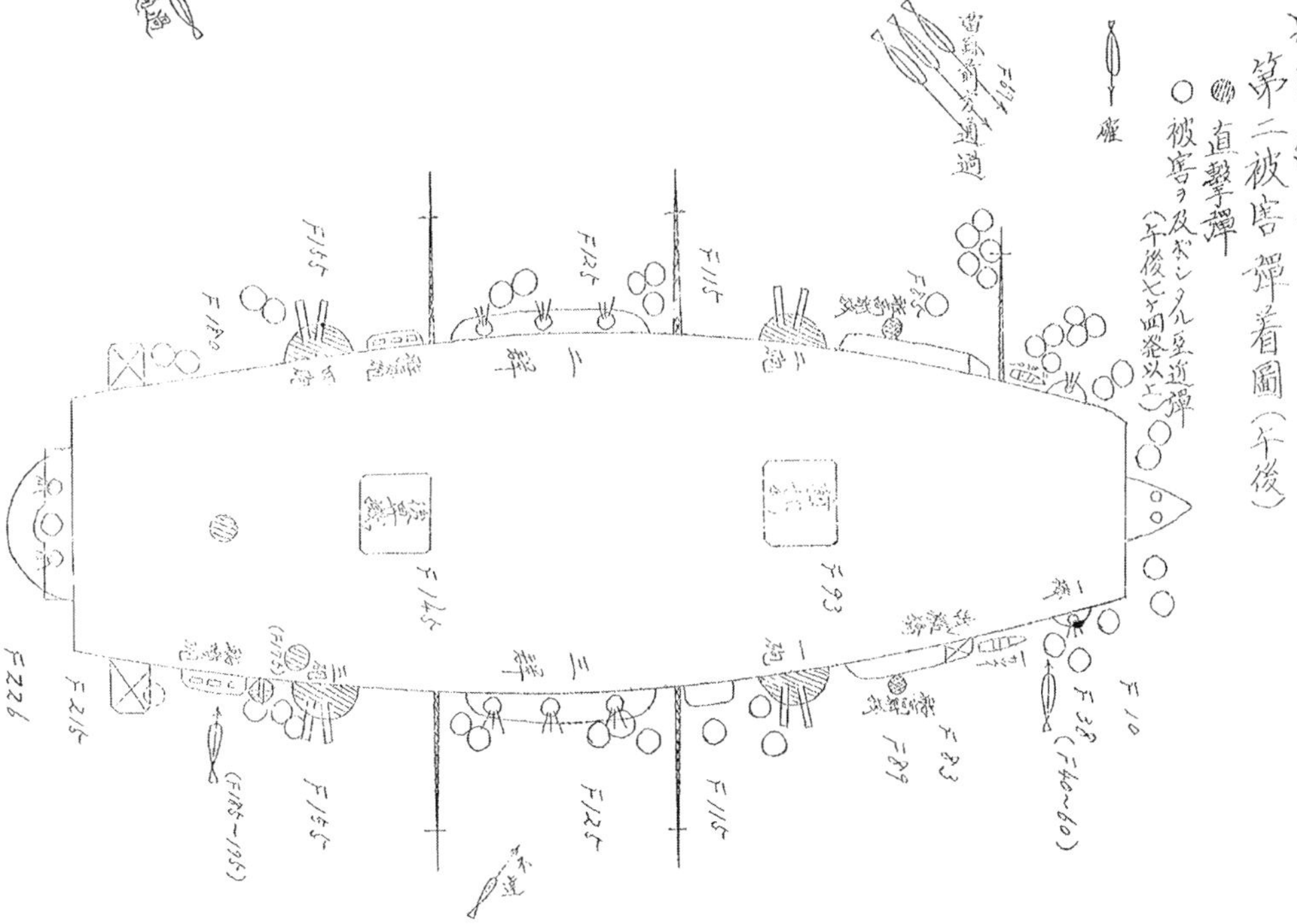

上／昭和19年6月20日、マリアナ沖海戦にて米艦上機の攻撃に晒される空母「千代田」（写真右）。手前は重巡「鳥海」または「摩耶」と見られる

右／昭和19年（1944年）10月25日、レイテ沖海戦・エンガノ岬沖海戦にて、米第38任務部隊の艦上機による攻撃を受ける千歳型空母。空母「フランクリン」艦上機より撮影された写真

空母「瑞鳳」「祥鳳」「龍鳳」「千歳」「千代田」完全ガイド

昭和19年10月25日、エンガノ岬沖で零戦五二型を発艦させる空母「千歳」。この捷一号作戦において「瑞鶴」「千歳」「千代田」「瑞鳳」は、囮として米機動部隊を釣り上げる悲壮な任務に挑んだ。千歳型水上機母艦として誕生した「千歳」「千代田」は、紆余曲折を経て大戦後半に小型空母に改造された。昭和19年6月の空母決戦・マリアナ沖海戦では日本空母機動部隊の一翼を担って奮戦。最後の戦いとなったレイテ沖海戦では、姉妹ともに米艦上機隊の猛攻を受けて戦没した。

画／佐竹政夫

※60～109ページおよび116～121ページの記事は、季刊「ミリタリー・クラシックス VOL.56」(2017年冬号)に掲載された記事を再構成し、加筆修正したものです。

特集

数奇な運命を辿った悠久の艨艟

水上機母艦／空母「千歳」「千代田」

SEAPLANE CARRIER/AIRCRAFT CARRIER "CHITOSE" "CHIYODA"

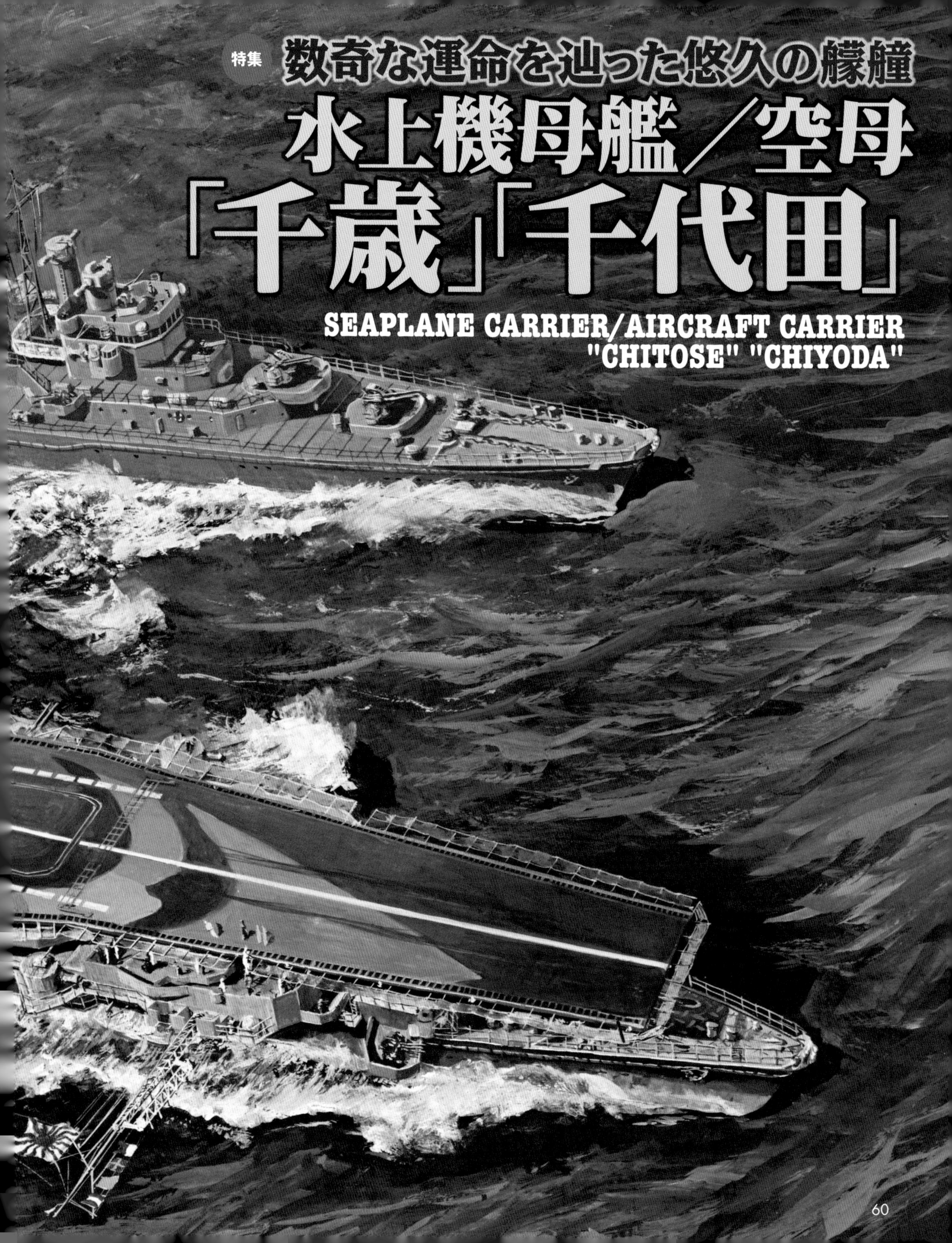

甲標的母艦時の「千代田」（上）と航空母艦時の「千歳」。実際にはありえない組み合わせであるが、甲標的母艦時と空母時の艦容の違いが良く分かる
画／吉原幹也

日本海軍初の新造水上機母艦として建造された千歳型の「千歳」「千代田」は、
戦時には特殊潜航艇「甲標的」の母艦に短期間で改造されるという、特殊な目的を持った軍艦であった。
さらに高速給油艦としての役割も期待され、主機はタービンとディーゼル併用とする野心的な艦型でもあった。
結局「千代田」のみが甲標的母艦として改造され、太平洋戦争に臨むことになるが、
ミッドウェー海戦で主力空母4隻を失った日本海軍は千歳型2隻の空母への改造を決定。
大戦後半、小型空母へと生まれ変わった両艦は機動部隊の一翼を担い、史上最大の空母決戦であるマリアナ沖海戦、
そして乾坤一擲のレイテ沖海戦で果敢な戦いぶりを見せることになる。
本特集では、「千歳」「千代田」の複雑な建造・改造経緯、水上機母艦時・甲標的母艦時・航空母艦時の
ユニークなメカニズム、敢闘の記録など、数奇な運命をたどった千歳型を様々な面から考察していく。

千歳型空母名シーンセレクション

甲標的母艦時の「千代田」

昭和16年夏～昭和17年12月

水上機母艦／空母「千歳」「千代田」

SEAPLANE CARRIER/AIRCRAFT CARRIER "CHITOSE" "CHIYODA"

艦載する零式水上偵察機を従え、艦尾の扉から甲標的を発進させている甲標的母艦「千代田」。天蓋（機銃甲板）の下には、艦内格納庫に搭載した甲標的が見える

画／舟見桂

秘密兵器「甲標的」と水上機を運用する異形の母艦

日本初の新造水上機母艦であった「千歳」は昭和9年（1934年）11月に起工、昭和13年7月に竣工。また2番艦の「千代田」は昭和11年（1936年）12月に起工、昭和13年12月に竣工した。当初は水上機24機を運用できる高速の水上機母艦として完成した千歳型だったが、日米開戦に際しては甲標的母艦に改装されることが計画されていた。

甲標的とは、日本海軍が対米開戦直前に開発した、魚雷2本を搭載した超小型潜航艇で、来寇する米艦隊の進路に潜み、日米艦隊決戦の前に奇襲攻撃を仕掛け、米主力艦を撃破・落伍させることを期待されていた秘密兵器であった。

甲標的母艦状態の千歳型は、艦内に甲標的を12隻搭載し、艦隊決戦の前に決戦海域の近くまで移動して甲標的を発進させ、甲標的が敵艦隊を襲撃した後、彼らを回収する手はずとなっていた。だが、実際には小型で凌波性が低く、低速で航続距離が短い甲標的による洋上襲撃は困難であることが指摘され、泊地への敵艦襲撃に変更されている。

昭和15年（1940年）、「千代田」のみが改装を受けることになり、翌年には甲標的母艦として生まれ変わった。艦内の格納庫に甲標的を格納可能で、水上機運用能力も持ち、ディーゼルエンジン併用による細い煙突を持つ「千代田」は、海軍きっての変わり種軍艦と言えた。

その後「千代田」は内地で甲標的の訓練を行っていたが、結局甲標的を攻撃的に運用する機会はなく、大きな艦内スペースを活かして兵器や物資輸送に従事。そして昭和17年6月のミッドウェー海戦での主力空母4隻喪失の影響で、千歳型2隻は航空母艦に改造されることが決定され、昭和18年1月、千歳型2隻の航空母艦への改造工事が開始された。

千歳型2隻が改造されている間も戦局は悪化していったが、昭和18年8月には「千歳」が、11月には「千代田」が空母への改造工事を終えた。搭載機は30機程度の小型空母ながら、空母戦力の不足にあえぐ日本海軍にとって待望の空母として両艦は再就役したのである。

昭和19年2月、千歳型2隻と小型空母「瑞鳳」で第三航空戦隊が編成された。その後米軍がサイパン島を含むマリアナ諸島を次の攻略目標とすることが濃厚となってきたため、5月に第三航空戦隊はフィリピン南西のタウイタウイ泊地に移動。同地には空母「大鳳」「翔鶴」「瑞鶴」らも停泊しており、ここに日本の命運を懸けた決戦艦隊である第一機動艦隊が集結した。

6月15日、マリアナ諸島にアメリカ軍が来寇。これに対し日本海軍は同日に「あ号」作戦を発動する。そして19日には第一機動艦隊と米第5艦隊が激突する、史上最大にして最後の空母決戦、マリアナ沖海戦が生起した。

第一機動艦隊は大型／中型空母5隻、小型空母4隻、搭載機約450機。対する米第5艦隊の第58任務部隊は正規空母7隻、軽空母8隻、搭載機約900機。空母、搭載機ともに約半数と圧倒的劣勢であったが、第一機動艦隊を率いる小澤中将は、日本機の長い航続力を活かして敵の攻撃範囲外から一方的に攻撃を仕掛ける「アウトレンジ戦法」で逆転を期した。

早朝6時半ごろ、日本艦隊の索敵機が米空母を発見、前衛部隊となった三航戦はいち早く7時25分、直掩隊の零戦五二型14機、戦闘爆撃機の零戦二一型（爆装）44機、誘導機の天山8機を発艦させた。だが米海軍にレーダーで探知され、F6F戦闘機数十機の迎撃に遭い、零戦五二

マリアナ沖海戦

昭和19年6月19日

空母に転生した「千歳」「千代田」皇国の命運を懸けた決戦に臨む！

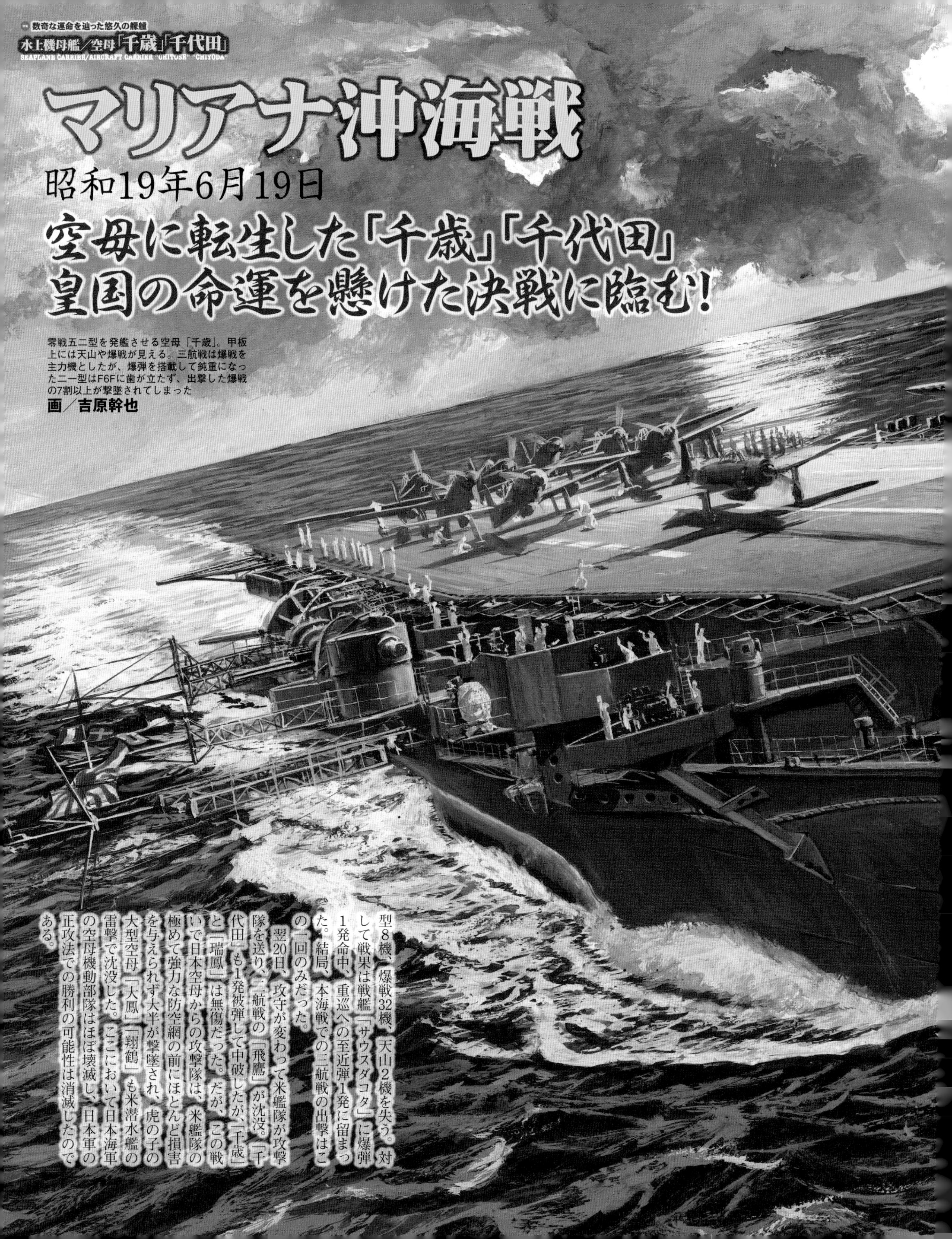

零戦五二型を発艦させる空母「千歳」。甲板上には天山や爆戦が見える。三航戦は爆戦を主力機としたが、爆弾を搭載して鈍重になった二一型はF6Fに歯が立たず、出撃した爆戦の7割以上が撃墜されてしまった
画／吉原幹也

型8機、爆戦32機、天山2機を失う。対して戦果は戦艦「サウスダコタ」に爆弾1発命中、重巡への至近弾1発に留まった。結局、本海戦での三航戦の出撃はこの一回のみだった。

翌20日、攻守が変わって米艦隊が攻撃隊を送り、二航戦の「飛鷹」が沈没。「千代田」も1発被弾して中破したが、「千歳」と「瑞鳳」は無傷だった。だが、この戦いで日本空母からの攻撃隊は、米艦隊の極めて強力な防空網の前にほとんど損害を与えられず大半が撃墜され、虎の子の大型空母「大鳳」「翔鶴」も米潜水艦の雷撃で沈没した。ここにおいて日本海軍の空母機動部隊はほぼ壊滅し、日本軍の正攻法での勝利の可能性は消滅したのである。

昭和19年（1944年）10月、米軍はフィリピン奪還作戦を開始した。対する日本海軍は、空母を囮《おとり》として米機動部隊をおびき出し、その隙を突いて戦艦「大和」を中心とする砲撃部隊（栗田艦隊）がレイテ湾に集結した米上陸船団を急襲するという、前代未聞の迎撃作戦「捷一《しょういち》号」を発動させる。マリアナ沖海戦で機動部隊が事実上壊滅した日本海軍は、このような捨て身の奇策に頼らざるを得なくなっていたのだ。

小澤治三郎中将率いる囮の空母部隊は、大型空母「瑞鶴」と小型空母「千歳」「千代田」「瑞鳳」でなる第三航空戦隊、航空戦艦「伊勢」「日向」でなる第四航空戦隊を主力としていた。搭載機は空母4隻合わせてもわずか116機しか持たない、まさに捨て石である。

10月24日、ルソン島北東のエンガノ岬沖を航行する小澤艦隊から偵察機が発進、11時15分には敵艦隊を発見した。これに対し攻撃隊58機が敵空母に向かったが、戦果はほぼ皆無だった。この時、「千歳」「千代田」はそれぞれ9機を発艦させている。

続く同日16時41分、旗艦「瑞鶴」が米軍機の触接を受ける。米第3艦隊を率いるハルゼー大将はこの日本機動部隊を主力だと信じて攻撃を決心。麾下艦隊を全力で北上させると、25日早朝、米第38任務部隊から180機の攻撃隊が発艦した。小澤艦隊は見事に「敵機動部隊を釣り上げ」たのである。

そして25日8時15分から第一次攻撃が開始された。18機の直掩零戦も奮闘するが衆寡敵せず、攻撃は陣形から離れていた「千歳」に集中。また「瑞鶴」が被雷、「瑞鳳」が被弾する。そして爆弾5発の直撃を受けた「千歳」は9時37分に海中に没した。

10時前から36機による第二次攻撃が開始され、無傷だった「千代田」も10時に1発被弾、炎上し行き足が止まった。13時頃からの第三次攻撃では約240機の米軍機が殺到、幸運艦「瑞鶴」も14時14分に、「瑞鳳」も15時26分に沈んだ。

その後もまだ海上に浮いていた「千代田」であったが、北上してきた米巡洋艦隊の集中砲撃を受け、16時47分、左舷に大きく傾き波間に消えていった。こうして小澤艦隊の空母は全て戦没した。

「千歳」「千代田」は「瑞鶴」「瑞鳳」と共に立派に囮の役割は果たし、戦没と引きかえに任務を全うした。だが栗田艦隊はレイテ湾への突入を諦めてしまい、結果的に4空母の死は徒花となってしまったのである。こうして、帝国海軍は組織的な戦闘能力を喪失した。

エンガノ岬沖海戦

昭和19年10月25日

囮として米機動部隊を誘引せよ！帝国海軍空母艦隊、最期の戦い

急降下爆撃するSB2Cヘルダイバー艦爆に対し、12.7cm高角砲、25mm機銃、噴進砲（ロケット弾）を発射して応戦する「千代田」。同艦はこの後、被弾して航行不能となり漂流。接近してきた米巡洋艦隊に高角砲で反撃するなど最後の抵抗を見せたが、集中砲火を受けて戦没した

画／佐竹政夫

これがミレニアム母艦《ぼかん》

千歳《ちとせ》と千代田だ！

サウスダコタ級戦艦《きゅうせんかん》…40.6センチ砲《ほう》9門《もん》をとうさいし、長門型戦艦《ながとがたせんかん》よりもつよいアメリカの戦艦《せんかん》。やはり「一巡目《いちじゅんめ》の世界《せかい》」で日本海軍《にほんかいぐん》はこの難敵《なんてき》を1隻《せき》も沈《しず》めることができなかったが…？
甲標的母艦《こうひょうてきぼかん》「千代田《ちよだ》」…甲標的母艦《こうひょうてきぼかん》の「千代田《ちよだ》」。「千代田《ちよだ》」はず〜〜〜〜〜っと稲《いね》がみのりつづける田園《でんえん》のこと、つまり日本《にほん》が永久《えいきゅう》に繁栄《はんえい》しますように！という意味《いみ》だ。この「千代田《ちよだ》」は、おしりから甲標的《こうひょうてき》を、カタパルトから偵察機《ていさつき》をはっしんさせている。
産《う》み落《お》とされる甲標的《こうひょうてき》
零式水偵《れいしきすいてい》…日本海軍《にほんかいぐん》の主力水上偵察機《しゅりょくすいじょうていさつき》であった、零式水上偵察機《れいしきすいじょうていさつき》。3人のりだ。「水上機《すいじょうき》」とは、フロート（浮《う》き）が付《つ》いていて、水上《すいじょう》に浮《う》かぶ飛行機《ひこうき》のこと。
甲標的《こうひょうてき》…これこそ日本海軍《にほんかいぐん》のひみつ兵器《へいき》、魚雷《ぎょらい》を2本とうさいしたちっこい潜水艦《せんすいかん》だ！　敵《てき》にしのびよってどこからともなくひっさつの魚雷《ぎょらい》をぶっぱなし、でっかい敵《てき》の戦艦《せんかん》をやっつける！「千歳《ちとせ》」と「千代田《ちよだ》」は、この甲標的《こうひょうてき》をはっしんさせる母艦《ぼかん》となって、アメリカとの艦隊決戦《かんたいけっせん》のときにかつやくする予定《よてい》だったが…。
爆戦《ばくせん》…ゼロ戦《せん》に250キロ爆弾《ばくだん》をとうさいして、敵艦《てきかん》にぶちかますのがおしごとの「戦闘爆撃機《せんとうばくげきき》」。爆弾《ばくだん》を投下《とうか》したあとはふつうの戦闘機《せんとうき》としても戦《たたか》える、オトクなひこうきなのだ。さぞかし大《おお》あばれしたんだろうなー（棒読《ぼうよ》み）。

え／上田信《うえだしん》

どうも！　空母千代《くうぼちよ》ちゃん…じゃなくて「千代田《ちよだ》」の艦長《かんちょう》、ジョーです！
今号《こんごう》のミリクラで、ボクが乗《の》ってる千歳型空母《ちとせがたくうぼ》の特集《とくしゅう》を組《く》むってことで、
エンガノ岬沖《みさきおき》からきゅうきょ戻《もど》って来《き》たってわけさ。
千歳型《ちとせがた》はさいしょ水上機母艦《すいじょうきぼかん》で、千代《ちよ》ちゃんだけが甲標的母艦《こうひょうてきぼかん》に改造《かいぞう》されて、
その後《ご》ちーさま（千歳《ちとせ》）と千代《ちよ》ちゃんの２隻《せき》とも空母《くうぼ》に改造《かいぞう》されたんだ。
さらに改造《かいぞう》するとタンク（意味深《いみしん》）がすごくデカくなるらしいんで、
トライしたいんだけど、何度《なんど》やってもエンガノ岬沖《みさきおき》で撃沈《げきちん》されちゃうんだよね。
やっぱり肉弾体当《にくだんたいあ》たりかなぁ…五十六《いそろく》のアニキとか瀧治郎先輩《たきじろうせんぱい》を説得《せっとく》して…。
…って、この写真《しゃしん》だと甲標的母艦《こうひょうてきぼかん》の千代《ちよ》ちゃんと空母《くうぼ》のちーさまが
米空母《べいくうぼ》を撃沈《げきちん》している…だと…？　どこかの選択肢《せんたくし》で…β世界線《ベータせかいせん》に移動《いどう》したというのか…？

エセックス級空母《きゅうくうぼ》…搭載機数《とうさいきすう》、防御力《ぼうぎょりょく》、速力《そくりょく》、対空火力《たいくうかりょく》、すべてにすぐれたアメリカの第二次大戦最強空母《だいにじたいせんさいきょうくうぼ》。「一巡目《いちじゅんめ》の世界《せかい》」では日本海軍《にほんかいぐん》はこの宿敵《しゅくてき》を1隻《せき》も沈《しず》めることができなかったが…？

天山《てんざん》…日本海軍《にほんかいぐん》が戦争後半《せんそうこうはん》につかった艦上攻撃機《かんじょうこうげきき》(雷撃機《らいげきき》)。魚雷《ぎょらい》をはこんでいって、敵艦《てきかん》の横《よこ》っ腹《ぱら》にブチ当《あ》ててでっかい穴《あな》を開《あ》けるのがおしごとだ。「一巡目《いちじゅんめ》の世界《せかい》」だと千歳型《ちとせがた》の天山《てんざん》は味方機《みかたき》を敵《てき》まで連《つ》れていく誘導機《ゆうどうき》として使《つか》われたけど、この世界《せかい》だと雷撃《らいげき》している。

敵艦《てきかん》にしのびよる甲標的《こうひょうてき》

城英一郎艦長《じょうえいいちろうかんちょう》

「なるほど、これだけ甲標的《こうひょうてき》や艦攻《かんこう》が魚雷《ぎょらい》を敵艦《てきかん》に当《あ》てれば、肉弾体《にくだんたい》当《あ》たりも必要《ひつよう》ないね!」特攻《とっこう》を戦前《せんぜん》から強《つよ》く主張《しゅちょう》、研究《けんきゅう》しており、マリアナ沖海戦後《おきかいせんご》に特攻隊《とっこうたい》の編成《へんせい》を具申《ぐしん》した「千代田《ちよだ》」最後《さいご》の艦長《かんちょう》・城大佐《じょうたいさ》も我《わ》が意《い》を得《え》たりだ!

空母《くうぼ》「千歳《ちとせ》」…航空母艦《こうくうぼかん》に改造《かいぞう》された「千歳《ちとせ》」。千歳《ちとせ》とは1000年《ねん》、つまりほぼほぼ永遠《えいえん》のこと。日本《にほん》が永遠《えいえん》に繁栄《はんえい》しますように！といういみだ…えいえんはあるよ…。空母状態《くうぼじょうたい》の千歳型《ちとせがた》は、約《やく》30機《き》の艦上機《かんじょうき》を運用《うんよう》できる小型空母《こがたくうぼ》だった。「一巡目《いちじゅんめ》の世界《せかい》」では「千歳《ちとせ》」と「千代田《ちよだ》」は空母《くうぼ》に改造《かいぞう》され、マリアナ沖海戦《おきかいせん》とレイテ沖海戦《おきかいせん》で戦《たたか》ったが…？

（※）念《ねん》のためですが、じっさいには、「千歳《ちとせ》」の搭載機《とうさいき》が敵艦《てきかん》に大損害《たいそんがい》を与《あた》えたことはなく、甲標的《こうひょうてき》が艦隊決戦時《かんたいけっせんじ》に「千代田《ちよた》」から発進《はっしん》し、雷撃《らいげき》したことはありません。

千歳型カラー図面集

**水上機母艦、甲標的母艦、そして航空母艦といくつもの顔を持つ千歳型。

ここではそれぞれの状態のカラー艦型図を掲載するとともに、「千歳」と「千代田」の外観上の相違点などを考察していく。

なお、特に空母改装後の千歳型は資料が乏しく、艦型や塗装などは推測を含む。**

図版／田村紀雄

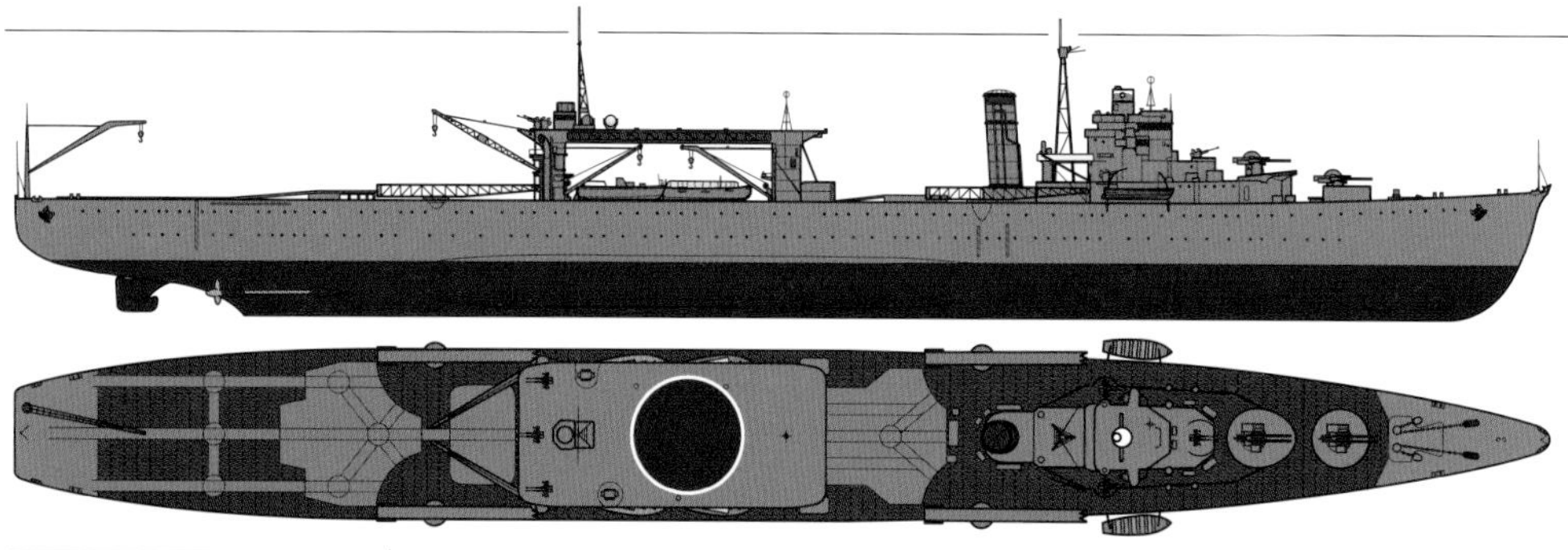

水上機母艦「千歳」

図は太平洋戦争初期、水上機母艦時代の「千歳」。機銃甲板上面には敵味方識別用に、大きく日の丸が描かれている。昭和17年5月に館山湾で撮影された写真では、艦橋トップの高射装置の上部と前後マストのトップ檣が、連合艦隊司令部直属を示す白色で塗られていたことが確認できるため、本図ではその状態を再現した。

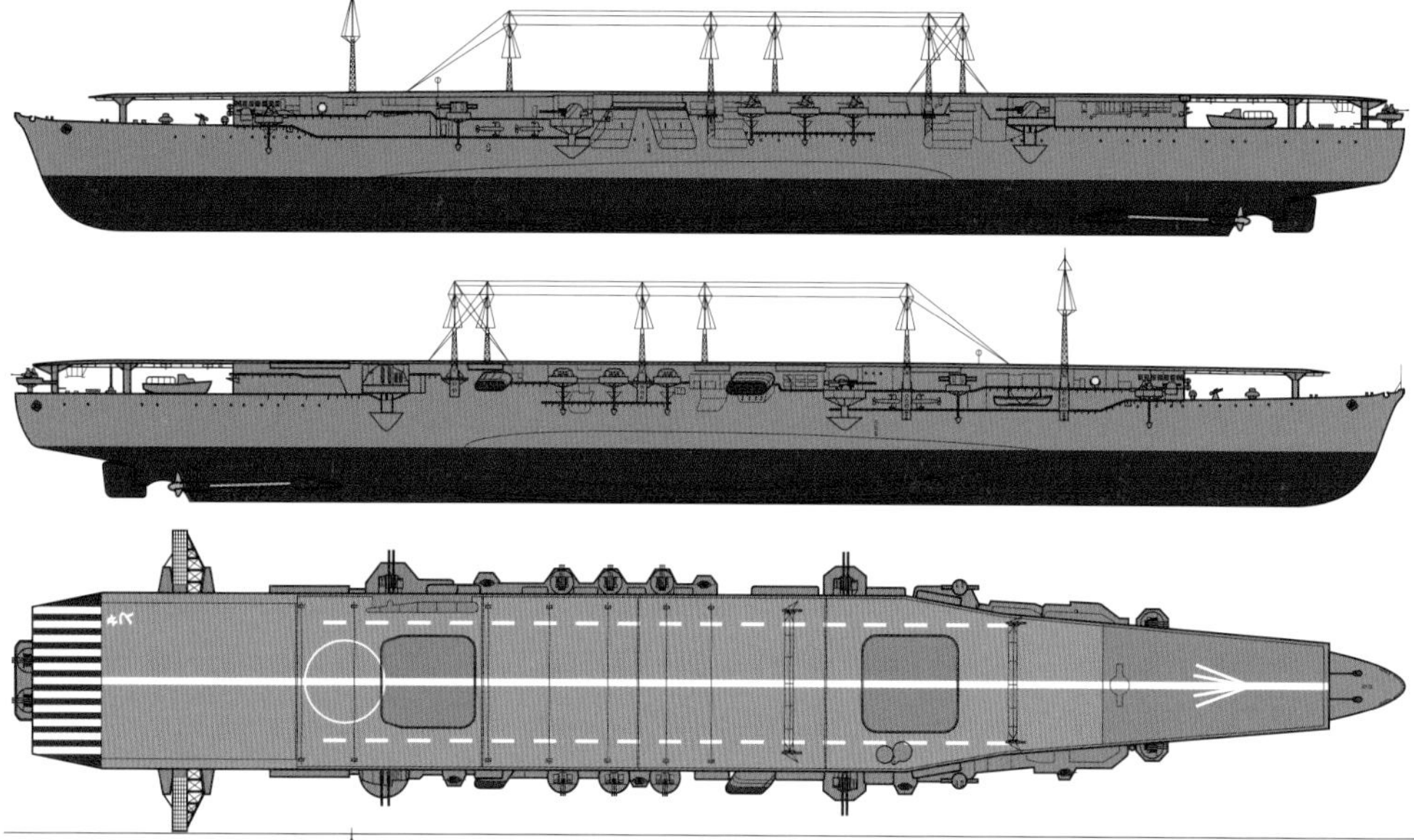

空母「千歳」

空母へ改装された「千歳」の三面図。千歳型空母の飛行甲板はラテックス張りだったとする資料もあるが、図は木甲板説を採っている。信号用檣や無線檣は、日本海軍の小型空母では標準的な、下部が四面トラス構造の四脚檣で上部が単檣（棒檣）という形式。対空識別標識は飛行甲板後方左舷よりに「とせ」とした（「ちと」とする資料もある）。

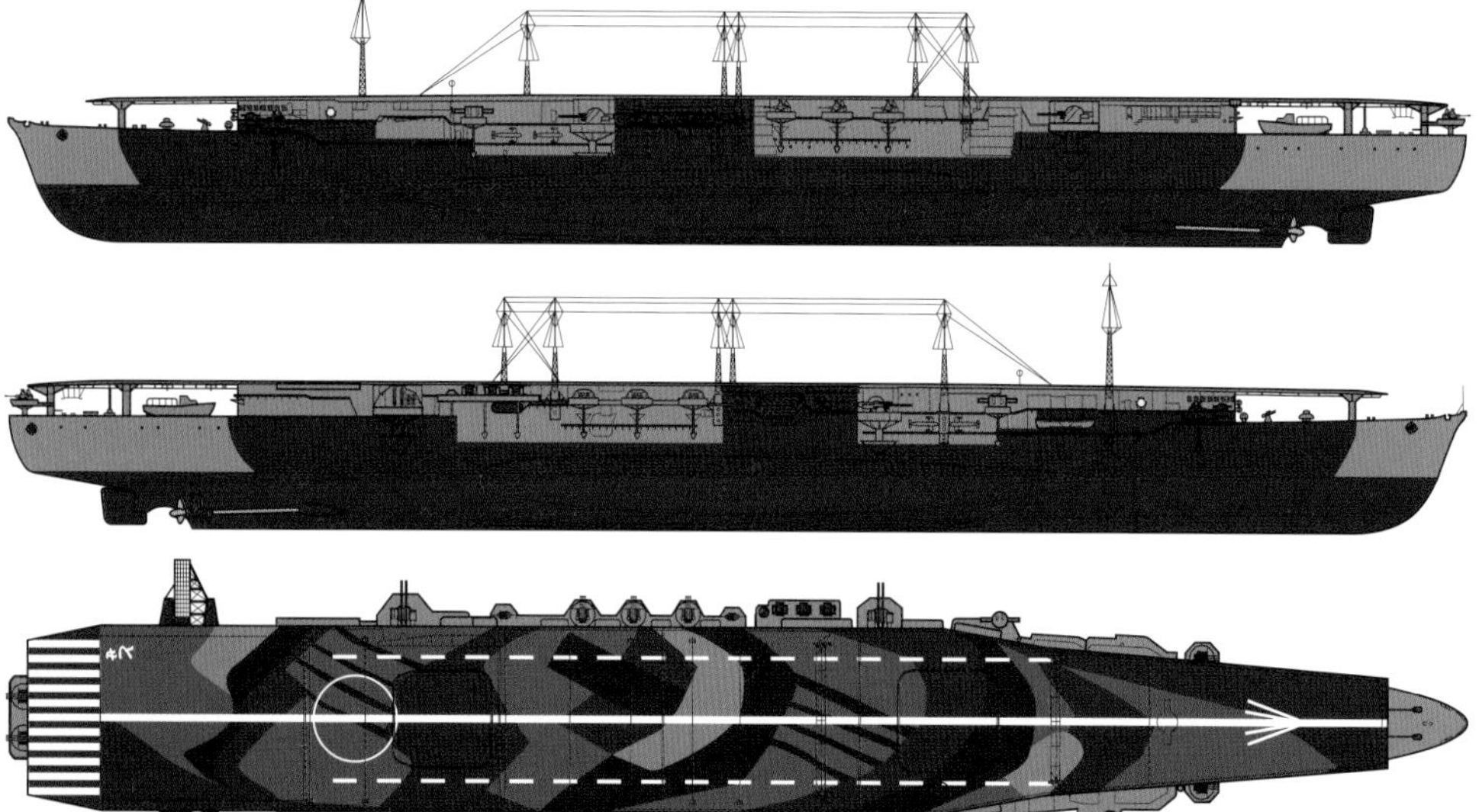

空母「千歳」

昭和19年10月、最終状態の「千歳」。飛行甲板と船体舷側に迷彩が施されている。噴進砲は搭載位置に諸説あるが、右舷が三番高角砲の艦首側、左舷は二番高角砲の艦尾側に各3基搭載とする説を採った。これにともない無線檣の位置にも上掲図と若干変化が生じている。

甲標的母艦「千代田」

昭和16年、第二状態の甲標的母艦へ改装された「千代田」。前掲の水上機母艦状態の「千歳」とは、艦橋トップの高射装置後方に甲標的発進指揮塔を追加、前部2基の射出機を撤去、艦尾部の形状変更、といった外形上の相違点があった。

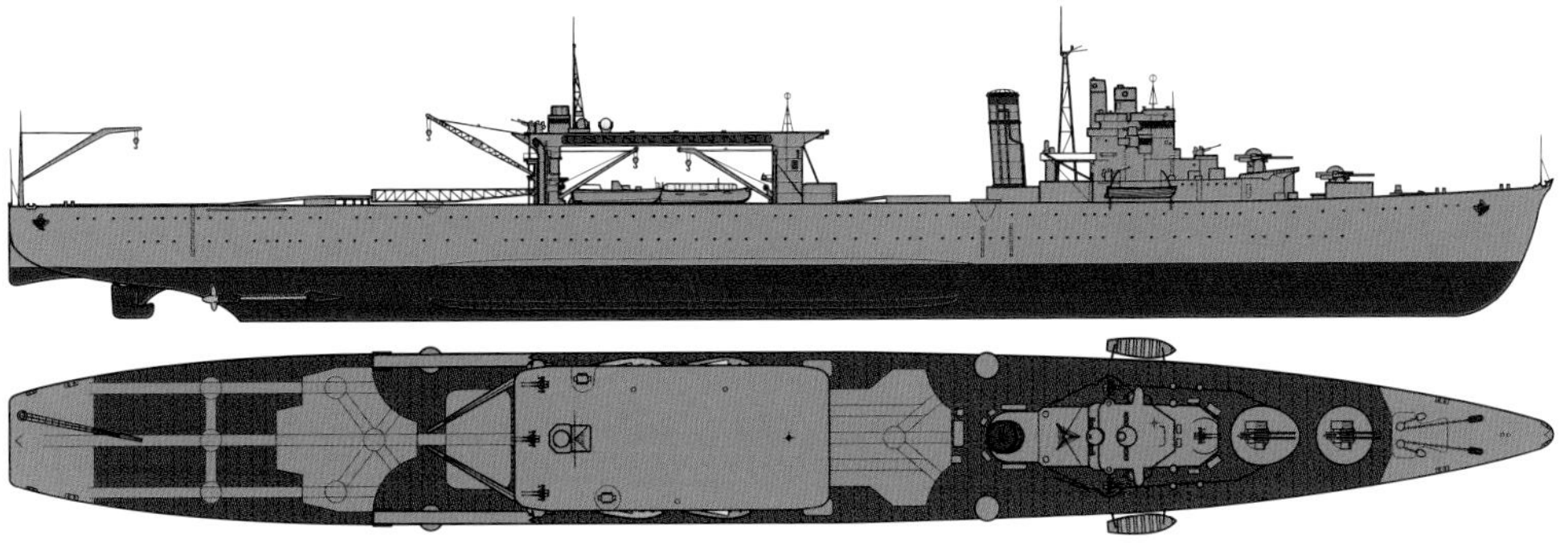

空母「千代田」

空母改装時の「千代田」。信号用檣や無線檣が基部から頂部まで三脚トラス構造となっているのが、この状態での「千歳」との最大の相違点。また、左舷舷側の給気ダクトの形状も若干異なるとされるが、空母時の「千歳」右舷側、および「千代田」左舷側の詳細な資料が無いため、確証はないという。

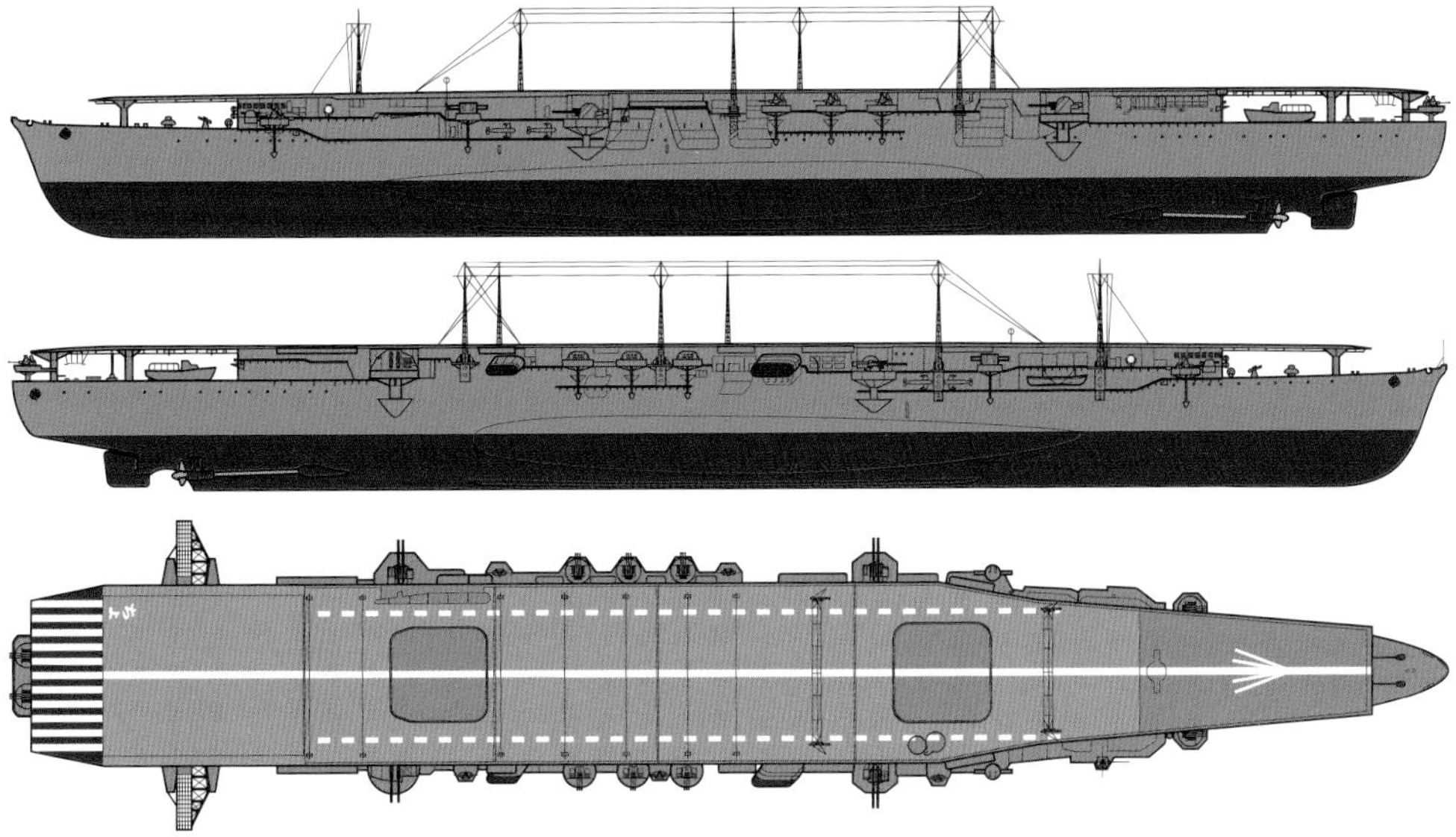

空母「千代田」

図はレイテ沖海戦時の「千代田」で、噴進砲の配置などは前掲の「千歳」最終状態に準じるものとした。飛行甲板の迷彩は「千歳」と異なるパターンとしたが、実際の塗装はほとんど不明。対空識別標識も「ちよ」としているものの、千歳型の場合は記入の有無も含めてあくまで推測である。

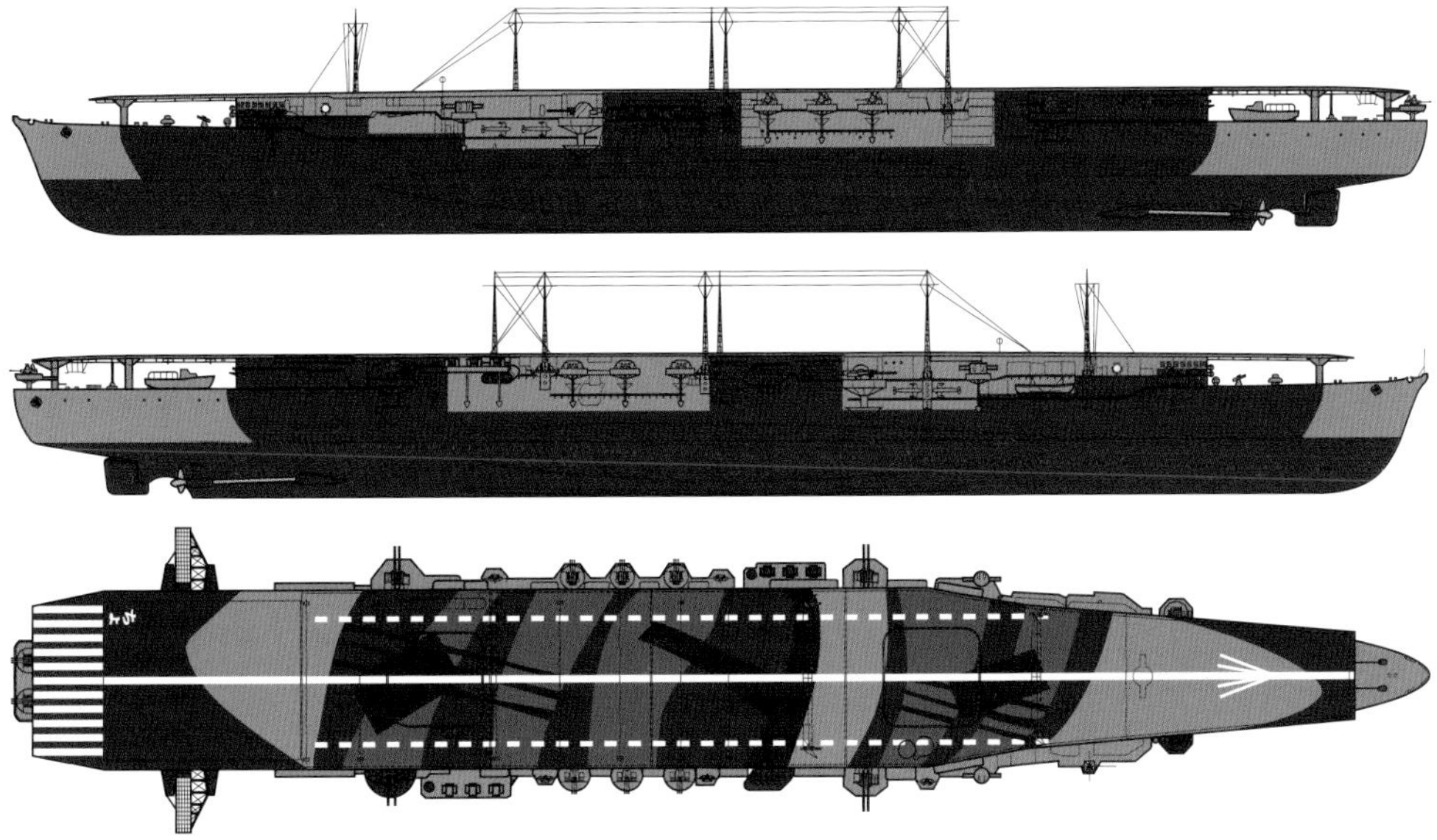

参考資料：『日本海軍艦艇公式図面集① 空母「千代田」＋「陸軍 M 丙型空母」』プレアデス工房、『モデルアート 5 月号臨時増刊 No.561 軍艦の塗装』モデルアート社、『艦船模型スペシャル』各号 / モデルアート社、ほか

CG解説

千歳型のメカニズム

文／本吉 隆　CG／一木壮太郎

■千歳型水上機母艦（竣工時）

基準排水量	11,023トン
全長	192.5m
幅	20m
吃水	7m
主缶	ロ号艦本式缶4基
主機/軸数	艦本式タービン2基、11号10型艦本式ディーゼル2基/2軸
出力	56,800馬力
速力	約30ノット
航続力	16ノットで約11,000浬
兵装	40口径12.7cm連装高角砲2基4門、25mm連装機銃6基12挺
搭載機	常用24機＋補用4機
乗員	699名

水上機母艦として建造され、甲標的母艦および空母へ改装された千歳型。本稿では各艦種時代の千歳型のメカニズムを、CGイラストを用いて詳解する。

■水上機母艦「千代田」全体図（左舷前方から）

❶菊花紋章
❷艦首旗竿
❸12.7cm連装高角砲
❹艦橋
❺九四式高射装置
❻前檣
❼煙突
❽帰着甲板（機銃甲板）
❾呉式二号五型射出機

■水上機母艦「千歳」全体図（右舷後方から）

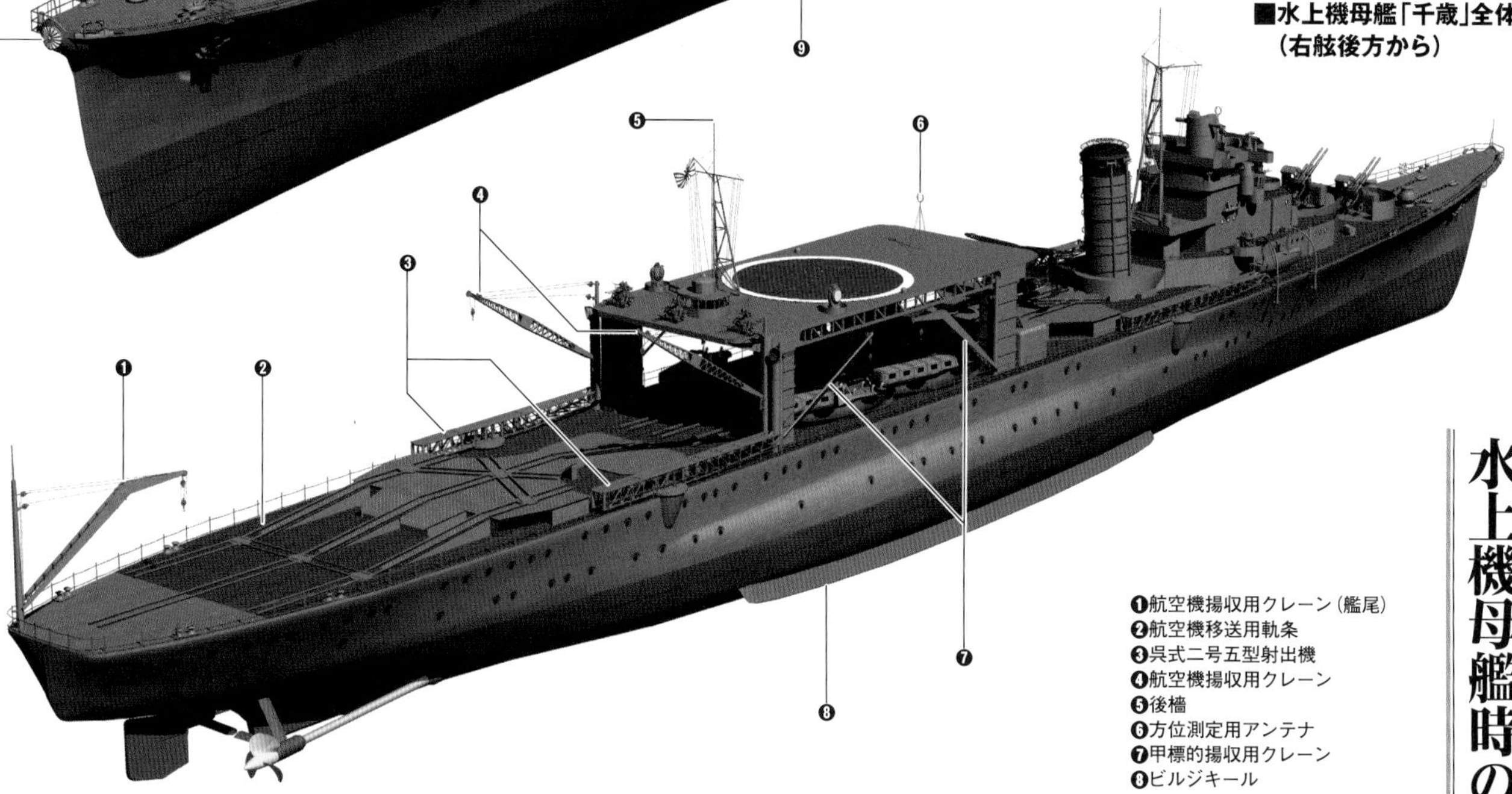

❶航空機揚収用クレーン（艦尾）
❷航空機移送用軌条
❸呉式二号五型射出機
❹航空機揚収用クレーン
❺後檣
❻方位測定用アンテナ
❼甲標的揚収用クレーン
❽ビルジキール

水上機母艦時の「千歳」「千代田」

全般配置

艦首部の形状は重巡に通ずる、艦首側に軽度のシアと大きなフレア（※1）を持つダブルカーヴェチャー式（※2）（米軍呼称「日本式クリッパー」）のもので、両舷前側に艦首錨のレセスがある。艦首上甲板は錨鎖口、フェアリーダー、ボラード、揚錨機、ケーブルホルダーがあり、その後方の艦橋手前側に一番12・7cm連装高角砲が置かれている。

その後方には、トップに前部上構で艦橋に繋がる甲板室があり、上甲板の一段上となる高角砲甲板前部に二番12・7cm連装高角砲が配され、その前方には前方射撃時に一番高角砲に発砲時の爆風で損害を与えないための爆風除けが設置されていた。

一層上の艦橋甲板には艦首の25mm連装機銃があり、その後方には頂部に九四式高射装置を持つ艦橋が設置されている。艦橋後部の艦橋甲板部に三脚檣式の前檣が置かれ、前檣前部の両舷の銃座には25mm連装機銃が装備されている。また、羅針艦橋後方の1・5m測距儀の下方の上甲板部には、9m型救命艇の航海時の収容位置となるダビットがある。

艦橋後方には煙突があり、その両舷側面が先のダビットに吊される9m救命艇の本来の格納場所だ。煙突直後の両舷側部には航空機発進用の前部射出機が

※1…シアとは艦首甲板の反り上がりのこと。フレアとは艦首付近につけられた吃水線から甲板に至る反り広がりのこと。
※2…S字状に二段階に屈曲した艦首形状。ダブルカーブド・バウとも。

装備された。射出機後方の艦中心線部にある前部航空機整備フラット部には、航空機移送用の軌条が船体中心線部とその左右に合計3条あり、このうち左舷側は機銃甲板下方で途切れ、右舷のものはエレベーター手前で中央のものと合流する。

その後方、本型の外形的特色をなしているテーブル状の機銃甲板(帰着甲板)には、甲板上部前端に方位測定器、後部に探照灯や三脚檣式の後檣及び指揮所が置かれ、その最後部に25㎜連装機銃の銃座が3カ所ある。機銃甲板を支える支柱はかなり大型のもので、ここに特殊潜航艇の搭載にも使用される大型のクレーンが各部に1基(計4基)装備され、内部にはディーゼル主機の排気系統も包括している。

機銃甲板下方の上甲板部中心線部には大型の飛行機積込口(特殊潜航艇積込口)が存在しており、飛行機積込口の両舷側部は艦載艇置き場として使用されていた。左舷側には12m内火付きランチと6m通船を置き、その後方は11m内火艇の格納場所とされた。右舷は前部が12m内火付きランチと8m発動機付きランチ、後方が11m内火艇の格納場所となっている。

ちなみに、機銃甲板前部支柱の前側から、艦尾の格納庫端までの両舷側部の水線上部の区画は居住区画として使用されており、船体中央部の水線下部の艦底付近の両舷部には、艦の安定性向上のためのビルジキール(※3)が装備されていた。

機銃甲板の後部支柱の後部側には、航空機揚収用の大型クレーンが左右両舷に各1基置かれている。機銃甲板直後の上甲板部中心線に航空機用のエレベーターがあり、その直後の両舷側部には後部の射出機が各1基装備されていた。航空機用の軌条はここまで1条だが、エレベーター後方の後部整備フラット部の最前部、旋回盤の直後から3条になる。左舷のものは曳航索ピット、右舷のものは艦尾錨のケーブルホルダーの手前が終端となるが、中央のものは艦尾端まで設置されている(ただし、左右の終端部辺りの艦中央の甲板部は、8m発動機付きランチの格納場所に指定されてもいる)。

左舷後端部の上甲板部には航空機揚収に使用する7基目のクレーンがある。後端部に平坦部がある、カットオフ型とも言われる艦尾形状は他艦と比べて独特のもので、右舷側にのみ艦尾錨(中錨)のレセスが置かれていた。

艦尾水線下の両舷に各1基の推進機軸があり、その後端(位置的には概ね格納庫後端の直手前側)に三翅型のスクリューが設置されている。その後方の艦中心線部に主舵が装備されている。

艦橋、マスト、煙突

他の艦には見られない特異な艦橋部および煙突

千歳型の艦橋は4層構造(甲板室床部分の上甲板を含めれば5層)となっている。

本艦は格納庫容積確保のため、居住区画の多くを艦の前側に集めており、高角砲甲板の二番高角砲座の下になる上甲板部に艦長室、砲座の後方左舷側に司令官室・司令官公室、右舷側に参謀の部屋及び司令部庶務室・幕僚執務室などが置かれていたように、艦橋部・甲板室の各部も多くが居住目的で使用されていた。

上甲板の一層上となる高角砲甲板部は、その後方の甲板室最前部に艦橋前部の25㎜機銃の弾薬供給所がある。その一層上が最前部に25㎜機銃が置かれた艦橋甲板で、前部(羅針艦橋下方)には操舵室、その後方に海図室兼作戦室があり、後端部に搭乗員待機室が置かれていた。

航海機器が置かれた羅針艦橋の一層上には、上空直衛指揮所と呼ばれる部位がある。その最前部に上空直衛機に指示を出す探照灯が置かれているのは、本型が代用空母としての活動が期待されていたことを示すものの一つだろう。同探照灯の後方には機銃射撃装置と8cm双眼望遠鏡及び方位測定器のループアンテナ、高角砲の射撃指揮用の九四式高射装置が置かれており、最後部には探照灯の従動装置も装備されていた。

前檣は軽構造の三脚式のもので、その上部に観測所があるが、これは時期によって形態やサイズが異なる。見張り所後方には2kw信号灯、上方の単檣部の頂部には点滅信号灯も設置されている。

前部缶室に置かれた4缶の排気を受け持つ前部煙突は、煙突直下方の区画には補給用燃料タンク区画があり、その後方に前後の缶室4基が置かれていること、艦内容積確保を考慮して、煙路を艦内で前方に大きく屈曲させ、艦橋直後に設置された煙突に結合する形となっている。

前部缶室の吸気口は前部前檣後方の艦橋部最後部上面に第1缶室・第2缶室、機銃甲板前端直下の上甲板部の右舷側に第3缶室、左舷側に第4缶室のものが設置されている。煙突後方から、後部の缶室吸気口の下部にある上部・下部飛行機補用格納所に至る範囲の艦内区画には、野菜庫や糧食用の冷蔵庫などが置かれていた。

ディーゼル主機の排気管は機銃甲板を支える後部の支柱に設置されており、右舷内火機械のものは右舷側支柱に、左舷内火機械のものは左舷側支柱にある。このため、厳密に言えば、本型は3本煙突艦ということになる。また、後部支柱の内側には、ディーゼル主機用の吸気口も設けられていた。

■水上機母艦「千歳」艦橋・前檣・煙突

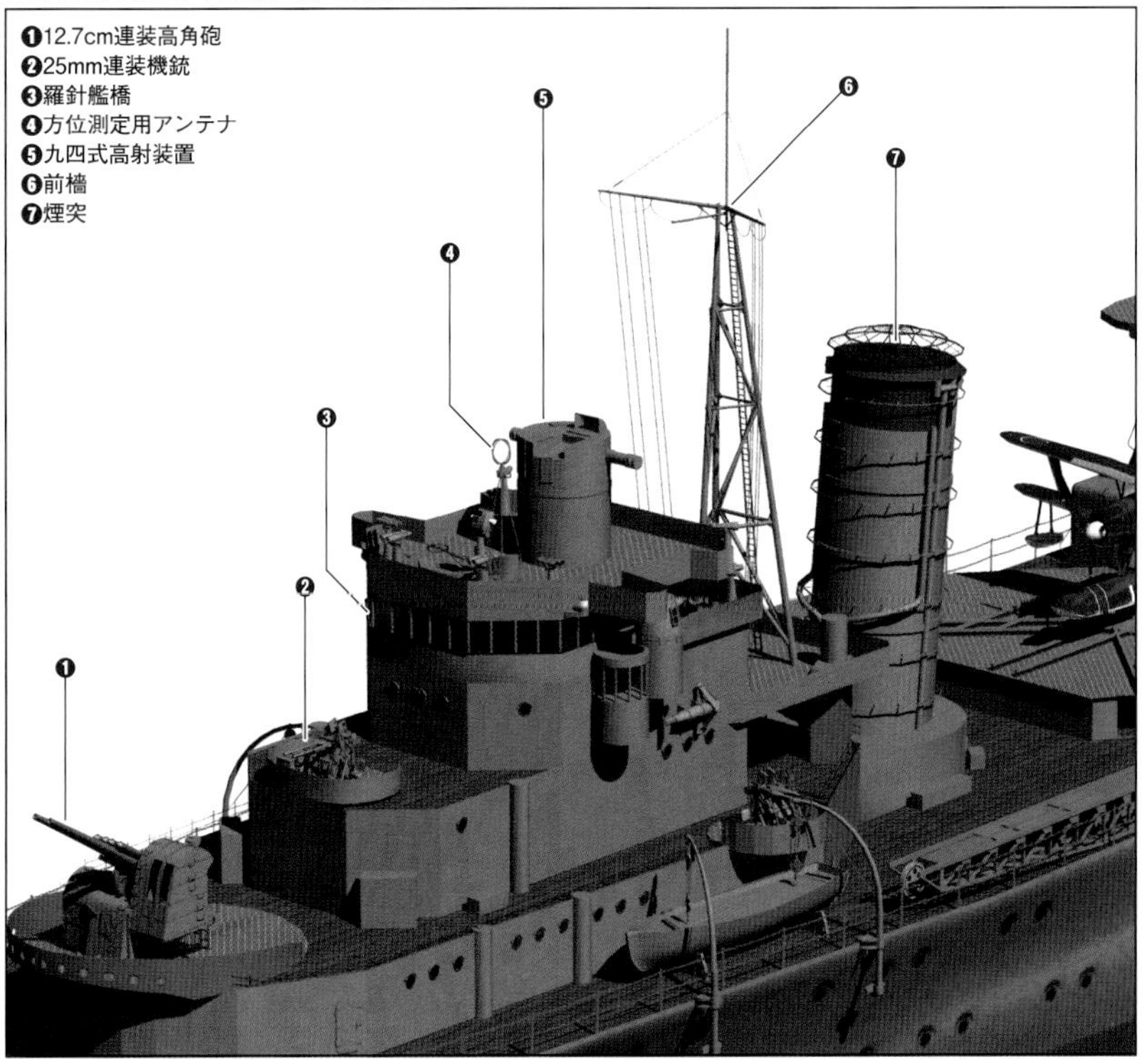

※3…艦底両側の湾曲部にひれ状に突出させて取り付けられる部材。艦の横揺れを抑制する。

艦隊型の小型空母に準ずる搭載数を誇る対空火器

高角砲、機銃

高角砲は本型の計画当時、最新の高角砲だった八九式12・7cm40口径高角砲の連装型が2基装備された。戦前生産の本砲は、大別すると最大仰角70〜75度の戦艦用と、最大仰角90度の巡洋艦・空母・新型戦艦用があり、「空母の代替艦」である本型には後者が搭載されている。

本型は航空艤装の配置もあり、高角砲を前部に背負い式で集中して配したが、後方の射界が取れなかったことには不満が持たれたようで、準同型と言える「瑞穂《みずほ》」では高角砲数の増大と配置の見直しが行われている。

高角砲の射撃指揮は、艦橋頂部に設けられた九四式高射装置で行われた。九四式は基本的に巡洋艦以上（防空駆逐艦もこれを有する）の艦種が装備する対空射撃を主目的とした高角射撃装置で、同時に水上射撃指揮も可能な能力を持つ両用の射撃指揮装置だった。

本射撃指揮装置は測距上下左右照準を元にして、砲側に仰角・旋回角・信管分割のデータを伝え、かつ高射装置側で高角砲を統制して発砲を行えるという、当時としては優れた能力を持ち、太平洋戦争開戦時には既に「高性能航空機への有効な射撃指揮が出来ない」ことが危惧されていた以前の九一式と異なり、大戦末期の対空戦闘でも有用な性能を持つと評されている。

■水上機母艦「千歳」高角砲

対空機銃は当初、九三式13・2mm機銃（最大射高約4km、発射速度実用最大250発／分程度）の四連装型が5基（計20門）搭載される予定だったが、より新型の九六式25mm機銃（最大射高5・5km、有効射程1・5〜3km、実用最大発射速度120〜150発／分）の連装型6基が搭載された。これは九三式13・2mm機銃の四連装型が25mm機銃の連装型とほぼ重量が同一であり（前者は約1163kg、後者は約1100kg）、それならばより大射程で大威力の25mm機銃を装備した方が得策と考えられたことが影響している。

■四十口径八九式十二糎七高角砲

口径	127mm
砲身長	40口径
初速	720m/秒
最大射程	14,600m
最大射高	8,100m（または9,400m）
発射速度	14発/分
弾量	23kg

本型の対空機銃の搭載数は同時期の重巡（通常、連装型4基）や、空母改装直後の瑞鳳《ずいほう》型（連装型4基）と比べて勝るもので、前線に出て航空攻撃に晒される「艦隊型の小型空母」に準じた搭載数と言えるものだった。

ただし、これでも不足があると見なされていたようで、「瑞穂」では搭載数が戦艦と同様の10基に増備された。なお、これらの機銃の射撃指揮は、昭和14年（１９３９年）に出された「千代田」の図版に見える、艦橋部に1基、後部射撃指揮所の頂部に1基が設置された機銃の射撃装置で行われる。

航空兵装

射出機は当初計画では2基の搭載が予定されたが、建造途上で条約制限を抜け出したことで、戦時状態の4基を搭載して竣工した。

搭載した射出機は戦時の日本の水上艦艇の標準型射出機とも言うべき呉式二号五型（最大射出重量4トン）で、戦時中に本型が使用した二座の零式観測機と、三座の零式水偵まで十分に対応できる能力があった。なお、本型の計画では、射出機4基をそれぞれ6分間隔で使用し、約30分で24機を発艦させることになっており、通常時に射出に失敗した場合は機体を射出機から下ろすが、全力発艦の場合は故障機は射出投棄する予定だった。

前部射出機後方の艦中心線部に設けられた前部整備フラットは、射出機への移送が容易となるように留意して、上甲板部より一段高められる形となっている。この部分には運送車及び滑走車（架台）に載せた航空機を移送させるための3条の軌条があり、中央部の軌条の前端部には前方左右の射出機に搭載機を送り込むための旋回盤が置かれている。

ここから左右の射出機側に伸びる軌条があり、先端部分で運送車及び滑走車（架台）の退避路となる左右の軌条と接続している。中央の軌条は機銃甲板の下を通って後部の整備フラットへと繋がり、左舷側の軌条は飛行機積込口（特殊潜航艇積込口）の手前で途切れるが、右舷のものは飛行機積込口を避ける形で艦尾側に導かれ、航空機用エレベーター手前で中央の航空機移送用の軌条に合流する形となっている。

機銃甲板後方にある航空機用エレベーターのさらに後方に後部の整備フラットがあり、ここも前部同様、一段高い位置にあるため、艦尾側の軌条は射出機後方・整備フラットに向かって上方に傾斜を設けて設置されており、エレベーター最前部前方の上甲板部に固定式のスロープが設けられている。

後部の射出機は、後部整備フラットの中央軌条前部の旋回盤経由か、射出機後方位置に旋回盤を持つ左右両舷の軌条から搭載機を送り込めるようになっており、円滑な搭載機の移送を可能とするため、それぞれの旋回盤を接続する軌条も配されるなどの工夫がなされている。後部整備フラットより後方の3条の軌条には、搭載機の位置を左右及び中央に動かすことを考慮して、艦尾の船体幅が減少しはじめる、やや後方の部位に旋回盤が置かれ、これを接続する横方向の連絡軌条が設けられていた。

機銃甲板後方には、上止点位置が後部整備フラットの上面と同位置となるエレベーターが1基装備された。そのサイズは縦7m×横11.2mで、本型が竣工した時期の主用水偵だった二座の九五式水偵（計画段階では九〇式二号水偵）と、三座の九四式水偵については十分なサイズと昇降重量が確保されている。

なお、本型では収容した航空機の格納庫への収容は、架台に載せた上で主翼を折り畳み、艦に対して右または左に90度向けた状態で行われる。ただし、太平洋戦争時の主用機のうち、二座の零式観測機は格納庫に下ろせるが、三座の零式水偵は翼折り畳み時の幅・全長共にエレベーターのサイズを上回るので、これは露天繋止方式で運用が行われたのではないかと推定される。

艦内の一段式の格納庫は、甲標的の洋上発進の考慮と復原性との兼ね合いから、床面が吃水線上約1mの位置とされていた。また、図が示すようにかなりの長さがある（「千歳・千代田」の「一般艤装大体図」からの筆者の概算では、有効長は約75m程度と推定する）。格納庫の床面中心部には搭載機移送用の軌条が1条あり、搭載機は先述のように右舷ないし左舷側に90度向けた状態で格納庫内に収容され、機体の向きを交互に左右に変えて並べることで20機が収容可能となっている。

なお、千歳型の計画搭載機数は水偵24機、予備機4機の計28機で、このうち8機は機銃甲板の下に収容することになっていた。「千歳」の太平洋戦争開戦時点の定数は二座水偵16機、三座水偵4機（計20機）、ミッドウェー海戦時期に三座水偵が7機に増大（計23機）したとされており、第二次ソロモン海戦時には二座水偵・三座水偵合計でこれに近い22機を搭載していたと記録にある。

航空機の揚収用クレーンは、機銃甲板後部支柱から後方にある3基が搭載されているほか、機銃甲板下にある甲標的収容用の4基のクレーンもこの目的で使用することが出来た。航空燃料庫は格納庫後部の下部と、格納庫後端から艦尾部にあり、総搭載量は200トンと言われる（航空機用と別途に機関科用の軽質油庫が艦首前端部と、艦尾の揚収用クレーンのある反対側の右舷側上部艦内とに置かれていた）。

爆弾庫と機銃弾薬庫は艦首の高角砲弾薬庫周辺にあり、爆弾の搭載定数は60kg型250発、30kg型480発だったが、太平洋戦争時期には250kg爆弾の搭載も行われた可能性がある。

機銃甲板／帰着甲板

千歳型の外見上の特徴をなす艦中央部、テーブル状の構造物

本型の外形上の一大特色をなす帰着甲板は、計画時には恐ら

■帰着甲板（右舷艦首側から）

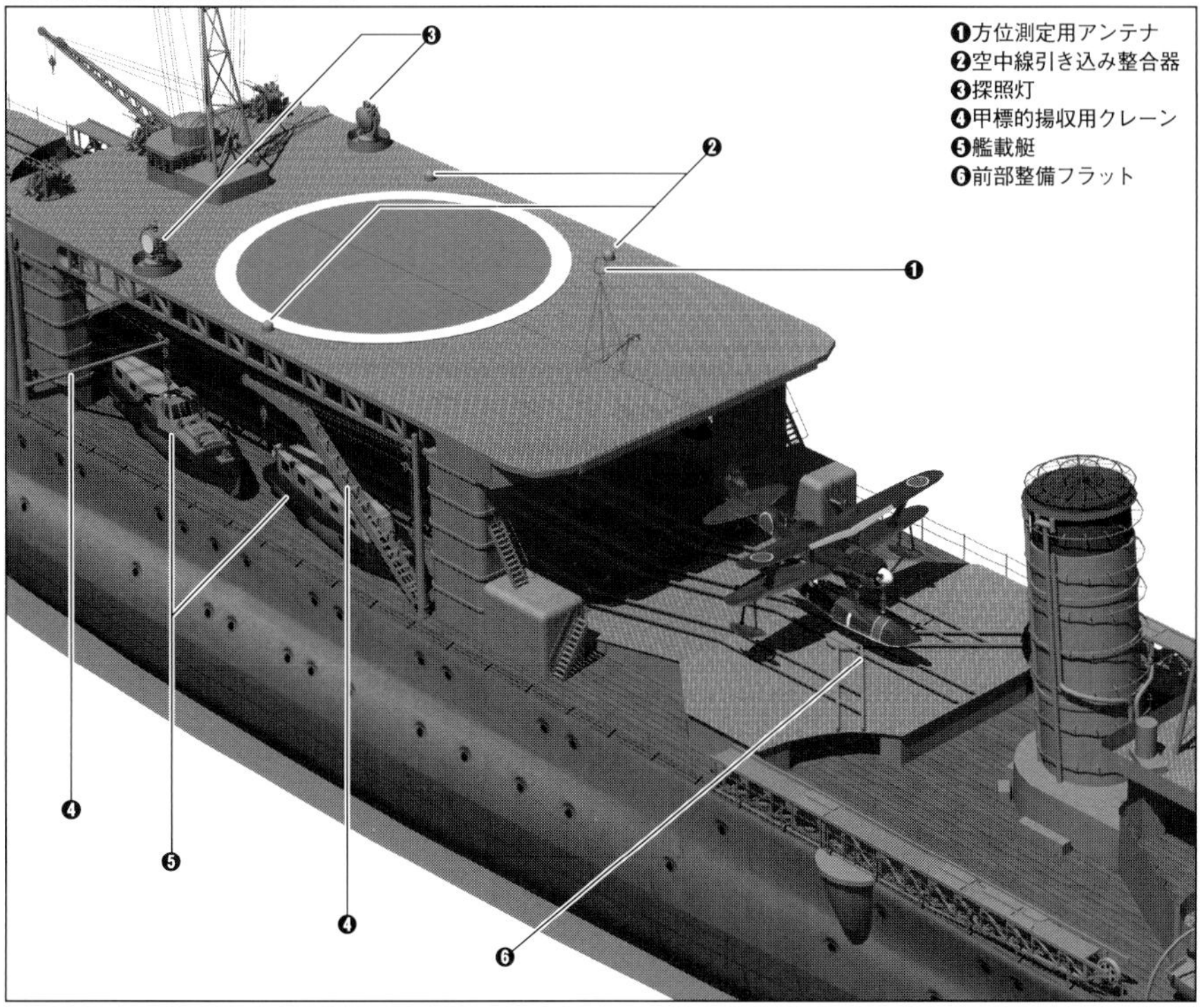
❶方位測定用アンテナ
❷空中線引き込み整合器
❸探照灯
❹甲標的揚収用クレーン
❺艦載艇
❻前部整備フラット

■帰着甲板（左舷艦尾側から）

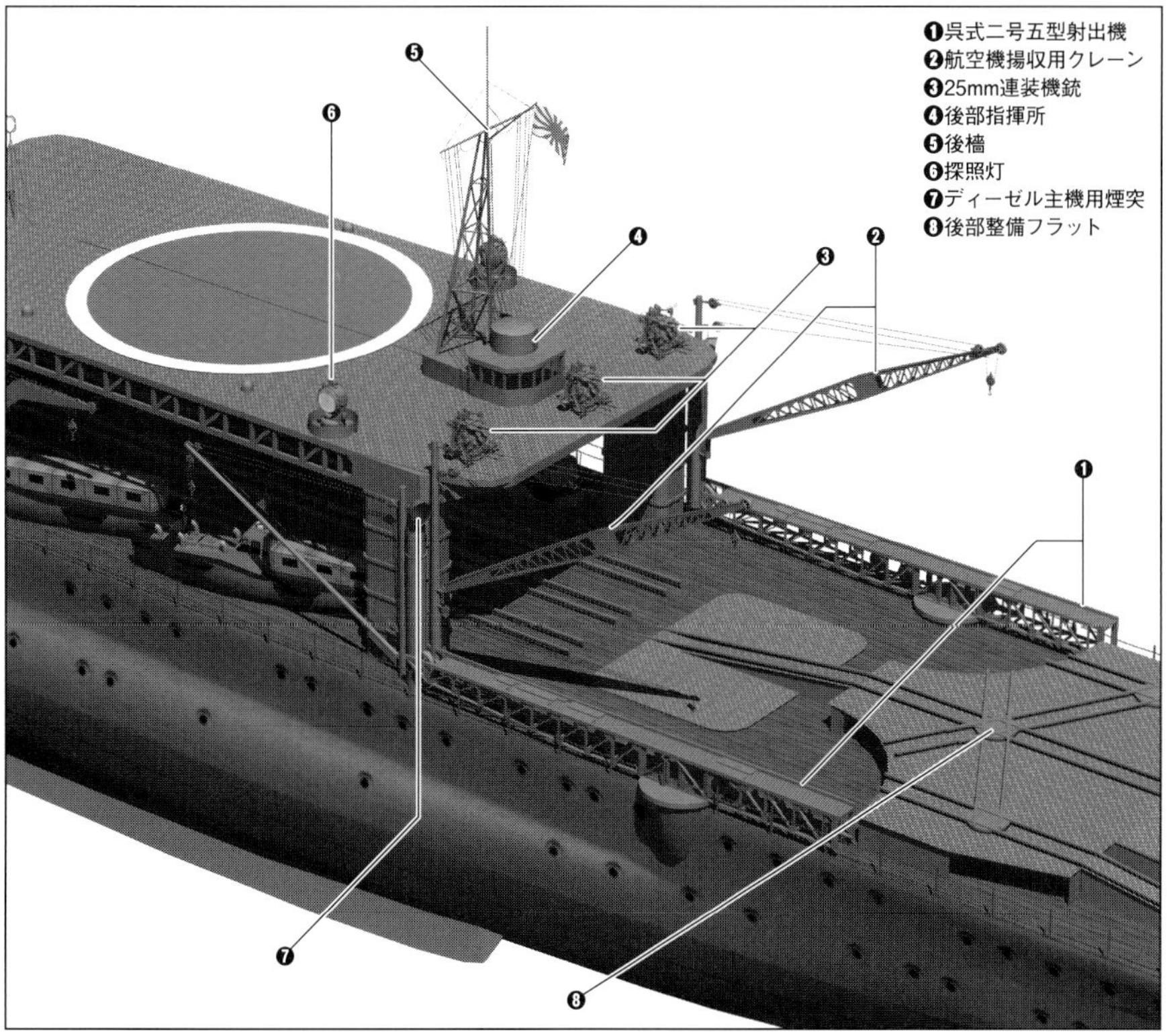
❶呉式二号五型射出機
❷航空機揚収用クレーン
❸25mm連装機銃
❹後部指揮所
❺後檣
❻探照灯
❼ディーゼル主機用煙突
❽後部整備フラット

■水上機母艦「千歳」後部航空機作業甲板

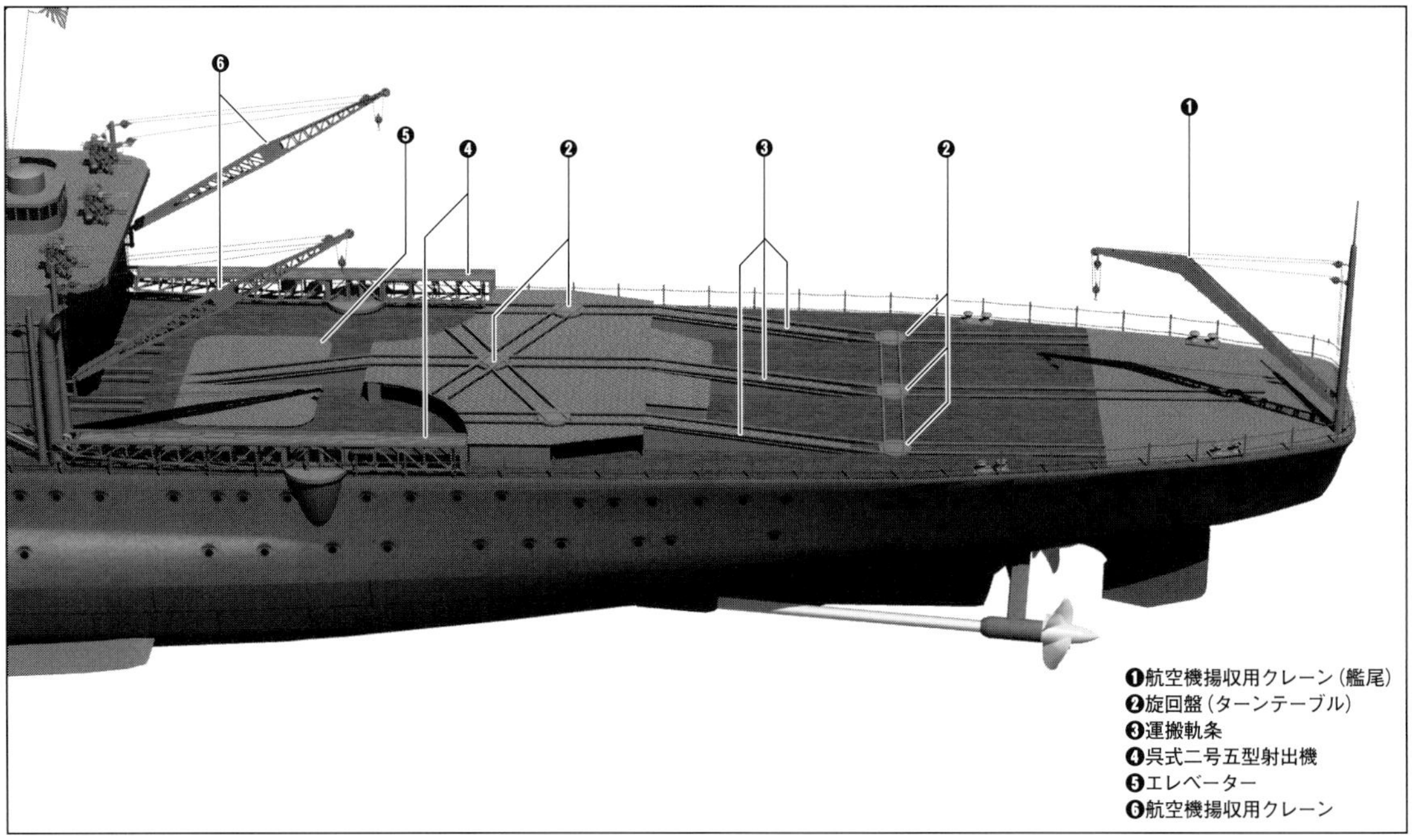

❶
❷
❸
❹
❺
❻
❶航空機揚収用クレーン（艦尾）
❷旋回盤（ターンテーブル）
❸運搬軌条
❹呉式二号五型射出機
❺エレベーター
❻航空機揚収用クレーン

く小型機の発着艦を考慮して100m×20m程度（全長160m程度とする説もある）のものの装備が要求されたが、実艦では復原性の問題等もあり、空母改装時の構造研究を兼ねて、より小型のテーブル状の構造物を設置するに留めている。これは竣工後、機銃甲板と称されることもあった。

帰着甲板のサイズは、筆者手持ちの公式図の縮小コピーから計測・概算した限り、全長約38m弱程度、幅約14・8m程度である（これらの数値は機銃座を含めた前後の張り出し部を含む）。

甲板上部には、前部に方位測的用のアンテナ、後部に探照灯・後檣・後部指揮所・後部機銃が置かれた。帰着甲板を支える4基の支柱には、前部支柱に前部機械室の排気筒、後部の支柱にディーゼル主機の煙突関係がある。後部支柱からディーゼル主機の排気筒（煙突）等が後方上部に伸びた形で設置されていること、また、後部支柱下部から後部射出機後端部にかけての舷側部に、航空無線電信機の試験用の配線がなされているのも本型の特色に挙げられる。

帰着甲板の下部中央部は収容した水偵の繋止位置とされており、舷側部は短艇の置き場としても活用されていた。

甲標的搭載設備

将来の甲標的母艦改装を見据えた搭載用の諸装置

本型は両艦共に竣工時点から、第二状態への改装を考慮した事前工事が実施された状態にあった。例を挙げれば、甲標的の搭載のため、機銃甲板下の上甲板部に大型の飛行機積込口（特殊潜航艇積込口）があり、ここから機銃甲板部の前後支柱に各1基が設けられた大型クレーンにより、全長23・9m、排水量46トン（水中）の甲標的を格納庫内に収容させることが出来た。ただし、この大型クレーンは水偵や艦載艇の揚収に使用するには容量が過大であり、これを見た英米両海軍から用途に疑念を持たれたと言われている。

竣工時点では格納庫部に甲標的用の設備は特に設けていないが、格納庫後端の隔壁から後方の艦尾部については、下甲板部を将来の発進用スロープの設置を考慮して配したのに加え、艦尾区画を後日、発進口を設置するのを容易とするため、構造上様々な工夫が施されていた。加えて、甲標的の発進に伴って艦に大きな前後のトリム（釣合）変化が発生することを考慮して、艦首水線下前端の防水区画と錨鎖庫の間に甲板二層分の高さがある大型の釣合タンクを設け、さらに後部の舵取機・舵柄室の下部にもかなりのサイズのトリムタンクを設けるという措置が取られている。

船体、船体防御

乾舷の高い平甲板型船体と脆弱な船体防御

本型の平甲板型式の船体は、上甲板から船底部までの計6層で構成されており、機関区画天井部分は上から3層目の下甲板となる。公式図版の「千歳・千代田」の「一般艤装大体図」に拠れば、最大長192・5m（吃水線長185・9m、だが空母改装時の「船体寸法表」の改装前の数値は183m）、船体最大幅20m（喫水線最大幅18・8m）で、艦首先端部の水面からの高さは7・9m、平均喫水は7mとされている。

本型の艦首高さは排水量的に近い最上型重巡に比べて30㎝高く、また、船体形状が平甲板型のためもあって、その艦容は総じて乾舷が高い印象を与えるものとなった。排水量は基準1万1023トン、公試1万2550トンと、計画時より増大した数値が伝えられている。

煙突より前の船体前部、下甲板部から上に居住区や倉庫があ

■「千代田」艦尾側面概略図　　図版／おぐし篤

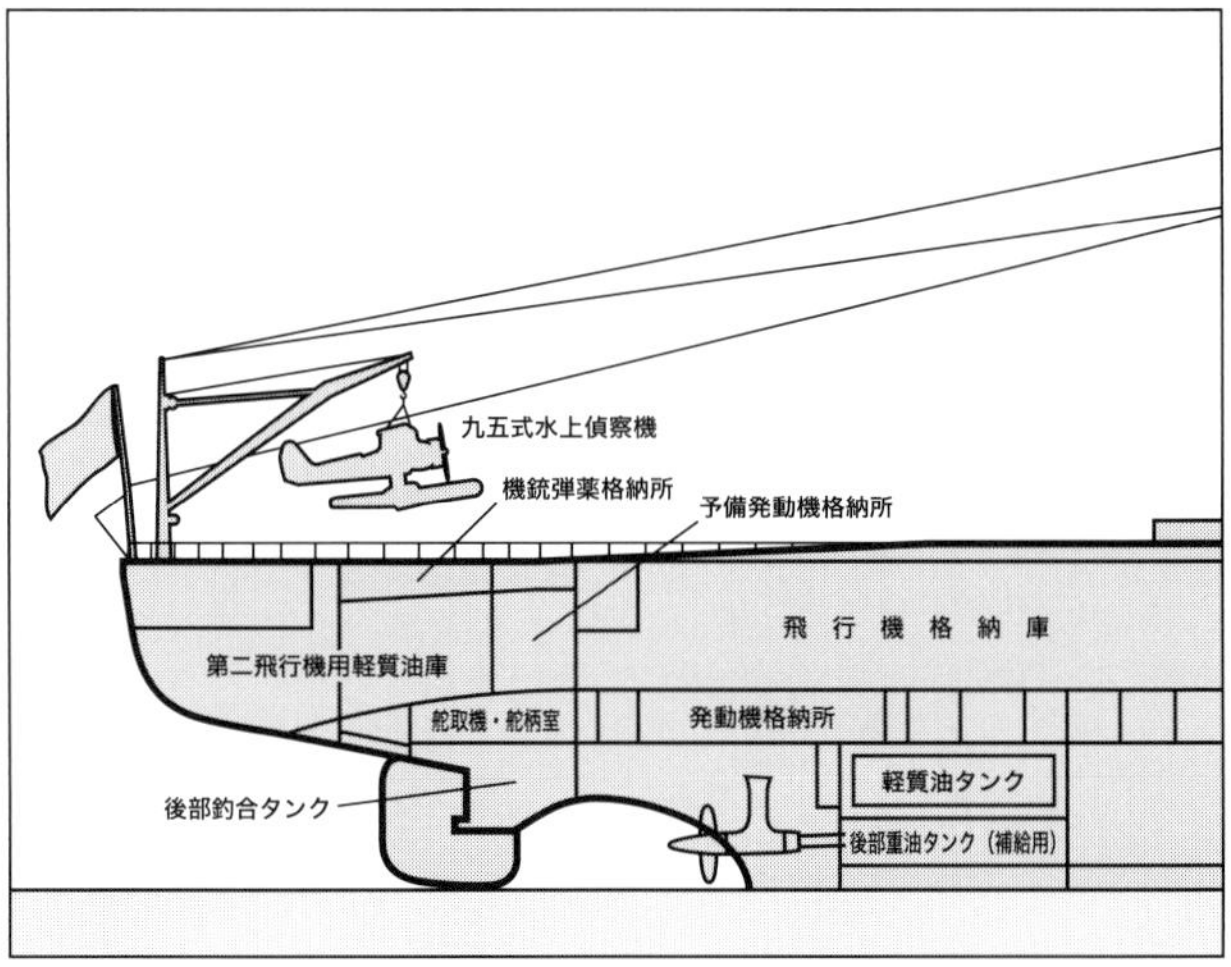

九五式水上偵察機
機銃弾薬格納所
予備発動機格納所
飛行機格納庫
第二飛行機用軽質油庫
舵取機・舵柄室
発動機格納所
軽質油タンク
後部釣合タンク
後部重油タンク（補給用）

り、艦中心線部の航空機用格納庫の両舷側部は、中甲板部に士官区画・准士官区画が、下甲板部に兵員区画が設けられている。

船体部の防御は耐弾防御・水中防御含めて、基本的に考慮されておらず、脆弱な艦だった。

機関

ディーゼルと蒸気タービン二種のエンジンを搭載した複合機関

本艦の機関形式は、ディーゼル主機により16ノットまでの巡航を行い、それ以上の速度では蒸気タービン機関をブーストに使うという、今風に言えばCODAS（※4）推進と称せるものとして計画された。

計画時点では条約の制限外艦艇とする必要があったため、主機として缶2基と主機2基の蒸気タービン機関と、大型のディーゼル主機2基を搭載して、制限外艦艇の上限となる速力20ノットを発揮可能とする予定だった。だが、建造途上で竣工が条約制限から脱した時期となることが確定したため、缶2基を増載して新要求の最高速力29ノットを発揮可能な能力を持つ機関へと改正された。

本型の機関区画は全長56.8mで、最前部に左右両舷2室の缶室、次いでディーゼル発電機区画があり、その後方の前部機械室に各種タービンと推進軸が繋がる主減速歯車装置が置かれている。前部機械室の後方にある後部機関室に置かれたディーゼル主機は、フルカンギヤを通じて前部機械室から伸びる推進軸に結合する。重巡と同様、本型の機関区画は船体中央部の隔壁で仕切られており、これが浸水時に思わぬ大傾斜を引き起こすなど、防御上の弱点となったのも同様だった（実際に「千歳」は第二次ソロモン海戦において至近弾による浸水で、これが原因の大傾斜を生じたことがある）。

本型が搭載したディーゼル主機の11号内火主機械は「大鯨《たいげい》」も使用した10型と呼ばれるもので、試作機の実験半ばで実用機を実艦に搭載したこともあり、就役後、予定出力の発揮不可・信頼性皆無という惨状を呈したため、本型では一時はディーゼル主機の使用を停止し、蒸気タービン機関のみで活動していたという（この状態でも本型は27.7ノットの速力を発揮できたので、実用上は特に問題がなかった）。

出力低下の甘受を含む11号ディーゼルへの対策は昭和15年（1940年）に一応の措置が取られているが、航空本部資料に曰く、これの完全な対策終了は昭和17年（1942年）5月（最悪で昭和20年）を予定しているので、千歳型のディーゼル主機が問題なく使用出来るようになったのは、太平洋戦争開戦以降の可能性がある。

蒸気タービンは初春型駆逐艦が搭載したものと同じロ号艦本缶4基と艦本式タービン2基が搭載されたが、タービンは1基当たり1000馬力の出力強化がなされている。本型は当初、巡航タービンを装備しない予定だったが、ディーゼル主機の出力低下を補うために竣工時には巡航タービン（各軸3000馬力）を搭載する形に改めている。

本型はこの機関（計画出力5万6800馬力）により、全力／過負荷状態での公試で約30ノットと、要求を上回る速力を発揮したという。航続力も自艦用燃料1600トンでディーゼル主機の場合、16ノットで約1万1000浬程度、蒸気タービン機関でも同速力で約1万浬と、計画（同速力で8000浬）を上回る成績を残したとされるが、筆者は後述の空母状態のデータから見て、この数字は疑念なしとはしない。

■「千代田」艦内中甲板平面概略図

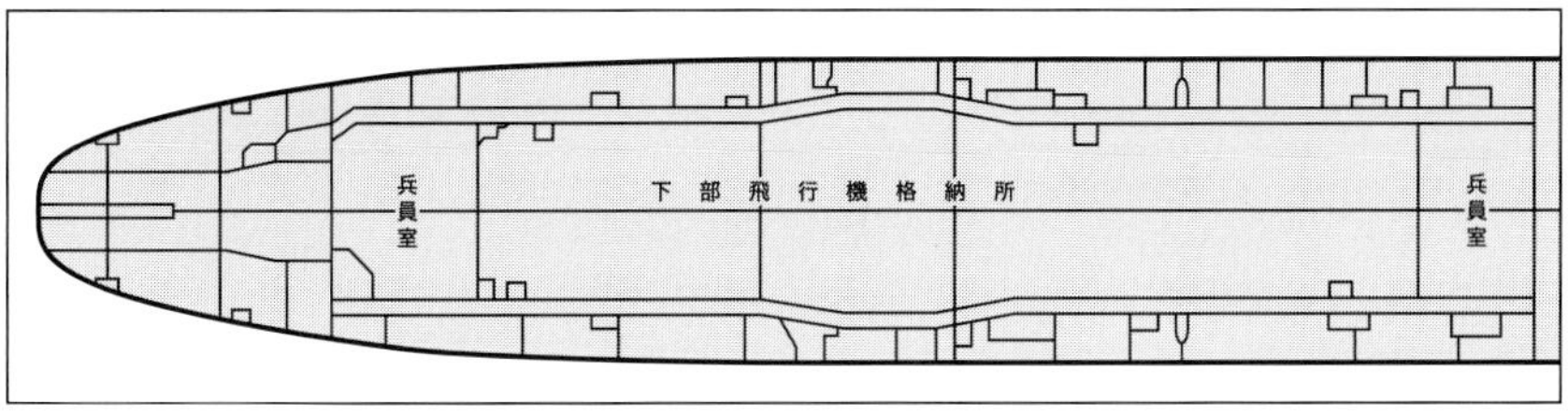
兵員室
下部飛行機格納所
兵員室

■「千代田」艦内最下甲板平面概略図

図版／おぐし篤

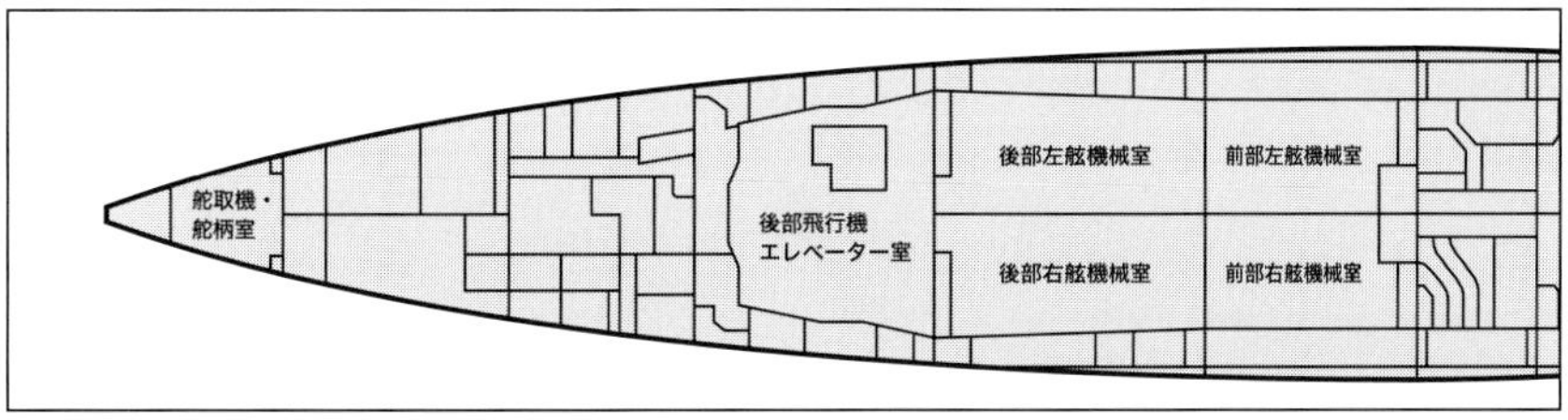
舵取機・舵柄室
後部飛行機エレベーター室
後部左舷機械室
後部右舷機械室
前部左舷機械室
前部右舷機械室

■水上機母艦「千歳」艦尾水線下

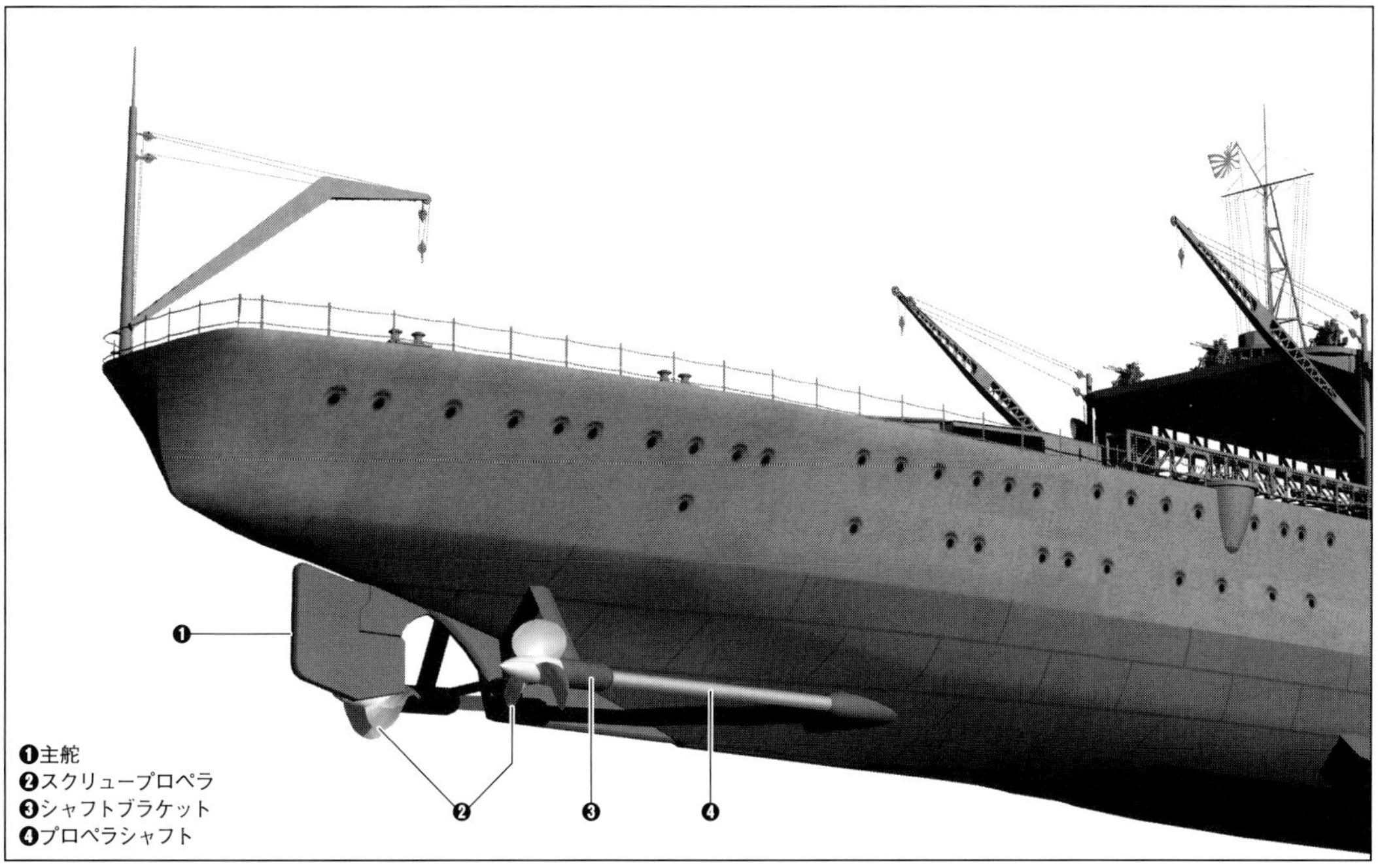
❶主舵
❷スクリュープロペラ
❸シャフトブラケット
❹プロペラシャフト

※4…CODAS＝Combined diesel and steam。ディーゼル蒸気タービン複合形式。

甲標的母艦時の「千代田」

全般配置

　甲標的母艦に改装された「千代田」の外見上の最大の相違は、艦橋部の九四式高射装置の後方に設けられた甲標的発進指揮所で、昭和15年5月23日～6月23日に行われた第一次甲標的母艦改装時に設けられた。この指揮所は円筒状の構造物で、洋上で敵艦隊の動静を確認しつつ、適時甲標的を発進させるための各種装備が備えられていた。

　第一次改装では、航空機用の射出機のうち前部の2基が代償重量として撤去され、後述するように格納庫部が甲標的の搭載用に改装されたため、搭載機は全て露天繋止での運用となった。加えて、艦尾部の改装の結果として軽質油（ガソリン）庫の容量も減少するなどしたため、搭載機数は12機と半減している。

　格納庫内部では、航空機搭載用の格納庫中央部の軌条は撤去され、甲標的用の軌条が4条設置されており、各軌条に甲標的が3基ずつ搭載されて合計で12基が搭載可能となっている。各軌条のうち、中央の2条が甲標的の発進口に繋がっており、迅速に甲標的を洋上発進させるため、左舷内側及び右舷内側の軌条からは中央の発進用軌条に甲標的を移送する連絡用軌条が伸びている。

　また、この改装時には格納庫内で重量のある甲標的の移送及び発進の便を図るため、50馬力の電動ウィンチ4基の搭載、艦内で甲標的が倒れるのを防ぐ防倒固縛用金物の設置、吊り上げ用のバンドの設置などの改修も実施された。

　甲標的母艦の改装に当たり、格納庫後部隔壁より後方の艦尾部分は全面的な改正が図られた。格納庫の床面から艦尾に向かって伸びる発進用軌条は、艦尾後端側で約10度の傾斜が付けられた発進用ランプへと繋がっている。艦内への浸水を局限するために複数の防水扉が設置された発進用のランプ部は、上面から見ると格納庫側から艦尾側に向けて一旦先細形状となったあと、発進口に直線で繋がる形となっている。

　「千代田」の完全な第二状態の詳細を示す図は未見だが、水上機母艦・空母時代の船体内部を見る限り、艦尾の発進口に繋がる部位は舵取り機械の頂部を収める区画を含めて、艦尾に設けられた区画で二つに分かれる格好となっていたと思われ、これから見て、艦尾の甲標的発進口は現在も残る第二状態の「日進」の図と同様、左右二つに分かれて設置されていたものと考えられる。また、艦尾の形状も水上機母艦時代から変化し、写真からはほぼ艦尾形状は垂直に近い形に変わったように見えるので、艦尾の様相は発進口の配置を含めて、全般的に「日進」に類似した形となっていたと推測される（「日進」自体が「千代田」の改装結果を取り入れた上で第二状態への改造を実施しているので、両者の配置が似るのはある意味当然とも思える）。

　甲標的の発進時は、スロープに沿った艦尾のトンネルを通じてウィンチにより捲き降ろし、甲標的を載せた架台と共に海中に進水させて、後に架台を分離させるという方式が取られている。この方策は、まず試験水槽での模型実験で十分な検討を重ねた後、海岸に設置した軌条を用いた実物での実験を経て、最後にこれを「千代田」に収めて航走中の進水実験を行うという形で実用化が進められている。

　この発進機構の「千代田」への搭載は、当初の改装でまず試験目的のため甲標的2基搭載に対応した設備を設置したと言われる。昭和15年7月の最初の発進試験で成功を収めた後に甲標的の量産が10月に決定すると、これに伴って「千代田」の甲標的母艦としての改装が本格的に実施された。昭和16年（1941年）1月には一応の工事を終えたともされるが、実際には改正工事はなおも断続的に続き、同艦艦長の原田覚大佐（当時）が記録しているように、同年9月にようやく最終的な工事を終えている。

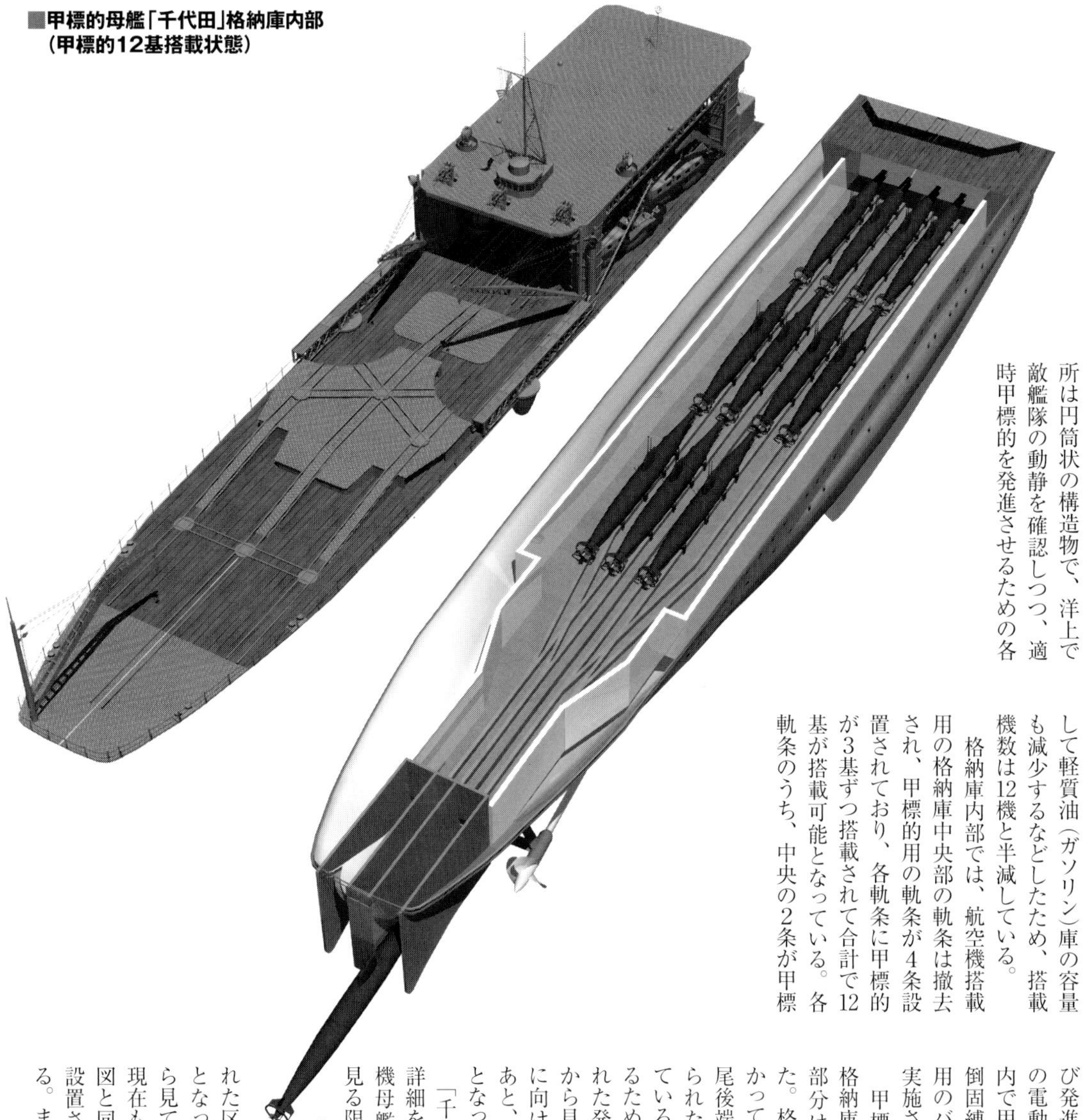

■甲標的母艦「千代田」格納庫内部
（甲標的12基搭載状態）

水上機母艦／空母「千歳」「千代田」

SEAPLANE CARRIER/AIRCRAFT CARRIER "CHITOSE" "CHIYODA"

■空母「千歳」全体図（左舷艦首側から）

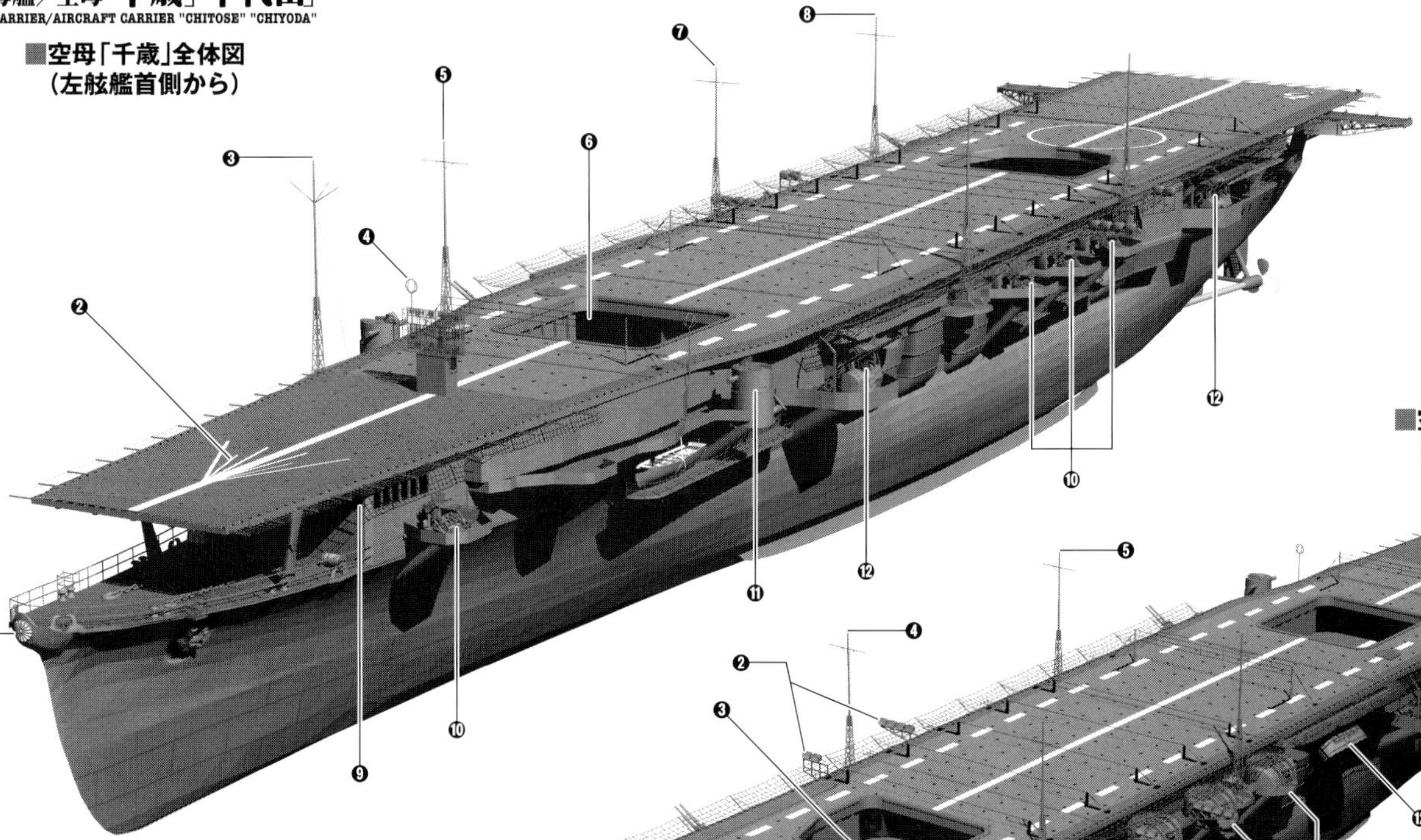

❶菊花紋章
❷風向標識
❸信号用檣（主檣）
❹方位測定用アンテナ
❺右舷前部無線檣
❻前部エレベーター
❼右舷中部無線檣
❽右舷後部無線檣
❾艦橋
❿25mm三連装機銃
⓫九四式高射装置
⓬12.7cm連装高角砲

■空母「千歳」全体図（右舷後方から）

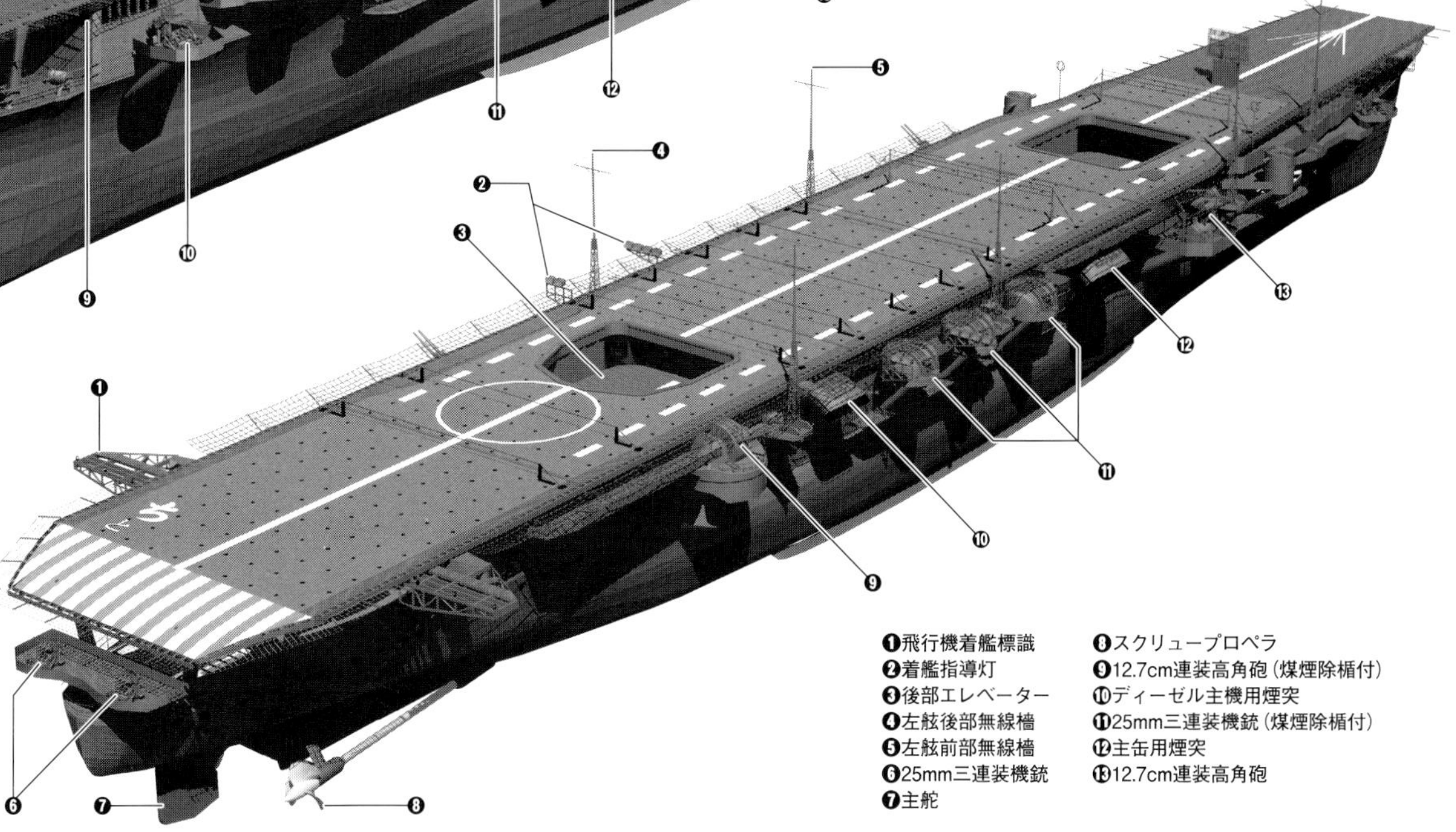

❶飛行機着艦標識
❷着艦指導灯
❸後部エレベーター
❹左舷後部無線檣
❺左舷前部無線檣
❻25mm三連装機銃
❼主舵
❽スクリュープロペラ
❾12.7cm連装高角砲（煤煙除楯付）
❿ディーゼル主機用煙突
⓫25mm三連装機銃（煤煙除楯付）
⓬主缶用煙突
⓭12.7cm連装高角砲

■千歳型航空母艦（空母改装時）

基準排水量	11,190トン
全長	192.5m
幅	20.8m
吃水	7.51m
速力	約29ノット
航続力	18ノットで11,810浬
兵装	40口径12.7cm連装高角砲4基8門、25mm三連装機銃10基30挺
搭載機	常用30機
乗員	1,084名

航空母艦時の「千歳」「千代田」

全般配置

艦首部形状は水上機母艦時代から変わらないが、錨鎖の後上部に艦首飛行甲板前端部が来ており、そのやや後方に飛行甲板の支柱（片舷1基、両舷で計2基）が設置されている。

飛行甲板下部にある上構部最前端部には羅針艦橋があり、その直後の上甲板部には最前部の25㎜三連装機銃座が配されている。その後方の両舷スポンソン部には、前側の低い位置に補助艦橋、後方の高い位置に防空指揮所がある。また、右舷の同位置に前部の起倒式マストが設置されていた。

空母改装時の排水量増大に対処して、主檣のやや後方位置を前端位置とするバルジが艦の中央部に設置され、これにより本型の船体中央部の印象は以前に比べてそれなりの変化を見た。

飛行甲板部は主檣のほぼ正横位置の中心線上に隠顕式の二号一型電探が装備され、また、概ね高射装置の装備位置に第一滑走制止索が設置されている。その後方の前部エレベーターの後方右舷側に隠顕式の探照灯があり、前部エレベーターの後端位置の近い場所に両舷部の前部12・7㎝連装高角砲の砲座が置かれた。

前部エレベーター後方に第二滑走制止索があり、その後方から後部エレベーター直前位置まで、5基の着艦制動索（横索）が装備されている。第二滑走制止索の装備位置直後の右舷側には、主缶の排煙を受け持つ湾曲式の煙突が置かれている。

この右舷の主缶用煙突配置もあって、艦中央部の25㎜三連装機銃3基を置く機銃座は左右でややずれた位置に配されており（右舷側がやや後方）、その影響で前後に置かれた起倒式マストの配置も左右で異なる。なお、右舷の煙突後方に設置された三連装機銃のみは、煙突からの排煙の影響を避けるために覆い付きのものが装備されている。

右舷後部無線檣の前部にはディーゼル主機用の煙突が、その反対側の左舷の同位置には空母改装で増設された発電機の排気用の湾曲型煙突が配された。なお、着艦指導灯は右舷のものは右舷ディーゼル主機用煙突の前部上部に、左舷側のものは左舷後部檣の後部に設置されている。

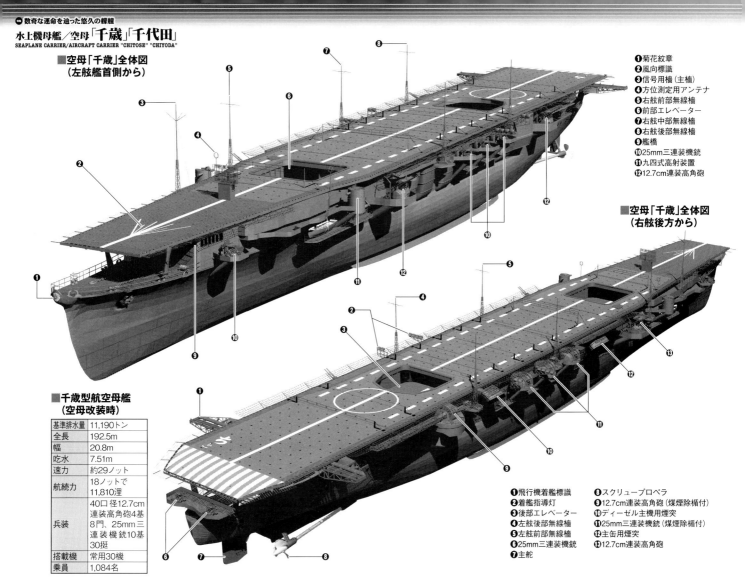

第5横索後方の飛行甲板中心線部に後部エレベーターが置かれ、エレベーター後部位置の両舷部に後部の12・7㎝連装高角砲用の砲座がある。また、後部エレベーターの前側の左舷側には起倒式クレーンの格納レセスがあり、このためもあって左舷側の高角砲座直前の飛行甲板から上甲板部位置までの舷側は、若干外側に膨らんでいる。

エレベーター後方の飛行甲板部には第6と第7の横索が設置されており、クレーン格納レセスがある位置に設置された第6横索は他の索より若干幅が狭い。飛行甲板の艦尾側は艦尾旗竿の直後から幅が狭められており、飛行甲板後端の中心線上には艦尾機銃座への連絡用の梯子が設けられている。また、艦尾の張出部には両舷に甲板状態を示す照明灯や飛行機着艦標識、後部に表示灯などが設置されている。

上部格納庫部の後端より後ろの飛行甲板下には、片舷当たり2基（両舷計4基）の支柱がある。格納庫後端から最初の支柱までの上甲板部は艦載艇置き場とされ、2基目の支柱の後方には25㎜三連装機銃が2基並列で置かれた艦尾機銃座がある。また、支柱と艦尾フェアリーダーとの間の上甲板部には、左右両舷に爆雷の手動投下台が設置されている。

艦尾形状は改装後の「千代田」の図面を見る限り水上機母艦時代と同様で、艦尾水線下の形状やスクリュー・舵の配置も変化していない。ただし、空母改装に当たり、甲標的搭載を考慮して独特の設計となっていた艦尾区画は全面的に改装され、旧スロープ部はそのまま残ったが、この部分と新設された下甲板水平部との間は防水区画とされた。

艦橋、マスト

艦隊型小型空母に準じた艦橋構造およびマスト

本型の艦橋では、空母改装で新設された上部格納庫の最前部中心線上に、羅針艦橋の区画が設けられている。羅針艦橋には従羅針儀3基と12㎝双眼鏡2基等の航海機器が置かれているほか、改装後の本型は瑞鳳型や「龍《りゅう》鳳《ほう》」と同様に操舵室がなく、舵輪もこれらの艦と同じく羅針艦橋に置かれていた。羅針艦橋後方の機銃甲板部には、作戦室兼海図室、搭乗員待機室、第一受信室兼通信指揮室、印字機室、艦長休憩室及び艦長予備休憩室等があり、その一層下の上甲板部には砲術長を含む各科の長の居室及び司令部関係の各室があった。また、艦長室・艦長公室・艦長予備室、そして士官室・士官次室等は中甲板位置に置かれたことを含めて、士官関係の区画の多くが艦の前部に集約されている。

艦首両舷の25㎜三連装機銃座の後方には、戦闘時の視界確保等を考慮した12㎝高角双眼鏡や従羅針儀を持つ補助艦橋が設置されていた。さらに、ほぼ前部機銃座の位置となる飛行甲板中心線上には、取外し可能な応急用従羅針儀を設置する場所があり、戦闘時に艦橋機能が喪失した場合はここで操艦の指揮を執ることも可能だった。また、羅針艦橋背面にある第一防御指揮所の後方には、前部の標灯及び曳航灯を取り付けるための伸縮式（昇降式）支柱があり、その最下層部分は中甲板位置にまで達している。

改装終了時点の「千代田」の公式図面に拠れば、本型は艦首右舷側の予備艦橋・防空指揮所が置かれたスポンソン部に信号檣（主檣：前部）と右舷前部無線檣（後方）が、また、艦首左舷側の同位置に九二式超短波電話用を含めた空中線掲揚桁が2基装備されている。なお、信号檣はその名の通り旗旒《きりゅう》信号に対応する複数の揚旗線が装備されていただけでなく、九六式空三号や二号無線電話用といった無線通信用の空中線の展張にも使用されている。

左右両舷中央部に3基並んだ25㎜三連装機銃座から後部高角砲座の位置にも、片舷当たり2基（計4基）マストが取り付けられており、右舷のものは右舷中部無線檣（前）と右舷後部無線檣（後）、左舷のものは左舷前部檣、左舷後部檣と呼ばれていた。これらのマスト・桁はすべて起倒式で、「千代田」の一般艤装図には信号檣の倒位置角度は60度とされている。

この他に、右舷側の前部銃座の直後と、左舷側の九四式高射装置の前方には2kW信号灯の檣が置かれている。また、右舷の九四式高射装置の直前と、左舷の同位置には方位測定用のループアンテナが配されていた。

煙突、機関

日本空母独特の湾曲型煙突へ改修

機関は水上機母艦時代から特に変化しておらず、出力も以前と同様である。ただし、機関区画周りの配置は、ディーゼル主機搭載の機械室の後方に複数の発電機室が新設され、左舷側の一区画は重油タンクとされるなど、改装前と比べてかなりの変化を見ている。

煙突は空母化に当たって日本空母独特の湾曲型煙突へと改修された。4基の汽缶の煙突は下甲板部の空間で集約されて右舷側に煙路を曲げ、上部格納庫甲板側面から舷外に出されて下方に湾曲させている。前述したように、後部エレベーター手前側の右舷側にディーゼル主機用の湾曲煙突があり、左舷側の同位置には機関区画後方に置かれた発電機の排気用煙突が同様の方式で設置されている。なお、左舷側の発電機用煙突の高さは右舷のディーゼル主機のものと比べて、やや低い位置に設置されている。

速力は排水量の増大とバルジ設置による抵抗増大等の理由から、最大で約29ノットに減少した。燃料搭載量は2687トンへと増大され、航続力は通例18ノットで1万1810浬と言われる。しかし、昭和19年（1944年）5月に発行された「海軍主要艦艇速力別燃料消費額・満載量

■空母「千歳」艦首から艦橋部

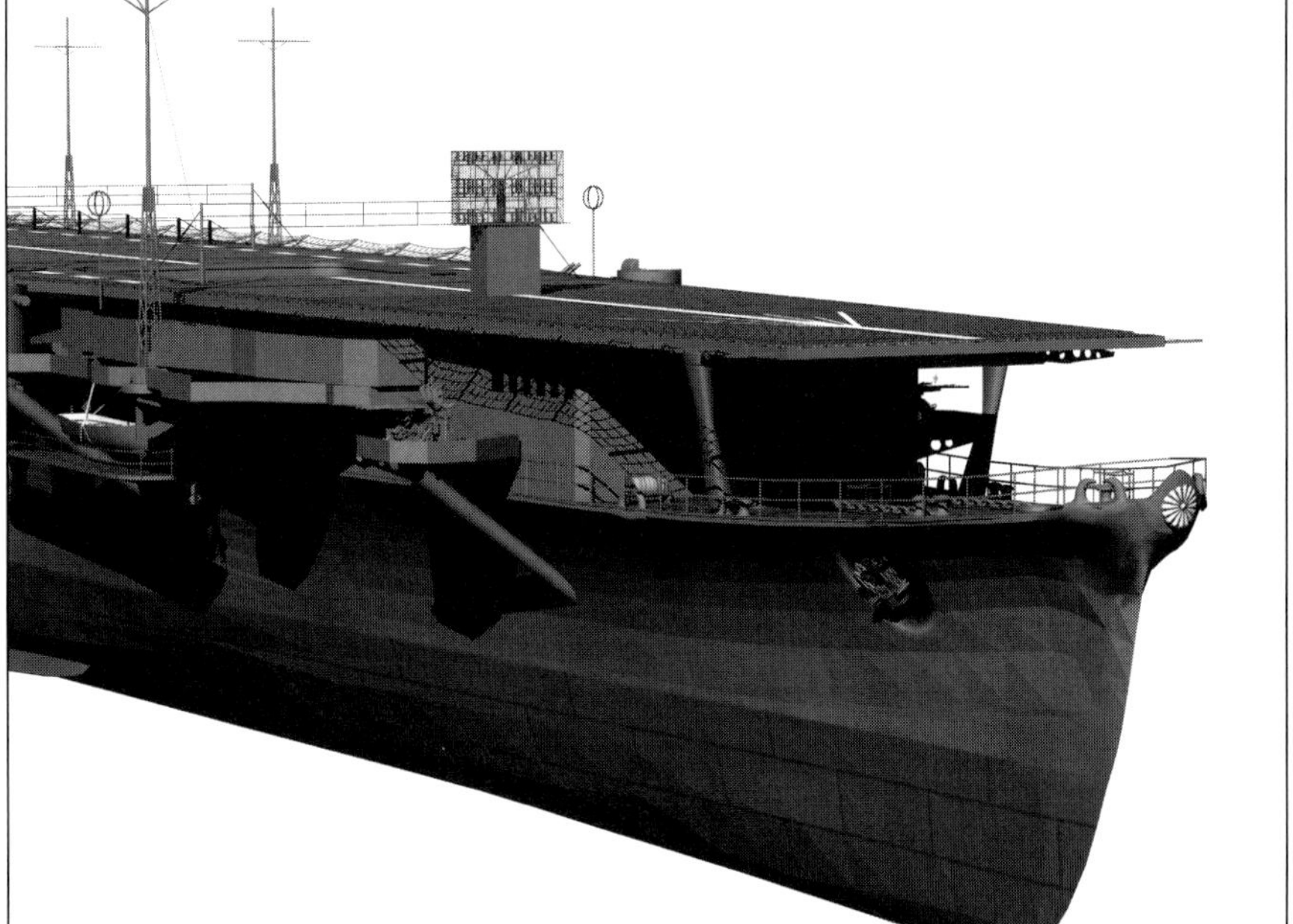

■空母「千歳」高角砲（右舷後部）

■空母「千歳」高角砲（左舷前部）

■空母「千歳」機銃（艦尾上甲板後端）

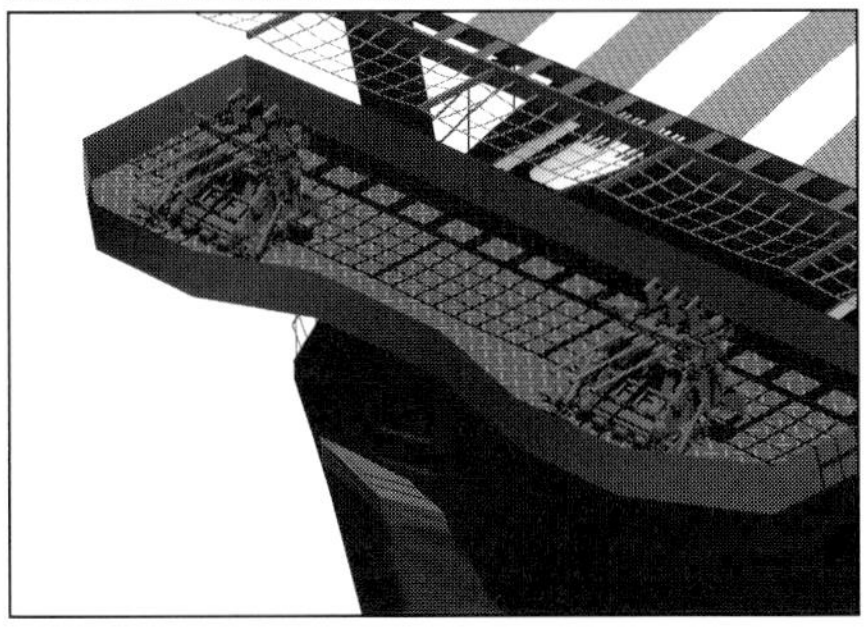

表」によれば、本型の燃料搭載量は2540トンで、巡航タービンでの最大速度となる16ノットでの航続力は約7800浬＋に留まっている。

なお、捷号作戦の「千歳」の戦闘詳報では、空母として作戦に当たるなら巡航タービンの上限速度を24ノットとすべきと報じているが、同速力での航続力は約4720浬と、「瑞鳳」や「龍鳳」を上回る性能を持っていた。ディーゼル主機はこの時期には問題なく使用出来るようになっており、実際に捷号作戦時の「千歳」は損傷で前部機械が停止した後、ディーゼル主機のみで行動しているのが同艦の戦闘詳報から読み取れる。

高角砲、機銃、噴進砲

艦両舷に多数装備された空母時代の対空火器

高角砲は水上機母艦時代と同じく、八九式12・7cm高角砲の連装型が搭載されている。装備数は瑞鳳型や「龍鳳」と同じで、片舷当たり2基（4門）の計4基（8門）とされており、装備位置は前部が機銃甲板部、後部が上甲板部の砲座（スポンソン）となっている。

前部高角砲弾薬庫は両舷の前部高角砲座の下部にあり、後部は後部爆弾庫の右舷側に寄せて配されている。高角砲弾は揚弾機により各高角砲の後部上甲板部の上構内にある高角砲弾薬供給所を経由して供給される格好となっている。本砲の射撃指揮に使用する九四式高射装置は、両舷共に前部高角砲座の前方のスポンソン部に各1基が装備されていた。

空母改装完了時点では、機銃は25㎜機銃の三連装型のみが装備された。装備位置は艦橋横の上甲板部の左右両舷に設けられた銃座に各1基、また、艦中央部の機銃甲板部にある左右両舷位置の銃座に各3基、艦尾上甲板の後端部に設けられた銃座に2基が配置され、この時期の総機銃数（30挺）は同時期の「瑞鳳」と同等だった。

なお、この時点で機銃射撃指揮装置は艦首両舷部に各1基（計2基）、艦尾左舷側に1基の計3基が装備されていた。本型はマリアナ沖海戦前に単装機銃の増備が図られており、この際に計18挺が艦首部の上甲板及び艦前部～後部に掛けての両舷の、機銃甲板より一段高い位置にあった作業員控所に装備されて、同機銃の総数は48挺へと増大した。マリアナ沖海戦から帰還後の最初の整備時にも再度機銃の増備が行われており、この際には12挺が同様に舷側部にある各部の張り出し部等に設置されている。ちなみに、この時期の60挺という機銃装備数は、「瑞鳳」（68挺）よりは少ないが「龍鳳」とは同数だった。

マリアナ沖海戦後には、12cm28連装対空噴進砲（ロケット）の装備が行われた。装備数は片舷当たり3基、両舷当たり6基で、装備位置は後部高角砲座後方の最後部にある作業員控所（左舷は第15、右舷は第16）の下部とされている。

12cm28連装対空噴進砲は同時に全噴進弾を斉発し（28発の斉発に約10秒を要した）、時限信管で1000m位置（5・5秒）から1500m（8・5秒）で炸裂して子弾を散布するというもので、「千歳」の戦闘詳報には「発射したのが1基だけでも、被害半径及び散布は相当大」と書かれたように、適時を得て発射できれば敵機の威嚇・阻止には有効と見なされてはいた。だが、同じく戦闘詳報に「射撃機会を得るのが難しい」「噴進弾の再装填に手間がかかる」「射撃指揮装置が片舷3基当たり1基しかないのは過負荷で運用困難、各発射機を単独指揮できるようにして欲しい」等の改善要望が出たように、運用上様々な問題があって、有用に使用出来ない面も多々あった。なお、発射機の俯仰角度は＋80度～－5度、俯仰／旋回速度は1秒当たりそれぞれ18度／22度である。

本発射機の装備により、その上部の作業員控所に装備されていた25㎜単装機銃は撤去されたと思われ、捷号作戦時には追加装備として橇《そり》式の25㎜単装機銃も装備されているものの、機銃の総数は52～55挺程度に減少していた可能性がある。

航空兵装

空母に衣替えした千歳型の航空関連装備

千歳型の航空艤装は艦のサイズが近い瑞鳳型及び「龍鳳」に準じたものとされており、総じて空母としての能力もほぼ両型に相当するものとなっている。

本型の飛行甲板は全長180m、中央部最大幅23mと飛行甲板延長工事前の瑞鳳型と同等の数値を持つ。ただ、瑞鳳型や「龍鳳」が新型機運用のために飛行甲板の延長工事を実施したのに対し（改装後の飛行甲板長は200m）、本型は船体長が短いこともあってマリアナ沖海戦後も延長工事は実施されなかった（全長192・5mの本型に対して、瑞鳳型の全長は10m以上長い）。

艦首前端の飛行甲板幅は12m、艦尾後端幅は16mとこれも瑞鳳型と同様だが、吃水線からの飛行甲板高は11・64mと、日本空母では「鳳翔《ほうしょう》」に次いで低い数値となっている。本型より飛行甲板高が約2m高い米海軍のインディペンデンス級軽空母でも、荒天時の航空機運用に不安があったことから考えれば、本型含めた甲板高が低い日本の同クラスの改造空母は、この面では同様かそれ以上に悩まされたと思われる。

エレベーターは水上機母艦時代の旧艦橋位置の後方に前部のものが、帰着甲板のあった位置に後部のものが装備された。寸法は前部が縦13m×横12m、後部が縦12・5m×横12m。瑞鳳型及び「龍鳳」との比較では、前部エレベーターは瑞鳳型及び「龍鳳」と同等の大きさだが、後部エレベーターは瑞鳳型より大型、「龍鳳」よりやや小さくなっている。昇降可能重量は手持ち資料に記載がないが、「千歳」で天山艦攻を運用しているので、「隼鷹」と同等の5トン級と推定する。

　着艦制動索は呉式四型が7基装備されている。性能は各基の展張横索数1基、最大制動距離40m、最大制動速度30m／秒、復帰動力は電動機で復帰秒時12秒、最大着艦重量4トンで、翔鶴型を含めた戦前竣工の新造空母、戦前・戦時中の改装空母が標準的に装備したものだ。だが、この時期には既に大型・高速化する艦上機への対処が困難になりつつあり、以後出現する流星等の新型機に対処できないという問題も抱えていた。

　制動索で止められなかった着艦機を制止させるのに用いる滑走制止索（着艦バリアー）は、前部エレベーターの前後に固定式のものが各1基（計2基）装備されている。本型が搭載したものは制動距離7m、最大制動速度15m／秒、制動可能航空機の最大重量4トンの性能を持つ空廠式三型と呼ばれるもので、これも戦時中の日本空母の多くが搭載したものだが、新型機への対処が困難となりつつあるのも呉式四型と同様だった。

　なお、本型は瑞鳳型及び「龍鳳」より高速だったが、工事簡易化のためか、これらの艦には装備されていた遮風柵が搭載されていない。

　飛行甲板の左舷後部に装備された起倒式クレーンは容量4トンで、他艦が搭載する水偵を整備することを企図してか、「千代田」の空母改装時の図面では零式水偵を吊り下げている図示がなされている。

　格納庫は上下二層式の瑞鳳型とは異なり、「龍鳳」と同様の一層半式のものとなっている。ただし、「龍鳳」は下部格納庫が前部にあるが、千歳型は旧水偵格納庫／甲標的格納庫を流用したため、下部格納庫は後部に設けられている。

　上部格納庫は空母改装に当たり、旧来の上構を撤去して設けた、上甲板から飛行甲板に至る新設の上構の内部にある。上甲板部が床面となっており、前後部のエレベーターにより三分割される。

　このうち、前部エレベーター前の区画は九七艦攻1機が入るスペースしかないが、ここに前部の魚雷庫・爆弾庫から通じる揚魚雷兼揚爆弾筒がある。前後のエレベータに挟まれた中央部の区画は零戦計13機を格納し、後部エレベーター後方の後部区画は零戦1機と九七艦攻2機が置かれる格好となる。

　下部格納庫には後部エレベーターの前側の区画に九七艦攻4機、後方の区画に九七艦攻2機を置き、この区画には後部爆弾庫に通じる揚爆弾機もある。格納庫に収容可能な機数の合計は零戦14機、九七艦攻9機となるが、本型の搭載機定数は零戦21機、艦攻9機（予備機なし）なので、全数を搭載する場合は零戦7機を露天繋止する必要があった。

　なお、本型の艦攻は定数では九七式が指定されているが、新型の天山艦攻を運用する能力はあり、マリアナ沖及び比島沖海戦時には実際に搭載・運用がなされている。マリアナ沖海戦前には電探装備の天山も配されるようになっている。

　捷号作戦時の「千歳」「千代田」は、前者が戦闘機12機（爆戦4

■空母「千歳」前部エレベーター付近

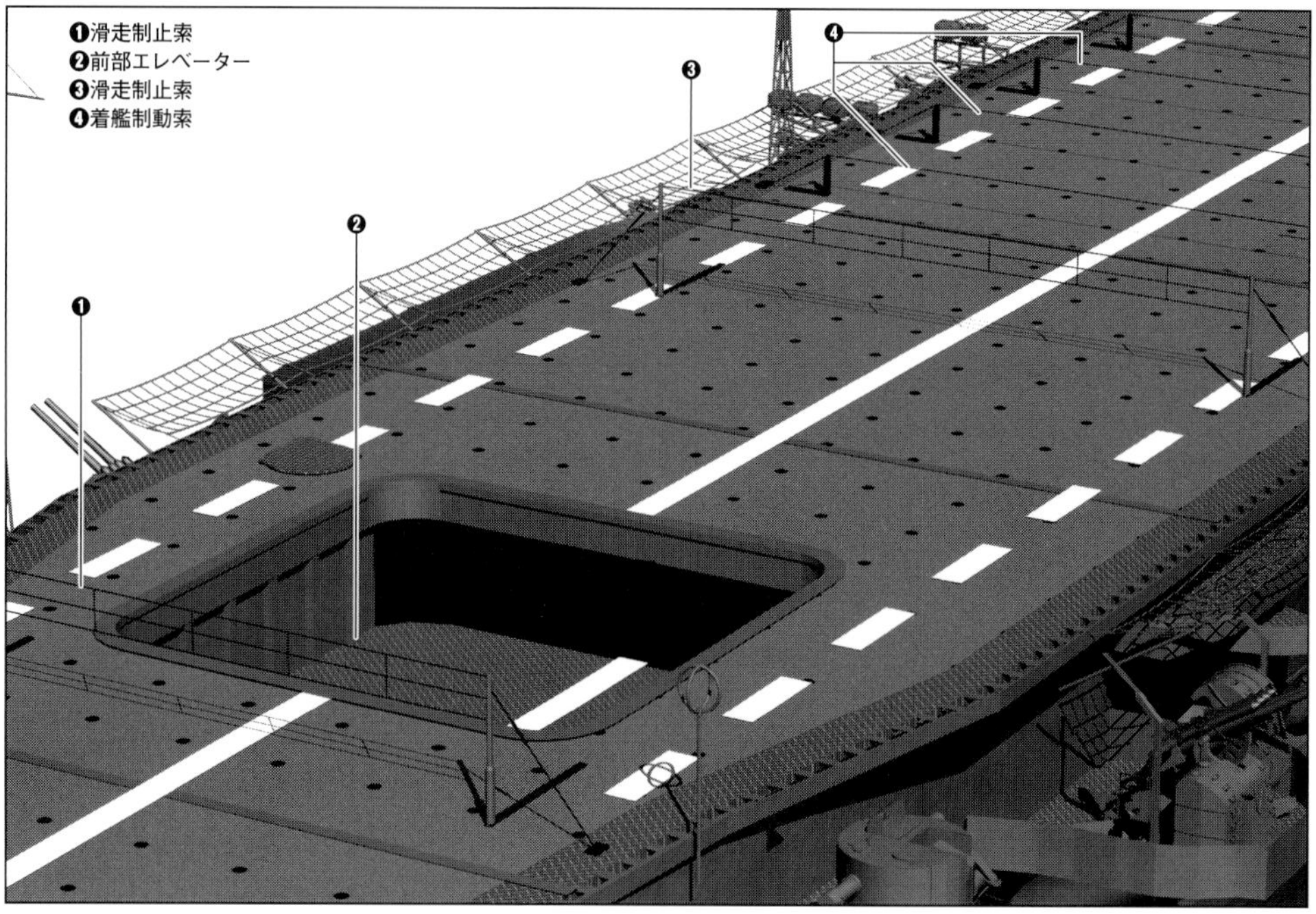
❶滑走制止索
❷前部エレベーター
❸滑走制止索
❹着艦制動索

■空母「千歳」艦尾

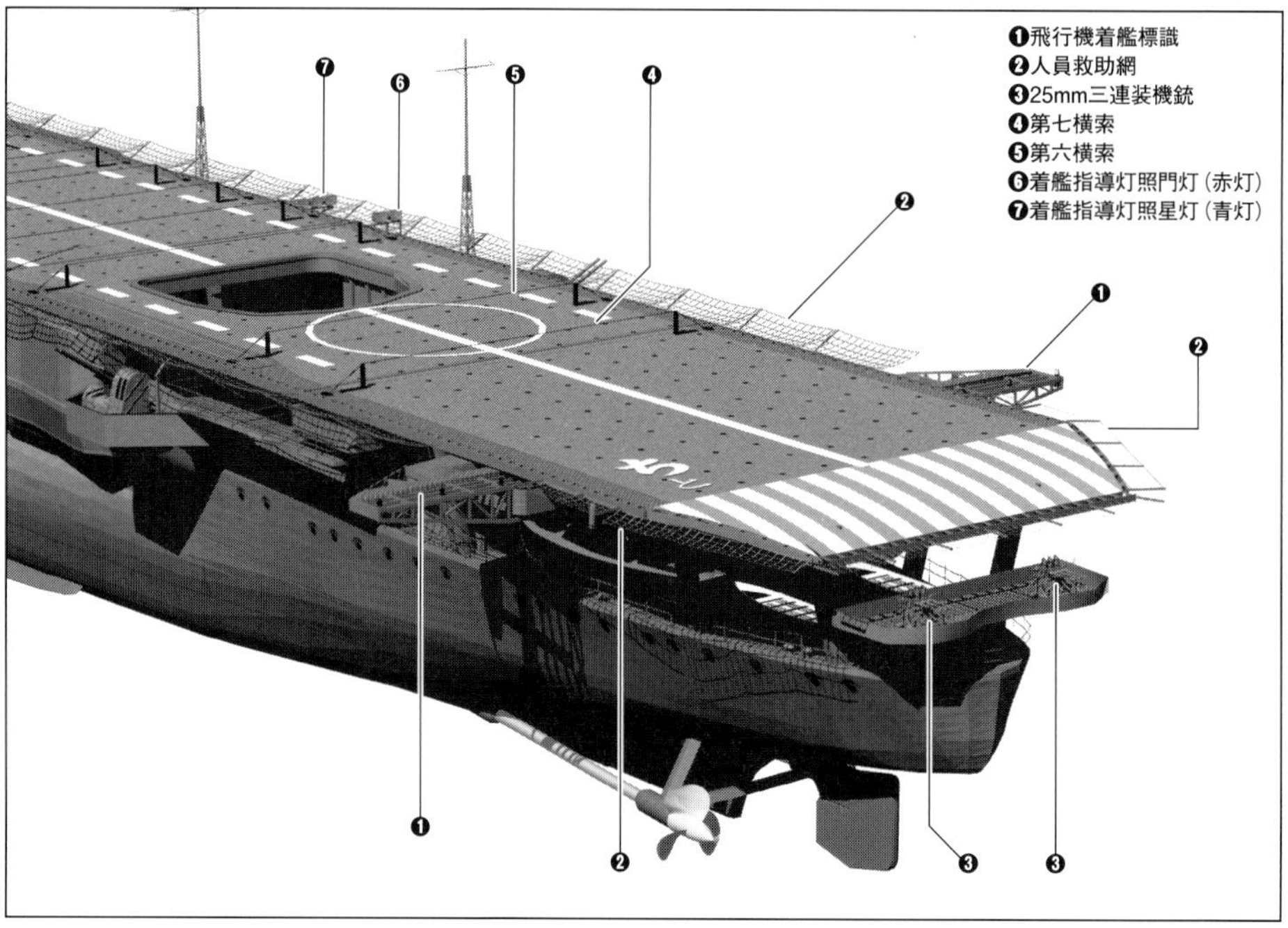
❶飛行機着艦標識
❷人員救助網
❸25mm三連装機銃
❹第七横索
❺第六横索
❻着艦指導灯照門灯（赤灯）
❼着艦指導灯照星灯（青灯）

機含む)、天山艦攻6の計18機、後者は戦闘機数は「千歳」と変わらず、艦攻は九七艦攻4機で計16機を搭載していた。

爆弾庫は前部と後部に分かれており、前部爆弾庫は上部格納庫の前部下方の船艙甲板から下甲板の間に、後部爆弾庫は後部エレベーター下方の高角砲及び機銃の弾薬庫後方に、やはり船艙甲板〜下甲板の二層を使って設置されている。

爆弾・魚雷の搭載可能最大数は800kg爆弾36発、250kg爆弾72発、60kg爆弾180発、30kg爆弾144発、魚雷18本とされるが、就役中これだけの数を搭載したことはなかったと推察される。揚弾装置は前部に爆弾用・魚雷用を兼ねた大型の昇降式のものが1基、後部に爆弾用として小型の吊架式(デリック)のものが装備されたと言われている。この揚弾装置のうち、前部のものは前述の通り上部格納庫の前部区画左舷側に、後部のものは後部エレベーターの後方左舷側の飛行甲板に通じていたことが図面で把握出来る。

航空燃料を収める軽質油庫は艦首側に4基、水上機母艦時に使用していた格納庫下の軽質油庫位置に2基の計6基が装備されていた。これらのタンクは被雷時・被爆時の抗堪性向上のため、該当区画の甲板部・隔壁から離してタンクを設置し、タンク外の空間にバラスト水を満たすだけでなく、その舷側部に重油タンクを置くなどの方策が取られていた。

なお、残念ながら本型の空母改装後の航空燃料搭載量は筆者の手持ち資料では判明しなかった。

船体、船体防御

バルジを増設などの改修で水上機母艦時代から変化

空母改装に当たり、旧来の上構を撤去の上で上部格納庫と飛行甲板を設置した形となった本型の甲板数は、最上部の飛行甲板から、最下層の船艙部までの計8層となった。

空母化による排水量増大により、改装前でも吃水線上約1mの低い位置にあった下部格納庫の床面部(下甲板)が水面下に没し、浸水への抗堪性が大きく低下することが懸念されたため、艦の中央部にバルジが設置されたのが本改装での特徴の一つとなる。ただし、それでも改装後の完成公試状態で平均吃水は約7・51mに増大、この状態での艦首先端部高さは7・41m、問題の下甲板部は吃水線上約80cmと辛うじて要求を満たした。

なお、排水量は改装前と比べて軽荷状態で約970トン増大、その影響で水線長は183mから184・65mに変化している。また、バルジ増設によって水線部の最大幅は20・8mに増大、艦の最大幅は飛行甲板部の23mとなった。

防御面では、先述のガソリン庫の抗堪性向上や、ミッドウェー海戦の戦訓による揚爆弾・揚魚雷機構の改正、バルジ追加による水中防御の一定の改善等がなされたことで、改装前に比べてある程度向上したと言えるが、基本的に無防御で脆弱な艦であるのは変わらなかった。

電探装備

改装時に増設された電探 使用上の問題も発生

対空用電探は改装終了時点では二号一型の二型系列(最大探知距離150km、有効距離70km、編隊目標で100km)が、艦首側の飛行甲板中央部に隠顕式で設けられている。これは羅針艦橋後部の第一受信室兼通信指揮室の後部に接する形で設置が行われており、下降時にはその底面が上部格納庫の床面となる上甲板に接する形となる。電探の使用時には、レーダーアンテナとその下方にある円筒形の電波探信儀室を飛行甲板上に出して作業を行うが、使用時には当然ながら発着作業が実施出来なくなるという一大欠点があった。

マリアナ沖海戦後には、対空兵装増備と合わせて二号一型より探知能力・方位精度等に劣る面はあるが、より小型軽量かつ信頼性に優れる一号三型電探が、右舷前部の高角砲座前の機銃座にある起倒式の右舷前部無線檣に1基追加で装備された(同電探の有効距離は単機目標50km、編隊目標100km)。しかし、これも「千歳」の捷号作戦時の戦闘詳報に拠れば、発着艦作業中には使用出来ないと報告されており、二号一型／一号三型共に発着艦作業時に使用出来ないのは電測兵装の面での最大の欠陥とされている。

戦闘詳報ではこの問題を解決するため、一号三型電探を外舷の突出部に装備して、発着艦時でも使用出来るようにすることが要望されているが、同艦沈没後の話なので、もちろんこれは実施出来ていない。なお、本型は喪失に至るまで、対水上目標探知用のレーダーである二号二型は装備されなかった。

逆探は、他の日本艦艇同様にE-27型系列の装備が行われ、竣工時点の図面でも同型のアンテナが左舷の九四式高射装置の後方に配されているのが確認できる。恐らく、本型も他艦同様に当初はメートル波／デシメートル波対応型を搭載、喪失前にセンチメートル波対応型が搭載されたものと思われる。

■空母「千歳」二号一型電探(隠顕式)

■二式二号電波探信儀一型(二号一型電探)

用途	対空見張用
波長	1.5m
出力	5kW
最大有効距離	編隊100km、単機50km

■空母「千歳」一号三型電探

■三式一号電波探信儀三型(一号三型電探)

用途	対空見張用
波長	2m
出力	10kW
最大有効距離	編隊100km、単機50km

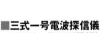

日本海軍改装空母整備計画

水上機母艦および甲標的母艦から軽空母へと改装された千歳型。本型のように他艦種から空母へ改装された艦は、日本海軍において少なくない。ここでは「龍鳳」や祥鳳型など、千歳型を含む改装空母の整備計画について概観する。

文／本吉 隆

■空母「龍鳳」

潜水母艦「大鯨」から改装された空母「龍鳳」。建造時および改装時に様々なトラブルに見舞われ、戦力化に多くの期間を要した。マリアナ沖海戦に参加したが、その後は艦上機の不足もあって輸送艦として用いられている

ロンドン条約下の空母予備艦

■「大鯨」＝「龍鳳」

ロンドン条約（※1）の締結後、対米戦で必要と考えられた艦隊の整備が不可能となると、日本海軍は条約制限を潜り抜けて不足する兵力を補う方策を考えはじめた。艦隊航空兵力の主力である空母も条約の対象艦となり、これを受けて有事の際には第二状態として速やかに航空母艦に改装しうるように設計を行い、合わせて空母改装に必要な所要機械の搭載・艤装を施した空母予備艦となる艦を、条約外艦艇として整備することが推進されるようになった。

これと同時に、民間の優秀商船を戦時に空母に改装することも計画され、昭和12年（1937年）以降、これに充当する船舶の建造に際して、政府より手厚い保護を行う施策も採っている。なお、この商船改装空母の計画については、本誌VOL.46の「日本海軍の改装空母整備計画」「隼鷹型空母の建造と空母改装の経緯」を参照いただきたい。

空母予備艦の整備は、ロンドン条約直後に策定された㊀計画（第一次補充計画）では見送られたが、艦隊航空戦力拡充の必要から急速に建造を要するものとして、昭和8年（1933年）の補助艦艇製造費追加で1万トン型潜水母艦として建造が認められる。

これが昭和8年4月に起工された「大鯨《たいげい》」だが、本艦は建造中の電気溶接の不具合や友鶴《ともづる》事件（※2）対応の設計変更をはじめとする各種の問題への対処もあり、書類上では昭和9年（1934年）3月31日に竣工したものの、以後も残工事だけでなく、竣工後に発覚した船体強度不足や主機不調の改善などを実施する必要が生じたため、実働状態になるのに約4年半を要することになる。この後、「大鯨」は「瑞穂」と共にディーゼル主機の試験艦扱いで運用が続けられるが、機関不調が長引いたこともあって空母改装に不適当と見なされた。本艦は搭載機30機、ディーゼル主機により速力33ノットを発揮可能な小型空母へ3カ月で改装可能とすることも予定されていたが、一時、空母予備艦の対象からも外されている。

しかし、太平洋戦争開戦前の情勢悪化を見て、「剣埼《つるぎざき》」「高崎」に続いて本艦も空母改装の対象艦とすることが改めて決定された。開戦時、第三潜水戦隊旗艦だった「大鯨」は、開戦直後の昭和16年（1941年）12月20日より空母改装を開始している。

本艦の改装は飛行甲板形状の変化や機関の換装等を含め、元の改装計画と比べて変更点が多かったことからかなりの大工事となり、さらにドーリットル空襲で損傷を受けた影響もあって工事は長引き、改造完了2日後の昭和17年（1942年）11月30日に空母「龍鳳」と命名された。

その後、本艦は日本海軍が大型艦による洋上作戦実施を諦めるまで機動部隊の中核艦として行動し、空母予備艦では唯一喪失を免れた艦ともなった。

■「剣埼」「高崎」＝「祥鳳《しょうほう》」「瑞鳳《ずいほう》」

続いて昭和9年に承認された㊁計画（第二次補充計画）では、空母改装前提の制限外艦艇として、1万2000トン型の給油艦2隻の建造が承認された。この給油艦への計画時の要求は、第一状態が排水量1万トン、速力20ノットの高速給油艦とされ、速力36ノット以上、搭載機36機の空母となる第二状態へは1カ月で改装可能とすることなど、「大鯨」よりさらに厳しい要求がなされている。

ちなみに、当初は「大鯨」を元にして給油艦の装備を行う予定だったが、「大鯨」の各種不成績から完全な新規設計艦に改めて整備が行われることになった。

この計画に基づく給油艦として、まず昭和9年12月に「剣埼」が、続いて昭和10年（1935年）6月に「高崎」が起工される。

■空母「祥鳳」

高速給油艦「剣埼」として起工され、潜水母艦として竣工、その後に空母へ改装された「祥鳳」。昭和17年5月7日、MO攻略部隊主隊の一艦として参加した珊瑚海海戦で、米空母「レキシントン」「ヨークタウン」の艦載機の攻撃を受けて撃沈された

両艦は建造途上にあった昭和12年、日本が軍縮条約下から離脱したのを受けて、第二状態への改装工事期間を短縮するため、機関関連艤装及びエレベーターの搭載を含めて空母状態に近い艤装を施した第一状態bとして竣工させることが決定する。

機関の増載の影響で給油能力

（※1）…一九三〇年ロンドン海軍条約。昭和5年に締結された海軍軍縮条約で、ワシントン条約で定められた主力艦代艦の建造中止を5年間延長した。また、ワシントン条約での空母は排水量1万トンを超えるものとした定義を撤廃し、排水量に関わらず制限量内に含めるとした。　（※2）…昭和9年（1934年）3月12日に発生した、荒天で水雷艇「友鶴」が転覆した海難事故。これにより重武装の日本艦艇の復原力不足が発覚し、多くの艦艇が改修を強いられることとなった。

をほぼ喪失したことから、両艦は潜水母艦へと艦種変更されることになり、先に起工された「剣埼」は昭和14年（1939年）1月12日に竣工、以後しばらく、「大鯨」同様に新型潜水艦に対応可能な能力を持つ数少ない潜水母艦として活動する。

一方で昭和14年9月には、第二次ロンドン条約のエスカレータ条項発動に伴って開始された米海軍の戦備強化に対応する軍備促進の方針により、「剣埼」「高崎」の空母改装が命ぜられ、昭和15年（1940年）1月に建造中だった「高崎」を空母へと改装する工事が開始される。

「大鯨」「剣埼」のディーゼル主機の実績を受けて機関の蒸気タービンへの換装を実施したこと、艤装途上での設計ミスの発覚等もあって本艦の工事は予定より長引き、昭和15年12月27日に空母「瑞鳳」として完工を見る。続いて「剣埼」が昭和16年1月より空母改装を開始、「瑞鳳」同様の工期を要して昭和17年1月26日に「祥鳳」として竣工した。

両艦は改装完了後、まず主力部隊及び前進部隊の直衛艦として扱われ、「祥鳳」は珊瑚海海戦で喪失となる。一方、「瑞鳳」はミッドウェー海戦での四空母喪失後、大型空母の直衛を主務とする空母として機動部隊へ編入され、南太平洋海戦以降、レイテ沖海戦で沈没するまでの諸作戦で活動、マリアナ沖海戦で攻撃戦力の一翼も担うなど、艦隊型小型空母として有効に使用された。

■空母「瑞鳳」

潜水母艦「高崎」として建造中に空母へ改装された「瑞鳳」。南太平洋海戦、マリアナ沖海戦、レイテ沖海戦のエンガノ岬沖海戦と三度の空母決戦に参加した。写真はエンガノ岬沖海戦で米艦載機の攻撃を受ける「瑞鳳」

その他の改造空母

■千歳型および「瑞穂」

「剣埼」「高崎」と同様に㊁計画で整備された水上機母艦3隻のうち、千歳型は要求で「空母に改装し得ること」があったが、戦前は水上機母艦及び甲標的母艦としての運用が前提とされたことから、戦前段階では空母としての詳細設計は行われていない。このため、準同型艦と言える「瑞穂」を含めて、これら3隻の水上機母艦は空母予備艦とは言い兼ねる面がある。このような事情もあり、戦前にこれら3艦の空母改装は検討されていない。

なお、千歳型の空母改装に関する詳細は、次項を参照して頂きたい。

■「伊吹」

昭和12年の㊂計画（第三次海軍軍備補充計画）以降では、軍縮条約の縛りがなくなり、空母予備艦の整備の必要がなくなった。また、同時に空母の整備は大型・中型の空母に集約されることになり、軽空母の整備も実施されなくなる。

ただし、ミッドウェー海戦後に改鈴谷型重巡として建造中だった「伊吹」の空母改装が検討され、一旦は小型過ぎて空母改装には不適とされるが、昭和18年（1943年）8月の建造中止後に、順調に進展しない空母新造計画を憂慮した軍令部が再度空母化を要求したことで、久々の小型の艦隊型空母として改装が行われることになった。

「伊吹」の改装は同年11月から開始されるが、戦局の悪化もあって昭和20年（1945年）3月に工程約80%で工事を中止、そのまま終戦を迎えて戦後に解体された。

日本海軍が3隻整備した空母予備艦は全て空母改装がなされ、そのうち2隻は空母決戦と位置づけられた南太平洋海戦とマリアナ沖海戦で機動部隊の一翼を成したように、全艦が有用に使用されている。

また、「準・空母予備艦」だった千歳型を含めて、空母予備艦として整備された艦のうち4隻が、大戦後半の機動部隊において重要な戦力として扱われていたことも確かな事実だ。そうした見地からすれば、日本の空母予備艦は要求に対して十分な実績を残し、成功した施策であったと評して良いのではなかろうか。

■空母「伊吹」

昭和17年の(急)計画で建造が計画され、同年4月24日に起工された改鈴谷型重巡の一番艦「伊吹」。島型艦橋や飛行甲板を設置した工程約80%で工事が中止された。写真は昭和20年10月19日、佐世保軍港における「伊吹」

千歳型の建造と空母改装の経緯

水上機母艦として建造された千歳型は、「千代田」が甲標的母艦へ改装されながら、最終的に両艦とも空母へ改装された。本稿では日本海軍における水上機母艦のあらましを追うとともに、甲標的母艦および空母への改装の経緯を解説する。

文／本吉 隆

日本海軍は第一次大戦期、鹵獲貨物船を輸送船とした「若宮丸」に、水上機3機を搭載、航空機格納所や弾火薬庫を設けて水上機母艦として運用した。大戦中の大正4年（1915年）、「若宮」として軍艦籍に編入されている

海軍航空と水上機母艦の曙《あけぼの》

海軍では当初、陸上機型の車輪式航空機の艦上運用は困難と考えられたため、水上機を基本としての海軍航空のあり方が模索されていく。第一次大戦時には艦隊随伴可能な高速のものは、主力艦隊に航空索敵能力を付与すべくこれに随伴して作戦に従事したり、沿岸部のドイツ軍拠点に対する空襲作戦実施などの任務で、相応の結果を残し続けた。

港湾奇襲の兵力として水上機に期待していた日本海軍でも、英海軍と同時期に艦隊航空の模索が始まっている。第一次大戦開戦直後の大正3年（1914年）には、前年に航空機搭載艦として活動した「若宮丸」に簡素な改装を施した上で「水上機母艦」として作戦参加させ、同艦は同年9月からの青島攻略作戦において「世界で最初に搭載機による索敵・攻撃等の任務に就いた水上機母艦」という実績を残している。

だが、英海軍においても日本海軍においても、1915年以降の水上機母艦の実績により、基本的に水上機は車輪式の陸上機に比べて性能面で不利な上に、洋上運用の場合、発艦はともかく揚収に手間が掛かるのに加え、悪天候等の理由で収容が困難となることが多いなど、運用面での制限が多いことが認識されるようになる。

このような実績を見て、1917年度以降に英海軍はより性能に勝り、運用が天候に左右される度合いも水上機より少ない車輪式航空機を運用可能で、艦隊の作戦に付随可能な速力を持つ本格的な「航空母艦」の整備を始める。そしてこの後、日米を含む各国の海軍は、これに追随して空母の整備を開始・検討するようになった。結果、航空母艦に代替されて、水上機母艦の整備は下火となっていく。

軍縮条約下での艦隊型水上機母艦の復権

だが、ワシントン海軍軍縮条約で戦艦と共に航空母艦にも保有排水量制限枠が定められると、これらの艦種の日本の保有枠は米英の6割とされてしまった。同条約では1万トン以下の小型空母は制限外になるという抜け道があったため、日本はこれに該当する艦の整備により、この不利を解消しようと試みる。

しかし、経済的問題もあって海軍が望んだ大規模かつ急速な艦隊整備は実現せず、ようやく昭和2年（1927年）に公布された補助艦艇製造費の追加分で、「若宮」代艦となる8000トン型の水上機母艦の整備が認められた。これは最終的に完全な空母となった「龍驤《りゅうじょう》」となり、同艦以外の整備は実現せずに終わる。

「龍驤」が起工された翌年の昭和5年（1930年）、ロンドン海軍軍縮条約が締結され、重巡と駆逐艦、潜水艦の保有量も日本海軍の作戦要求に満たない数で保有枠が定められたことで、日本海軍が対米作戦の基本としていた「漸減作戦構想」が一旦崩壊するに至る。この情勢下で日本海軍は新たな決戦の方策を模索し、艦隊航空兵力の増強による戦力拡充を検討することになるが、ロンドン条約で1万トン以下の空母も保有制限枠に含められたことで、「龍驤」のような小型空母の整備で大型空母の不足を補うという方策も不可能となってしまった。

ちょうどこの時期、タンカーを改装して艦隊付属の水上機母艦とした「能登呂《のとろ》」が、満州事変や上海事変等において、その搭載機をもって艦隊作戦および陸上作戦に大きく貢献したことで、水上機の前線進出を容易とすることを含めて、水上機母艦の価値が見直されていた（実際に日本海軍は、「能登呂」の活動を高く評価し、昭和7年には「神威《かもい》」を改装して水上機母艦兵力を増

「若宮」の代艦として、またワシントン海軍軍縮条約の制限外に当たる、基準排水量1万トン以下の空母として建造された「龍驤」だったが、ロンドン条約の結果、制限量内に含められることとなった

強するに至っている)。このような情勢下で、大型の艦隊型水上機母艦の整備により、艦隊航空兵力の拡充を図る方策が検討されるようになったのは、ある意味必然と言えるかも知れない。

新たな「漸減作戦」の確立を目指す戦備が本格的に開始された昭和8年(1933年)、日本海軍は軍縮条約の制限外艦艇として、水上機多数を搭載して、空母のように艦隊作戦に使用することを主目的とした高速大型の

上海事変により水上機母艦の増勢が急務となり、米国製の運送艦「神威」が水偵の運用能力を持つよう改装された。写真は運送艦時代の「神威」。なお、本艦は電気推進式の特異な機関を持つ

運送艦(給油艦)を改装し、水偵を搭載可能な木造甲板や揚収用デリックを搭載した「能登呂」。満州事変や上海事変において水偵を運用し、地上部隊支援などの任務に従事している

水上機母艦の整備を決める。この大型水上機母艦は昭和9年に公布された㊁計画(第二次補充計画)で主機械の型式等の異なる水上機母艦(甲)／第一甲型運送艦2隻と水上機母艦(乙)／第一乙型運送艦1隻に分けられて整備される予定となった。このうち(甲)2隻が千歳型、(乙)は「瑞穂」となる艦である。

3隻は平時(条約下)では条約制限を考慮して基準排水量9000トン、速力20ノット、航続力は16ノットで8000浬の要目を持ち、射出機は持たないが、搭載機24機を運用可能な航空艤装を施すこととされた。

一方で、戦時状態での排水量が1万4000トンとされた(甲)は、同状態では速力を巡洋艦等の高速艦艇との協同作戦を考慮した28ノットへ増大するため、機関強化を図り、同時に射出機装備により多数機の同時発艦が可能な有力な水上機母艦(第一状態)として活動する艦とされた。

他方、(乙)は戦時も主機関の増載をせず、速力は22ノットに抑えるものの、その他の性能は(甲)に準ずるものとして要求がなされている。また合わせて、これらの艦は揃って戦時に甲標的母艦(第二状態)として活動できる能力を付与することも要求されており、必要な特殊艤装の装備を考慮の上で設計を進めることとされた(当初の甲標的搭載要求数は16と言われる)。

さらに加えて、軍令部からは下記の諸条件を満たす艦とすることも要求され、極めて特異な艦種として、その設計はかなりの難題となった。

①高速給油艦として使用しうること。

②艦上機用の帰着甲板を設けうること。

③航空母艦に改造しうること。

このうち、本型の対米決戦時の本命状態ともなる甲標的母艦(第二状態)は、将来の改装を見据えて、設計面を含めて当初より本格的な検討が行われた。

一方、高速給油艦の要求は、特に専用艦とすることはせず、水上機母艦等の状態で相当量の補給用の重油搭載(当初要求は5000トン)を搭載可能とすることを含めて、限定的な給油艦機能を持たせることとして、その搭載位置等の検討が行われている。

帰着甲板の搭載も、上甲板より上に長さ100m(160m説もある)、幅20m程度のものの設置を想定して、その場合の構造および復原性等について十分な検討が行われ、第一、第二状態ではその一部を艦上に設けて実験も行っている。しかし、長期の準備と改造期間を要する最後の航空母艦への改装は、詳細設計は後日とし、この時点では見送られた。

水上機母艦(甲)への要求は、昭和9年(1934年)11月にさらなる速力増強要求(28ノットから30ノット)が出たことへの対処などを織り込みつつ、全長186m、戦時状態での機関出力7万馬力、艦上機帰着用甲板の一部となる構造物を2カ所に設けた艦として基本計画が纏められつつあったと言われる。

だが、同年の友鶴事件による海軍艦艇の復原性不良の発覚に続き、翌年の第四艦隊事件で新型艦の船体強度不足が発覚したことから、復原性能および強度改善のための吃水の増加を含む船型の改正、艦の風圧面積減少のための上構形状・配置の見直し、補給用燃料搭載量減少を含めて艦内配置変更を含む大規模な設計の見直しがなされるに至る(甲型の要求が戦時状態の基準排水量9000トン、機関出力6万馬力で速力29ノットに改定されたのはこの時と推測され、恐らくこの際に甲標的の搭載数も12基に変更されたと思われる)。

これらの改正を実施しつつ、本型一番艦の「千歳」は昭和9年

水上機母艦としての竣工前、鹿児島県佐多岬沖にて公試を行う「千歳」。昭和13年7月18日撮影

同じく佐多岬にて、標柱間で全力公試を行う「千代田」。昭和13年11月10日撮影

11月26日に呉工廠で起工された。

だが、上記の性能改善のための設計工事に加え、起工直後に日本のワシントン／ロンドン条約体制下からの離脱が決定したことで、条約の制限に囚われずに艦を竣工させることが可能となり、さらなる設計変更等が生じたこともあって、進水は約2年後の昭和11年（1936年）11月29日となった。そして、その約1年8カ月後の昭和13年（1938年）7月25日、戦時の第一状態である射出機4基装備の水上機母艦としてようやく竣工を見る。

一方、「千歳」の進水を待つ形で昭和11年12月14日に同じく呉工廠で起工された二番艦の「千代田」は、その約11カ月後の昭和12年（1937年）11月19日には早くも進水、以後も順調に工事が進んで、「千歳」竣工の5カ月後、起工から約2年を経た昭和13年12月15日に竣工に至っている。

ちなみに、「千歳」「千代田」両艦の艤装工事末期は、同じポンツーン（浮桟橋）の左右両舷に両艦が係留されて行われる形となり、これは工事上極めて好都合だったとの回想が残っている。

この両艦は竣工後、有力な水上機母艦として重宝され、太平洋戦争開戦前の中国方面海軍作戦でもかなりの活動を見せた。また、「千代田」は昭和15年（1940年）以降、甲標的母艦改装の試験艦として活動、昭和16年（1941年）5月からは甲標的の訓練の合間を縫い、呉工廠で甲標的母艦としての改装を断続的に実施し、同年8月下旬よりの最終的な改装を経て、9月18日から9月末まで行った試験の後、甲標的母艦として再就役して太平洋戦争開戦に備えることになった。

「瑞穂」と「日進」の整備

千歳型と同じ㊂計画で整備された水上機母艦（乙）こと「瑞穂」は、昭和12年5月1日に神戸川崎造船所で起工され、昭和14年（1939年）2月25日に竣工した。

本艦は基本的に千歳型の準同型艦だが、主機換装による余裕が生まれた艦内容積を利用しての搭載機数増大、高角砲の射界改善を含む兵装の強化、復原性改善等を考慮しての機銃甲板形状の変更など、多くの部分で設計改正が行われたため、性能面・外見面だけでなく、艦内配置等にも多くの相違が生じた。主機を全ディーゼルとした本艦は就役後、機関不調に悩まされたが、千歳型と同様に有力な水上機母艦として太平洋戦争緒戦期まで活躍を見せることになる。

続いて、昭和12年の㊂計画（第三次海軍軍備補充計画）では、敷設艦（甲）と呼称される、当初水偵搭載の1万1600トン型高速敷設艦1隻の整備が盛り込まれたが（第五号艦）、後にこれは千歳型より高い航空機運用能力を持つ有力な水上機母艦とすることに計画が改められる（この計画変更は、大型高速水上機母艦が空母と同様に前線に出た場合、攻撃隊の収容が困難であると考えられたため、これらの艦に代わって後方で攻撃に出た水上機の収容任務に当たる水上機母艦の増勢が望ましいと考えられたことが影響したと言われる）。

これにより建造されたのが、昭和13年11月2日に敷設艦として呉工廠で起工され、進水約1カ月前の昭和14年10月31日（進水日は11月30日）に水上機母艦に類別された「日進」である。本艦はさらに建造途上で甲標的母艦（第二状態）として竣工させるよう計画変更され、以後、「千代田」の改造・試験の実績を織り込みつつ艤装工事を進めて、開戦後の昭和17年2月27日に「第二状態」で竣工するに至り、艦隊型の水上機母艦としては活動することなく終わった。

昭和14年頃、青島方面における水上機母艦「瑞穂」。同艦は昭和17年5月2日、ガトー級潜水艦「ドラム」の雷撃により撃沈され、日本海軍が太平洋戦争で初めて喪失した軍艦（駆逐艦や潜水艦を含まない狭義の軍艦）となった

「千歳」「千代田」の空母改造

　太平洋戦争開戦時、日本海軍の大型高速の艦隊型水上機母艦のうち、水上機母艦としては「千歳」「瑞穂」が就役中、「千代田」は第二状態こと甲標的母艦として就役状態、「日進」が艤装中という状態にあった。

　このうち、水上機母艦状態の2隻は開戦時より南方進攻作戦で活躍を見せるが、南方進攻作戦終了後、「瑞穂」は機関の改正工事に入り、これの終了後間もない昭和17年5月1日に米潜水艦の攻撃を受けて沈没する。「千歳」は以後も水上機母艦として活動を続け、ミッドウェー作戦およびガ島方面での初期作戦までこの状態で活動した。

　甲標的母艦の「千代田」と「日進」は戦況の変化もあって、甲標的の輸送を含む各種の輸送任務に投ぜられていた（「日進」は昭和18年7月22日に沈没するまで事実上、高速輸送艦としての使用が続けられる）。

　その後、ミッドウェー海戦での艦隊型空母の損失補充のため、航空母艦の急速増勢計画が立案され、昭和17年6月30日には昭和18年度に空母改装を開始する艦として、「千歳」「千代田」を含む5隻が指定された。なお、両艦の空母改造訓令は昭和17年9月30日に出されている。

　空母改造訓令が出た時期にはガ島戦での作戦中だった両艦のうち、「千歳」がまず空母改装に入ることになり、昭和17年11月10日にトラックから内地へ回航の途につき、昭和17年11月28日より佐世保工廠で改装工事に入った。一方、12月25日にトラックから横須賀に向かった「千代田」は、昭和18年2月1日に横須賀工廠で改装工事を開始する。

　祥鳳型に準じた性能を持つ平甲板型空母として設計が進められた本型の空母改装工事は、艦上部の完全な作り直しと、空母として必要な各種航空艤装の装備、艦尾部を含めて艦内各部の多くが改正対象となるという、かなりの規模の工事となっている。ただ、それでも機関改正を要さなかったお陰もあり、改装の予定工期とされた10カ月を概ね遵守して、「千歳」は昭和18年9月15日、「千代田」は昭和18年12月21日に工事を終えて空母として再就役することになる。

　両艦は以後、日本海軍最後の空母決戦となったマリアナ沖海戦と、続く最後の艦隊決戦と言えるレイテ沖海戦で日本海軍機動部隊の艦隊型空母の兵力の一翼をなす存在として活動した。そして、レイテ沖海戦において共に行動した「瑞鶴」「瑞鳳」と共にエンガノ岬沖海戦で米艦上機の攻撃を受けて沈没し、栄光ある日本海軍の機動部隊の最期を看取ることにもなった。

　日本海軍の計画した「艦隊型高速水上機母艦」は、当初構想された主任務のうち、第二状態である甲標的母艦については成功したとは言い難い。しかし、第一状態の艦隊型水上機母艦としては、太平洋戦争開戦時期の「千歳」「瑞穂」の行動を含めて、南方進攻作戦終了直後時期までは、期待された成績を収めたといえる実績を残している。

　また、空母としては小型だけにその能力は限られたが、米海軍の軽空母に近い性能があることを含めて、太平洋戦争時の艦隊型空母兵力を構成する艦として十分な性能を持つ艦と評せるものであり、実際、最終時期の日本機動部隊の行動では、兵力上不可欠な存在でもあった。

　そうした点から、本型は「当初の所定の要求を満たし、戦時の緊急時に間に合った」艦と言える存在であり、その整備は概ね成功であったと言えるのではないだろうか。

千歳型の搭載機数

■水上機母艦時の定数

九五式水上偵察機（二座）×16機
九四式水上偵察機（三座）×4機

※後に二座水偵は零式観測機、三座水偵は零式水上偵察機に変更。なお、ミッドウェー海戦の頃に三座水偵の定数は7機へ増大したとされている。

■空母改装時の定数

零式艦上戦闘機×21機
九七式または天山艦攻×9機

■マリアナ沖海戦時（空母）

「千歳」
零戦五二型×6機
零戦二一型（戦闘爆撃機）×15機
九七式艦攻×6機
天山艦攻×3機

「千代田」
零戦五二型×6機
零戦二一型（戦闘爆撃機）×14機
九七式艦攻×6機
天山艦攻×3機

■レイテ沖海戦時（空母）

「千歳」
零戦×12機（戦闘爆撃機4機を含む）
天山艦攻×6機

「千代田」
零戦×12機
九七式艦攻×4機

空母への改装後、公試へ向かうべく佐世保軍港を出航する「千歳」

空母改装後、東京湾にて公試を行う「千代田」。昭和18年（1943年）12月1日撮影

千歳型の運用と艦隊編制

文／本吉 隆

水上機母艦、甲標的母艦、空母へと改装を重ねた千歳型。本稿ではそれぞれの時点における運用法について詳述する。また、戦前および太平洋戦争期における千歳型を含む艦隊編制についても解説する。

艦隊型水上機母艦および艦隊型小型空母の運用

ロンドン条約の制限下で生まれた艦隊型の高速大型の水上機母艦は、その大きな航空機運用能力により、空母の代替として艦隊航空攻撃兵力の一翼をなす存在としての活動が要求されていた。

なお、昭和14年（１９３９年）の「戦時艦船飛行機搭載標準」では、本型の搭載機の任務は「戦闘、攻撃、弾着観測、測的」とされた。主力となるのは九五式水偵および零式観測機の二座水偵・観測機で、これらの機体は第一次大戦時の複座戦闘機と同様に、艦隊防空、戦闘空域の制空、攻撃任務時の護衛任務を果たすほか、軽攻撃機として艦艇および地上攻撃に充当されるのに加え、近距離の偵察・観測任務でも使用された。

一方、大型の三座水偵は、長距離索敵や夜間触接、攻撃任務に投ぜられ、また、これらの二座／三座水偵は共に対潜哨戒にも使用されることになる。実際、南方進攻作戦での「千歳」「瑞穂」の両艦は、日本の艦隊および輸送船団への直掩を含む航空支援、敵要地攻撃、索敵・攻撃に出てくる蘭米の水上機・飛行艇の撃破を含む所在敵航空兵力の撃破に大きく貢献した。

さらにガダルカナル島戦時の第二次ソロモン海戦まで「千歳」が空母の代役として艦隊上空の直掩任務等に当たるなどの活動を見せており、開戦後しばらく、本型がこのような任務に充当可能な能力を持つと認識されていたことを示している。また、この他に沿岸部の前進根拠地において、基地機を含む水偵隊の支援を行う基地機能を提供する艦としても活動することがあった。

第二状態となる甲標的母艦の任務は、艦隊決戦時に敵主力艦隊の進出予想海面に進出して、各母艦から発進した特殊潜航艇（甲標的／特殊格納筒）により、接近してきた敵艦隊に魚雷攻撃を実施、敵兵力を漸減して艦隊決戦を優位に進ませるという構想の下に進められたものだ。もっとも、甲標的母艦は戦争の形態の変化もあり、その能力を発揮するに至らなかった。

この他に潜水艦絡みでは、「千歳」と「千代田」は、大型の艦隊型潜水艦に対応できる潜水母艦兵力の不足から、一時、潜水艦戦隊旗艦となる潜水母艦として充当することも考慮されていたが、これは実施されずに終わった。

これ以外にも、千歳型および「瑞穂」「日進」は高速給油艦としての能力も限定的に持っており、状況によってはこの任務に就くことが期待されていた。さらに、艦内の広大なスペースと艦上の大型クレーン装備を利して、高速輸送艦として行動することも可能であり、実際、戦時中はこの任務で重宝された。

空母改装後、艦隊航空戦力の主力として活動することが求められた千歳型は、戦闘爆撃機と誘導用の艦攻を搭載して、代用艦爆である戦闘爆撃機の緩降下爆撃で敵空母への先制攻撃を行う兵力として錬成が行われた。

当然ながら、戦闘機・戦闘爆撃機は艦隊防空にも使用され、攻撃時には戦闘機は援護に付くが、戦闘爆撃機もある程度、敵戦闘機との交戦で自衛をしながら敵空母への攻撃を行うことが期待されていた。また、艦攻は誘導の他、長距離索敵等にも投じられる。

なお、空母時代の本型も、水上機母艦時代同様に輸送や船団護衛の任務に就いたことがあった。

千歳型の艦隊編成

有力な水上機母艦として竣工した千歳型は、竣工直後に連合艦隊に配された。連合艦隊にあるときは、連合艦隊附属もしくは他の水上機母艦／特設水上機母艦等と航空戦隊／戦隊を編成する形が取られている。

「千歳」は竣工直後、昭和13年（１９３８年）10月〜11月の広東攻略作戦で第五艦隊（当時の南支方面艦隊）の遡江航空襲隊として「神川丸」と組んで参加、同作戦終了後、間もなく本土に戻った。

「千歳」に続いて「千代田」も中国方面に派遣され、海南島作戦に参加した後、一旦連合艦隊に戻るが、昭和14年（１９３９年）5月以降、第五艦隊、後の第二遣支艦隊に附属艦として配属が続けられている（この時期に艦隊に就役した「瑞穂」も、第四艦隊／後の第三遣支艦隊の第十二戦隊に配備となって中国方面の作戦に当たり、昭和15年2月に整備のために帰還した）。

この後、「千代田」は甲標的の洋上発進試験艦として使用されることになり、昭和15年（１９４０年）5月1日に内地へ帰還した後に特別役務艦となった。「千代田」は以後しばらくこの状態が続いた後、甲標的母艦としての改装が完了した後、太平洋戦争の開戦直前時期に艦隊に復帰、連合艦隊附属の甲標的母艦として扱われることになる。

一方、連合艦隊附属扱いだった「千歳」は、「瑞穂」と共に昭和15年11月15日付で第一艦隊所属の第七航空戦隊に編入、対仏印威力顕示作戦である昭和16年（１９４１年）1〜2月のS作戦では一時期、第二遣支艦隊に派遣されている。同年4月の第一航空艦隊の編成時期には水上機母艦の編成も見直され、第七航空戦隊は第十一航空戦隊となり、連合艦隊の直率部隊として扱われる。

太平洋戦争開戦時の戦時編

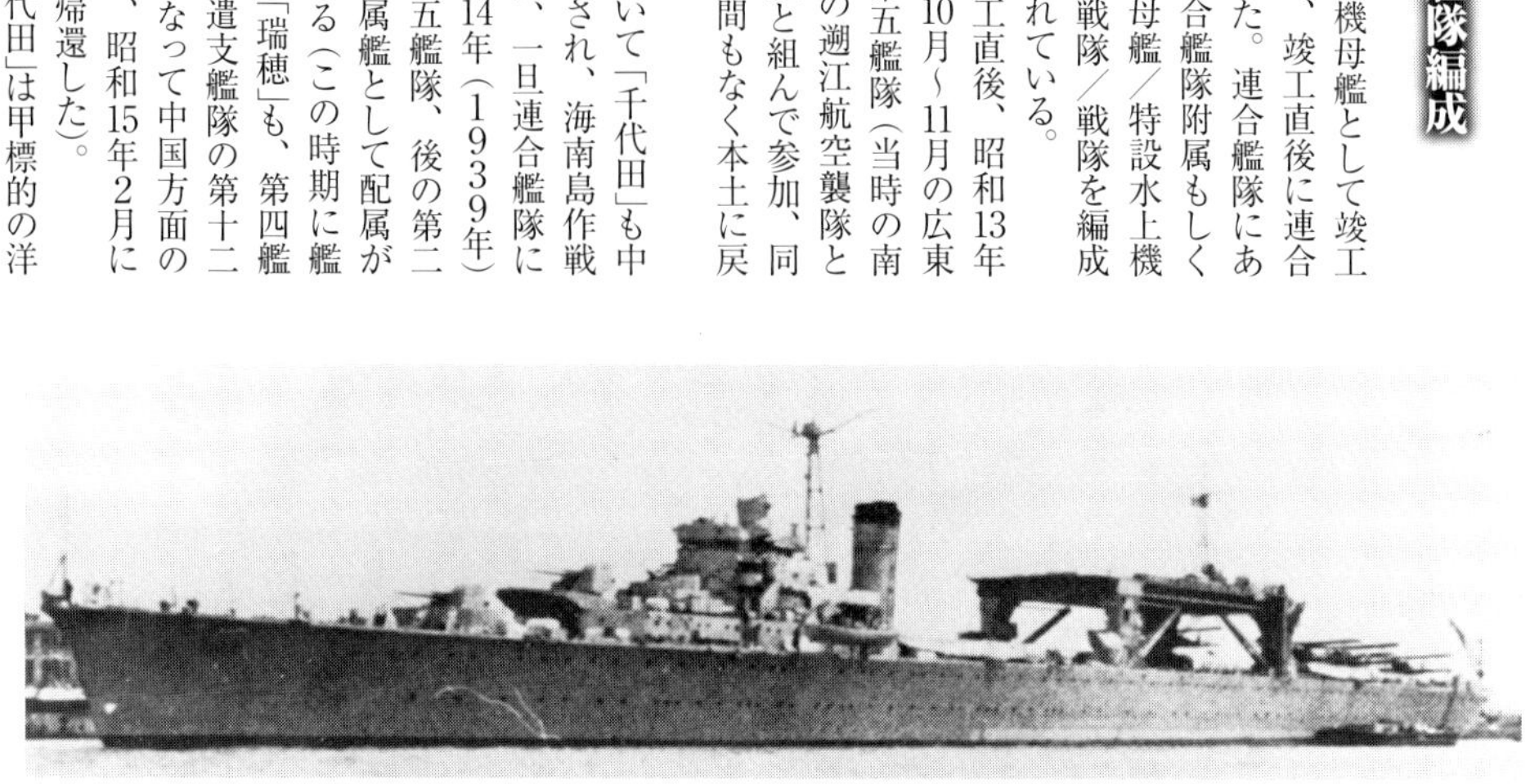

水上機母艦時代の「千歳」。同艦は搭載した水上機により多岐にわたる任務に充当される計画で、中国方面や太平洋戦争の南方作戦などで実際に所期の任務をこなしている

制では、第十一航空戦隊は蘭印部隊（第三艦隊司令長官指揮）の指揮下に置かれ、昭和17年（1942年）3月に南方進攻作戦が終了すると、第十一航空戦隊は連合艦隊附属に戻った。

　同年5月の「瑞穂」喪失後は、第十一航空戦隊は「千歳」「神川丸」で編成されることとなり、この編制でミッドウェー海戦に参加する。7月14日の連合艦隊の大規模な艦隊編制の変更後、第十一航空戦隊は第二艦隊に配属され、「千歳」は前述のように空母の代替として前進部隊の艦隊作戦に従事した。しかし第二次ソロモン海戦後、米艦上機と搭載水偵の性能差もあって、もはや空母の代替としては有用ではないという評価を受けてしまう。このため、以後、ガ島戦での「千歳」は、10月攻勢（※）の時期には第二艦隊から外南洋部隊（第八艦隊）指揮下のR方面航空部隊で作戦を実施、続いて輸送任務に従事した後、空母改装のために本土帰還となった。

　一方、「千代田」は開戦後からガ島戦時期まで、ごく短期間、南方方面への甲標的輸送時に先遣部隊に配されたことはあるが、基本的に連合艦隊附属艦として、トラックやキスカ島等への甲標的の輸送任務等に付いていた。

　だが、10月攻勢の時期には10月31日まで外南洋部隊にあって甲標的の輸送および甲標的基地の設営、甲標的搭載潜水艦への各種支援などの任務に当たり、続いて先遣部隊に配されて11月上旬に甲標的の輸送を実施した。その後、トラックでの甲標的訓練等に従事し、12月23日に連合艦隊附属に戻り、その2日後に空母改装のために本土回航となった。

　先に空母改装を完了した「千歳」は、昭和18年（1943年）9月15日付けで第三艦隊の訓練戦隊である第五十戦隊に編入される。一方、改装完了当日に呉鎮守府から横須賀鎮守府へ転籍された「千代田」は、第五艦隊（北東方面艦隊）の第五十一戦隊に配された。この後、短期間だが、固有の搭載機定数は持たないままで、南方への輸送作戦、船団護衛等の任務に従事している。

　次いで昭和19年（1944年）2月1日には、両艦と「瑞鳳」を合わせた計3隻で第三航空戦隊が編成され、マリアナ沖海戦には前衛部隊の艦として参加した。同海戦終了後、捷号作戦の実施を見据えた連合艦隊の戦時編制改定により、同年8月1日に両艦は「瑞鶴」「瑞鳳」と共に第三航空戦隊を編成、同航戦の艦上機兵力は9月末に母艦作戦可能となると見なされていた。

　しかし、台湾沖航空戦の影響により大きく兵力を損じた状態で、連合艦隊の「捷号作戦要領」に示されていたように、第一遊撃部隊のレイテ突入を支援する囮部隊として行動、両艦共に同海戦で喪失するに至った。

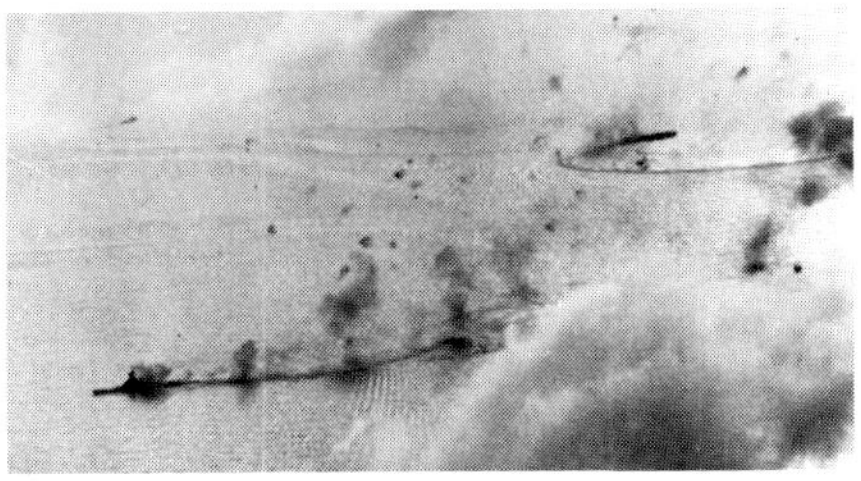

空母へ改装された千歳型の両艦は、前衛部隊に所属する第三航空戦隊の所属艦として行動した。写真は昭和19年6月20日、米艦載機の攻撃に晒される「千代田」（右）。左は金剛型戦艦

■連合艦隊の編制と千歳型

■昭和16年12月10日現在

- 連合艦隊
  - 第一戦隊　戦艦「長門」「陸奥」（直率）
  - 第一艦隊
    - 第二戦隊　戦艦「伊勢」「日向」「扶桑」「山城」
    - 第三戦隊　戦艦「金剛」「榛名」「霧島」「比叡」
    - 第六戦隊　重巡「青葉」「衣笠」「古鷹」「加古」
    - 第九戦隊　軽巡「北上」「大井」
    - 第三航空戦隊　空母「鳳翔」「瑞鳳」
    - 第一水雷戦隊　軽巡「阿武隈」
      - 第六、第十七、第二十一、第二十七駆逐隊
    - 第三水雷戦隊　軽巡「川内」
      - 第十一、第十二、第十九、第二十駆逐隊
  - 第二艦隊
    - 第四戦隊　重巡「高雄」「愛宕」「摩耶」
    - 第五戦隊　重巡「那智」「羽黒」「妙高」
    - 第七戦隊　重巡「最上」「熊野」「鈴谷」「三隈」
    - 第八戦隊　重巡「利根」「筑摩」
    - 第二水雷戦隊　軽巡「神通」
      - 第八、第十五、第十六、第十八駆逐隊
    - 第四水雷戦隊　軽巡「那珂」
      - 第二、第四、第九、第二十四駆逐隊
  - 第三艦隊
    - 第十六戦隊　重巡「足柄」、軽巡「長良」「球磨」
    - 第十七戦隊　敷設艦「厳島」「八重山」、特設敷設艦「辰宮丸」
    - 第五水雷戦隊　軽巡「名取」
      - 第五、第二十二駆逐隊
    - 第六潜水戦隊　潜水母艦「長鯨」
      - 第九、第十三潜水隊
    - 第十二航空戦隊　水上機母艦「神川丸」「山陽丸」「相良丸」
  - 第四艦隊（略）
  - 第五艦隊
    - 第二十一戦隊　軽巡「多摩」「木曾」、水上機母艦「君川丸」
    - 第二十二戦隊　特設巡洋艦「栗田丸」「浅香丸」
  - 第六艦隊（略）
  - 第一航空艦隊（略）
  - 第十一航空艦隊（略）
  - 南遣艦隊
    - 第二十四戦隊　特設巡洋艦「報国丸」「愛国丸」「清澄丸」
    - 第十一航空戦隊　水上機母艦「瑞穂」**「千歳」**
    - 第四潜水戦隊　軽巡「鬼怒」
      - 第十八、第十九、第二十一潜水隊
    - 第五潜水戦隊　軽巡「由良」
      - 第二十八、第二十九、第三十潜水隊
  - 連合艦隊附属
    - 甲標的母艦**「千代田」**、標的艦「摂津」、駆逐艦「矢風」、工作艦「明石」「朝日」、給炭艦「室戸」、特設病院船「朝日丸」「高砂丸」ほか

■昭和19年5月5日現在（第一機動艦隊の編制を示す）

- 第一機動艦隊
  - 第二艦隊
    - 第四戦隊　重巡「愛宕」「高雄」「摩耶」「鳥海」
    - 第一戦隊　戦艦「長門」「大和」「武蔵」
    - 第三戦隊　戦艦「金剛」「榛名」
    - 第五戦隊　重巡「妙高」「羽黒」
    - 第七戦隊　重巡「熊野」「鈴谷」「利根」「筑摩」
    - 第二水雷戦隊　軽巡「能代」
      - 第二十七、第三十一、第三十二駆逐隊、駆逐艦「島風」
  - 第三艦隊
    - 第一航空戦隊　空母「大鳳」「翔鶴」「瑞鶴」
    - 第二航空戦隊　空母「隼鷹」「飛鷹」「龍鳳」、六五二空
    - 第三航空戦隊　空母**「千代田」「千歳」**「瑞鳳」、六五三空
    - 第四航空戦隊　戦艦「伊勢」「日向」、六三四空
    - 第十戦隊　軽巡「矢矧」
      - 第四、第十、第十七、第六十一駆逐隊
    - 附属　重巡「最上」、六〇一空

※マリアナ沖海戦時は第三艦隊の一航戦を中心に本隊・甲部隊、二航戦を中心に本隊・乙部隊が編成され、三航戦は第二艦隊を中心とする前衛部隊に編入された。

■昭和19年8月15日現在

- 連合艦隊
  - 軽巡「大淀」（直率）
  - 第二艦隊
    - 第一戦隊　戦艦「大和」「武蔵」
    - 第二戦隊　戦艦「扶桑」「山城」
    - 第三戦隊　戦艦「金剛」「榛名」
    - 第四戦隊　重巡「愛宕」「高雄」「摩耶」「鳥海」
    - 第五戦隊　重巡「妙高」「羽黒」
    - 第七戦隊　重巡「熊野」「鈴谷」「利根」「筑摩」
    - 第二水雷戦隊　軽巡「能代」
      - 第二、第二十七、第三十一、第三十二駆逐隊
  - 第三艦隊
    - 第一航空戦隊　空母「雲龍」「天城」「葛城」
    - 第三航空戦隊　空母「瑞鶴」**「千歳」「千代田」**「瑞鳳」
    - 第四航空戦隊　戦艦「伊勢」「日向」、空母「隼鷹」「龍鳳」
    - 第十戦隊　重巡「最上」、軽巡「矢矧」
      - 第四、第十七、第四十一、第六十一駆逐隊
  - 第五艦隊
    - 第二十一戦隊　重巡「那智」「足柄」
    - 第一水雷戦隊　軽巡「阿武隈」
      - 第七、第十八、第二十一駆逐隊

（略）南西方面艦隊、その他、連合艦隊直属・附属

（※）…昭和17年10月に実施された日本陸海軍によるガダルカナル島への攻勢。9月の第一次総攻撃に続く第二次総攻撃で、陸軍第二師団のガ島上陸を主眼とし、海軍艦艇および航空機も多数が投入された。

「千歳」「千代田」搭載機名鑑

川西 九四式水上偵察機[E7K]

写真は九四式二号水偵[E7K2]

旧式化した一四式水偵および同機の後継機と目された九〇式三号水偵がわずか20機の限定生産に留まったことを受け、海軍が昭和7（1932）年度に七試水上偵察機の計画名で競争試作を提示。ライバルの愛知機を退けて昭和9年に制式採用されたのが本機である。

一号型（E7K1）は液冷W型12気筒の九一式発動機（750hp）を搭載したが、実用面に難があったため空冷の三菱「瑞星」（870hp）に換装した二号型（E7K2）が造られ、性能、実用性ともに十分な機体と認められて各艦船、陸上基地部隊に配備された。複葉の水偵としては最も広く使用され、支那事変では偵察のほか爆撃も行った。生産数は両型合わせて計530機。

水上機母艦「千歳」には昭和13年から16年末まで、同「千代田」には昭和14年から15年5月まで搭載され、偵察、哨戒、連絡などに使用された。

九四式二号水上偵察機[E7K2]

全幅	14.00m
全長	10.41m
全高	4.81m
自重	2,021kg
全備重量	3,000kg
発動機	三菱「瑞星」一一型（870hp）×1
最大速度	275km/h
航続距離	1,845km
固定武装	7.7mm機銃×3
爆弾	60kg×4
乗員	3名

中島 九五式水上偵察機[E8N]

九五式二号水上偵察機[E8N2]

全幅	10.98m
全長	8.98m
全高	3.84m
自重	1,357kg
全備重量	1,900kg
発動機	中島「寿」二型改二（630hp）×1
最大速度	299km/h
航続距離	898km
固定武装	7.7mm機銃×2
爆弾	30kg×2
乗員	2名

艦載用近距離二座水偵として成功を収めた九〇式二号水偵の後継機を得るべく計画された、昭和8（1933）年度の八試水上偵察機の競争試作に応じ、ライバルの川西、愛知機を退けて昭和10年9月に制式採用を勝ち取ったのが本機である。基本設計は九〇式二号水偵のそれを踏襲し、発動機出力もわずかにアップしただけだが、機体各部の空力的洗練が奏功し、速度、上昇性能は格段に向上。運動性も複葉戦闘機に匹敵するほどの俊敏さを誇った。

昭和11(1936)年より艦船、陸上基地部隊に配備され、支那事変では本務の偵察以外に爆撃、さらには制空任務にも投じられた。昭和15年まで755機が生産された。水上機母艦「千歳」には昭和13年から17年前半まで、同「千代田」には昭和14年から15年5月まで搭載され、九四式水偵とともに偵察、哨戒に使用された。

写真は九五式二号水偵[E8N2]

愛知 零式水上偵察機[E13A]

九四式水偵の後継機を得るため昭和12（1937）年度に提示された十二試三座水上偵察機の競争試作に応じて開発された。原型機の完成が指定期日に間に合わず、一度は不採用を通告されたものの、ライバルの川西機が審査中の事故で失われたため、幾つかの改修を経て昭和14年11月に制式採用された。

本機は、愛知が技術提携していたドイツのハインケル社の設計思想を取り入れ、飛行性能、操縦安定性ともに良好な三座水偵の最高傑作と評される成功作になった。生産数は1,423機で、水上機母艦、戦艦、巡洋艦に搭載されて艦隊の"目"となった。

大戦前半は真珠湾攻撃の事前偵察、スラバヤ沖海戦や珊瑚海海戦で活躍。「千歳」「千代田」には、空母への改造が始まる前の短い期間、昭和17年前半から同年11月（千代田は18年2月）まで搭載され、偵察や哨戒に用いられた。

零式水上偵察機[E13A1]

全幅	14.50m
全長	11.49m
全高	4.78m
自重	2,524kg
全備重量	3,650kg
発動機	三菱「金星」四三型（1,060hp）×1
最大速度	367km/h
航続距離	3,326km
固定武装	7.7mm機銃×1
爆弾	250kg×1または60kg×4
乗員	3名

三菱 零式観測機[F1M]

零式観測機一一型[F1M2]

全幅	11.00m
全長	9.50m
全高	4.16m
自重	1,929kg
全備重量	2,550kg
発動機	三菱「瑞星」一三型（875hp）×1
最大速度	370km/h
航続距離	740km
固定武装	7.7mm機銃×3
爆弾	60kg×2
乗員	2名

主力艦（戦艦）による砲戦時の弾着観測に重きを置く機体として昭和10（1935）年に十試水上観測機の名称で競争試作が提示され、これに愛知、川西、三菱の3社が応じた。複葉形態を選択した三菱機は、審査中に主翼、尾翼の形状を変更するなどの大改修を行い、苦心の末に昭和15（1940）年12月に制式採用された。

就役後の評価は高く、複葉の水上機としては抜群の高性能、高い実用性を誇り、艦載用のみならず陸上基地部隊でも重宝された。生産数は1,118機。大戦では、本来の任務である弾着観測の機会こそ無かったが、従来の水偵と同様の任務に加え、基地防空や船団護衛にも活躍し、米戦闘機や重爆撃機をも撃墜する殊勲をあげた。

水上機母艦「千歳」には昭和16年半ばから17年11月まで、同「千代田」には昭和17年から18年2月までの間に搭載された。

写真は零式観測機一一型[F1M2]

三菱 零式艦上戦闘機二一型(爆戦)［A6M2b］

零式艦上戦闘機二一型［A6M2b］

全幅	12.00m
全長	9.05m
全高	3.53m
自重	1,754kg
全備重量	2,421kg
発動機	中島「栄」一二型(940hp)×1
最大速度	533km/h
航続距離	3,500km（最大）
固定武装	20mm機銃×2、7.7mm機銃×2
爆弾	250kg×1(爆戦のみ)
乗員	1名

大戦半ば以降、旧式化により第一線機としての運用が困難になった九九式艦爆の代替機として、中古の零戦二一型の胴体下面に爆弾架を設けて二五番（250kg）爆弾1発を懸吊可能とし、左右主翼下面に落下増槽（容量200L）各1個を懸吊できるようにした応急的な戦闘爆撃機で、通称は「爆戦」。

写真は爆弾を搭載していない状態の零戦二一型（爆戦）

昭和19（1944）年3月頃から、空母に改造された「千歳」「千代田」および「瑞鳳」の3隻で構成される第三航空戦隊に配備された。爆弾投下後は空中戦も出来る戦闘爆撃機としての運用が考えられていたが、実際には操縦者の多くが艦爆からの転科者または技量未熟な新参者であったため、戦闘機として見た場合は力不足であった。昭和19年6月のマリアナ沖海戦時の搭載数は「千歳」が15機、「千代田」が14機で、同年10月のレイテ沖海戦時にも搭載されていた。

三菱 零式艦上戦闘機五二型［A6M5］

零式艦上戦闘機五二型［A6M5］

全幅	11.00m
全長	9.12m
全高	3.57m
自重	1,876kg
全備重量	2,733kg
発動機	中島「栄」二一型(1,130hp)×1
最大速度	565km/h
航続距離	1,920km（最大）
固定武装	20mm機銃×2、7.7mm機銃×2
爆弾	60kg×2
乗員	1名

発動機を「栄」二一型に換装して速度、高空性能の改善を図るという意図で開発された零戦三二型／二二型のいわゆる二号零戦は、結果的に実戦部隊が満足する機体にならなかった。そこで、もう一度現場からの要望に応じた改修を加え、昭和18（1943）年秋から本格的に部隊配備が始まったのが零戦五二型である。

五二型では主翼幅が1m短くなり、排気管が推力式単排気管となって最大速度が向上、また翼内タンクに自動消火装置が装備され被弾時の生残性が高まった。五二型は甲／乙／丙のサブタイプを含めて約6,000機が生産され、大戦後期の主力型となった。

空母改造後の「千歳」「千代田」は二一型爆戦の搭載が主だったが、昭和19年3月以降、制空用として五二型も一定数を搭載した。昭和19年6月のマリアナ沖海戦時の搭載数は「千歳」「千代田」ともに6機。

中島 九七式艦上攻撃機［B5N］

九七式三号艦上攻撃機［B5N2］

全幅	15.52m
全長	10.30m
全高	3.70m
自重	2,279kg
全備重量	3,800kg
発動機	中島「栄」一一型(970hp)×1
最大速度	377km/h
航続距離	1,990km
固定武装	7.7mm機銃×1
爆弾／魚雷	800kg
乗員	3名

昭和10（1935）年に開発が始まり、昭和12年に制式採用された日本海軍初の全金属製単葉引き込み脚の空母艦上機。引き込み脚の中島製 九七式一号艦攻、固定脚の三菱製 九七式二号艦攻が同時に採用されたが、のちに九七式一号の発動機を「栄」一一型に換装した九七式三号艦攻が制式化されたため九七式二号の生産は打ち切られ、空母部隊を中心に九七式三号が配備された。生産数は各型合わせて約1,250機。

写真は九七式三号艦上攻撃機［B5N2］

制式採用時は高性能を誇り、支那事変では大陸戦線において活躍した。大戦では、開戦劈頭のハワイ・真珠湾攻撃から昭和17年10月の南太平洋海戦まで機動部隊の主力艦攻を務め、後継の天山が登場した後も索敵、哨戒、連絡などの任務に用いられた。

三航戦では「千代田」「瑞鳳」が索敵用に計9機を搭載していた（※1）。

中島 艦上攻撃機 天山［B6N］

写真は天山一二型［B6N2］

艦上攻撃機 天山一二型［B6N2］

全幅	14.89m
全長	11.87m
全高	3.80m
自重	3,010kg
全備重量	5,200kg
発動機	三菱「火星」二五型(1,850hp)×1
最大速度	481km/h
航続距離	3,024km
固定武装	13mm機銃×1、7.92mm機銃×1
爆弾／魚雷	800kg
乗員	3名

九七式艦攻の後継機として昭和14（1939）年に試作発注され、18年8月に制式採用されたヘビー級の大型艦攻。性能面では九七式艦攻に比べて最大速度が100km/h以上、航続力が1,000km以上向上していたが、実用化に手間取ったことで就役が遅れてしまった。実戦投入は昭和18年末から。天山は九七式艦攻とほぼ同数の1,274機が生産されて大戦後半の主力艦攻となったが、戦局の悪化や米側の防空網の強化といった背景もあり、九七式艦攻ほど活躍の機会には恵まれなかった。

総重量が5トンを超える本機は滑走距離が長く、着艦時に甲板上の制動索にかかる負荷が大きくなることなどから、「千歳」「千代田」のような小型空母には多くを搭載できなかった。昭和19年6月のマリアナ沖海戦に臨むに当たり、「千歳」に9機が搭載された（※2）。

※1　マリアナ沖海戦時には「千歳」「千代田」に各6機搭載という説もあり。
※2　「千歳」「千代田」に各3機搭載という説もあり。

千歳千代田、千里を疾《はし》る

千歳型の戦歴

ある時は水上機母艦、また甲標的母艦、そして軽空母として戦闘に投入された千歳型。本稿では太平洋戦争を中心に、本型の戦歴をたどる。異形の母艦、「千歳」と「千代田」はいかなる戦いを見せたのだろうか。

文／松田孝宏　イラスト／AMON

■千歳型関連地図

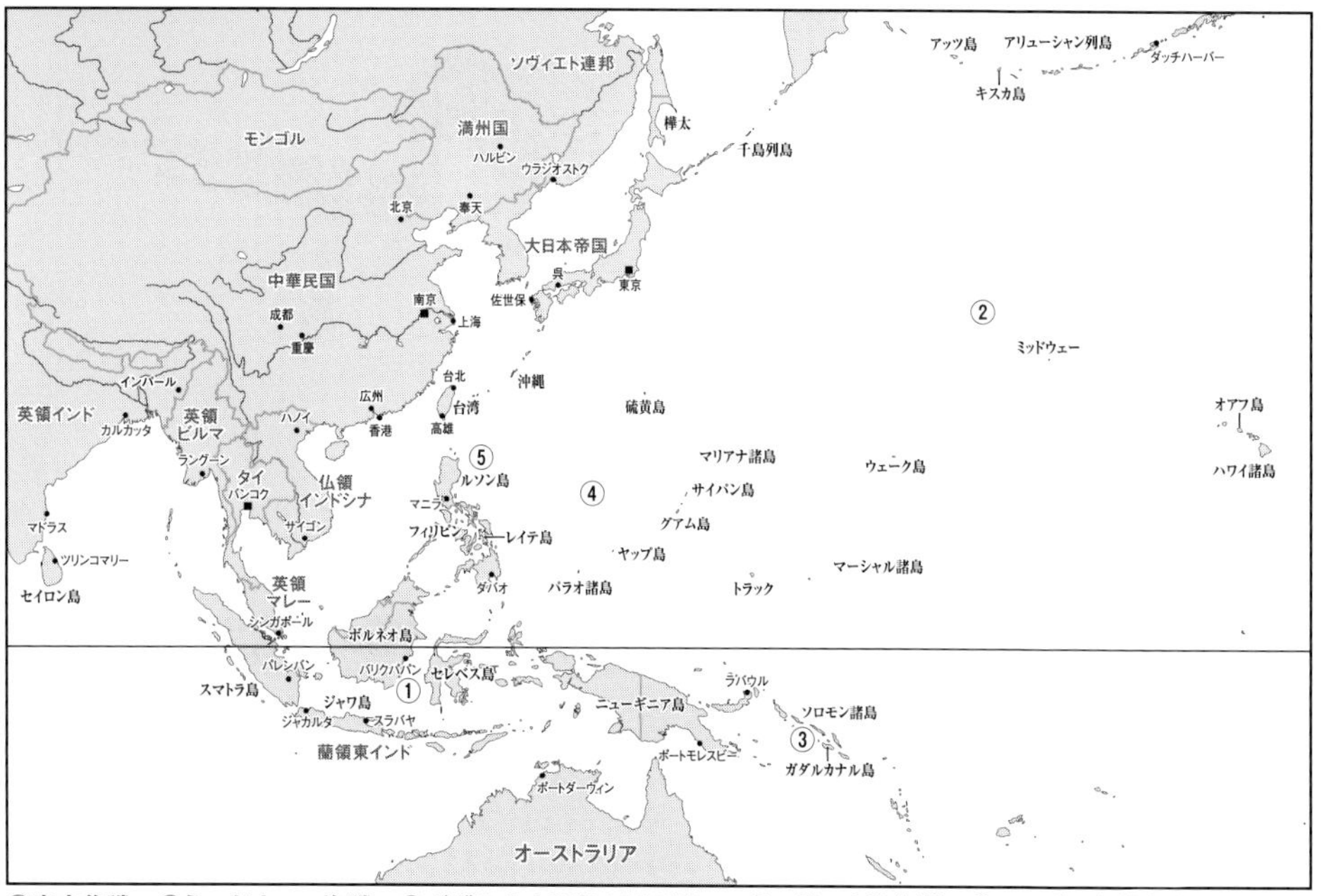

①南方作戦　②ミッドウェー海戦　③ガダルカナル島方面の戦い　④マリアナ沖海戦　⑤エンガノ岬沖海戦

水上機母艦の覆面 千歳型の誕生

千歳型水上機母艦は、日本海軍が昭和9年（1934年）度から12年（1937年）度にわたる4カ年計画として策定した第二次補充計画（㊁計画）において建造が決定した。

一番艦「千歳」は昭和9年11月26日、二番艦「千代田」は昭和11年（1936年）12月14日に起工、それぞれ昭和13年（1938年）7月25日および12月15日に竣工した。当初の計画では第一状態（平時）が水上機母艦、第二状態（戦時）が特殊潜航艇（甲標的）母艦とすべく設計されており、特殊潜航艇を積み込むハッチの周囲には、水上機の搭載には過分な4基のクレーンと大型ポストが設置され、その上には機銃甲板となる天蓋が目を引いた。これに対しては艦隊と同行の空母艦上機の非常着艦用の甲板との説明がなされていた。

千歳型の艦姿は当時目にした者には奇異に映ったようで、さらに準同型艦の「瑞穂《みずほ》」「日進」などは（ディーゼル機関のため）煙突が装備されていないことから、千歳型を時代遅れの出来損ないと感じた、という証言もある。

最初に行動を開始したのは竣工の早かった「千歳」で、昭和13年9月に支那方面艦隊に編入されると、重巡「妙高」とともに杭州湾上陸作戦に参加した。「千代田」は竣工と同時に呉鎮守府の警備艦と海軍兵学校の練習艦を兼務した。

昭和14年（1939年）を迎えると、「千代田」は1月から連合艦隊に編入されて華南方面で行動後、5月から翌年まで第五艦隊（後に第二遣支艦隊に改称）の一員として大陸沿岸で行動した。「千歳」は11月に新編の第四艦隊に編入され、水上機母艦「神威《かもい》」と特設水上機母艦「衣笠丸」とともに第十七戦隊を編成、旗艦となった。その後「千歳」「衣笠丸」と横浜航空隊の九七式飛行艇はトラック島に進出、水上機基地建設を行った。同型艦でありながら、なかなか同一行動の機会に恵まれていない。

昭和15年（1940年）4月、「千代田」は支那方面艦隊付属として上海へ赴くが、5月には予備艦となって甲標的を搭載する改装を受け、水上機母艦兼甲標的母艦となった。なお、「千歳」がこの改装を受けることはなかった。

水上機母艦として活躍の大戦前半

昭和16年（1941年）12月8日の太平洋戦争開戦時、「千歳」は「瑞穂」と第十一航空戦隊を編成していた。ここからしばらくは、「千歳」の行動について記していく。

この日、旗艦「瑞穂」とともに

昭和15年（1940年）4月、上海呉淞（ウースン）沖における「千代田」。艦首の菊花紋章、艦前部の連装高角砲、大型の艦橋が見て取れる

同じく上海呉淞沖の「千代田」。この時の艦載機は9機で、九五式水上偵察機（E8N）の他に九四式二号偵察機（E7K2）も搭載されていた

■南方作戦

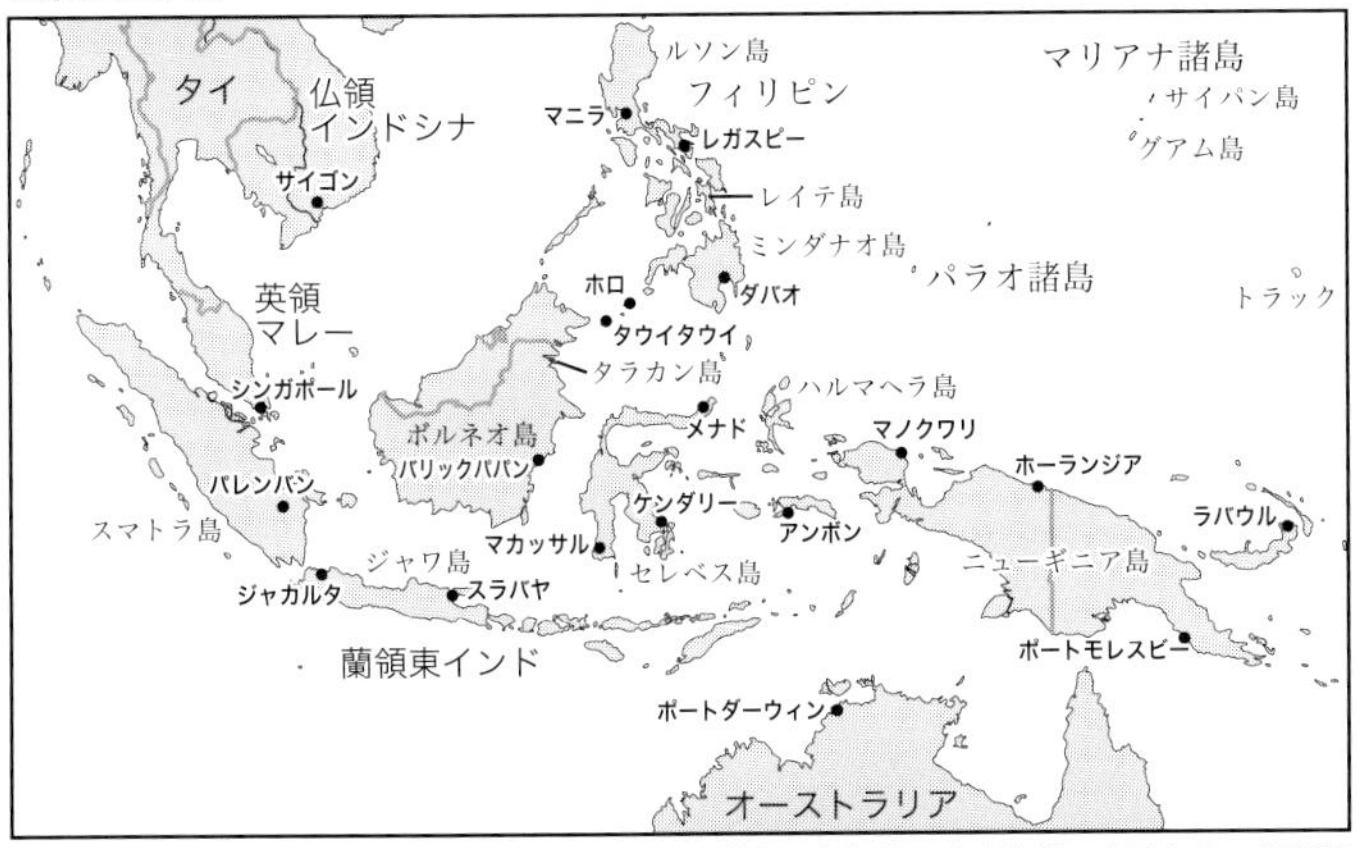

「千歳」は第十一航空戦隊の一員としてフィリピンや蘭印の各拠点の攻略作戦に従事した。米駆逐艦「ポープ」に対してはこれを発見、損傷を与え、後の第四航空戦隊「龍驤」などによる撃沈戦果を導いた。「千歳」は南方作戦で活躍した「龍驤」に伍する貢献を見せたのである

パラオを出発した「千歳」は、フィリピン・ルソン島のレガスピー攻略作戦の支援に当たり、18日にはミンダナオ島ダバオ、22日にはスールー諸島ホロ島のホロの攻略を支援した。これは翌年に入っても同様で、1月11日はセレベス島メナド、21日には同島ケンダリー、28日はアンボン、2月7日にはセレベス島マカッサル、14日にはスラバヤ攻略作戦の支援と、精力的に働いた。

3月1日は「千歳」搭載機がボルネオ島南岸を待避中の米駆逐艦「ポープ」を発見。「瑞穂」搭載機ともどもこれを爆撃して損傷を与えた。「ポープ」はその後、空母「龍驤」機の爆撃を経て重巡「足柄」などの砲撃で沈むが、「千歳」機の攻撃はその端緒となり、水上機母艦として数少ない華々しい活躍をしたと言えるだろう。

3月末から「千歳」ら十一航戦はニューギニア方面の攻略作戦に参加、ハルマヘラ島やニューギニア島西部のマノクワリ、ホーランジアなどの攻略を支援した。その後、5月1日に佐世保に帰投。半年もの間、南方や南西方面を駆け回ったことになる。

一方、甲標的母艦の能力も与えられていた「千代田」は、昭和16年夏から甲標的の訓練に従事し、開戦時は呉にあった。搭載予定だった甲標的のうち5隻は潜水艦に積まれてハワイ作戦に参加したため、「千代田」に出撃の機会はなかったのである。

しかし再度、甲標的によるオーストラリア・シドニーとマダガスカル島への攻撃が立案されたため、昭和17年（1942年）4月15日に7隻を搭載してトラックに向かった。トラックではクレーンにより甲標的を潜水艦へ搭載する作業を実施、これが訓練以外では数少ない甲標的母艦らしい活動となった。

太平洋戦争開戦時、「瑞穂」（イラスト奥）と行動をともにする水上機母艦「千歳」。両艦は第十一航空戦隊を編成、フィリピンおよび蘭印（オランダ領東インド）の攻略作戦に従事している。

激化する戦況と空母改造に至るまで

昭和17年6月のミッドウェー海戦においても、両艦は別行動となった。まず「千歳」は第十一航空戦隊の一員としてミッドウェー攻略部隊に組み込まれていた。旗艦だった「瑞穂」が沈没していたため、将旗は「千歳」に掲げられていた。一方、「千代田」は「日進」と第十八航空戦隊を編成、主力部隊の一員として参加した。しかし周知の通り、機動部隊が大敗して作戦が中止となったため、両艦は空しく帰投した。

ミッドウェー海戦から間もない6月28日、「千代田」はアリューシャン列島キスカ島へ防衛用の甲標的と水上機を運搬、駆逐艦の護衛のもと無事に作戦を遂行した。

8月に入るとソロモン諸島の戦いが始まるが、これには第二艦隊第十一航空戦隊に編入された「千歳」も参加した。

8月24日に生起した、ガダルカナル島奪回を目指す第二次ソロモン海戦において、「千歳」は陸軍の一木支隊と海軍の横須賀第五特別陸戦隊が乗る輸送船4隻を護衛していた。その日の午前、米カタリナ飛行艇の触接を2回にわたり受けたため、3機の水上偵察機を飛ばしたものの、取り逃がしてしまった。しかし午後6時過ぎ、2機の米急降下爆撃機に奇襲を受け、2発の爆弾が命中した。これによって「千歳」は左舷の燃料タンクが破裂、機械室に浸水して7度傾斜してしまう。燃えた搭載機もあった。

幸いにもこれ以上の被害はなく、8月から9月までトラックで修理を行い、その間に搭載機はショートランドに進出して作戦行動に就いていた。

10月、「千代田」はショートランド経由でガ島へ甲標的を輸送する任務に就いた。同時期は「千歳」もガ島輸送に従事していたが、ミッドウェー海戦による空母喪失を補填すべく、千歳型の空母改造が決定した。

千歳型航空母艦の誕生と第三航空戦隊の編成

両艦の改造工事は「千歳」が佐世保工廠で昭和18年（1943

年）1月16日から8月1日まで、「千代田」が横須賀工廠で昭和18年2月1日から12月21日まで行われた。

しかしながら、当初から空母改造のための艤装が組み入れられていた祥鳳型などと違い、工事は難航した。装甲も皆無に近かったため、格納庫などは区画をいくつも重ねる防御形式とするなど、苦肉の策も採られた。

先んじて空母となった「千歳」の初任務は飛行機輸送となった。昭和18年10月、内地からシンガポールへ天山艦攻を運んでおり、この時の所属は第三艦隊第五十航空戦隊であった。11月にもトラックへの輸送任務に就いたが、この時期になっても未だ「千歳」の飛行隊が配属されておらず、航空母艦に類別されたのも昭和18年12月15日付のことであった。

この日は改造工事が完了寸前の「千代田」も航空母艦に類別、21日に工事が完了すると第十二航空艦隊第五十一航空戦隊に編入された。以後、しばらくは慣熟訓練に従事している。

この間の昭和19年（1944年）1月から2月にかけて、「千歳」は発足間もない海上護衛総隊の願いもあり、タンカーの護衛任務に当たった。決戦重視で護衛を軽視した日本海軍は、海上護衛総隊に著しく性能の低い空母「大鷹」「雲鷹」「海鷹」「神鷹」を配備、護衛総隊の関係者を落胆させていた。この時期、喪失の相次いだタンカーは貴重品となっており、せっかく緒戦に占領したパレンバン油田地帯の石油も内地へ届かず、飛行機の訓練なども制限されていたのである。

昭和19年1月1日、連合艦隊からベテラン搭乗員と12機の九七艦攻が「千歳」に搭載された。本来は零戦21機、九七艦攻9機の搭載だが、対潜警戒が任務であるため艦攻を増やしたのだ。

「千歳」と行動する船団は「ヒ三一船団」といい、大型タンカー6隻と「千歳」、第十六駆逐隊（「天津風《あまつかぜ》」「雪風」）の9隻から成っていた。1月11日に門司《もじ》を出港した船団は、潜水艦によって「天津風」が脱落したものの（味方の応援を受けてサイゴンへ曳航）、無事20日にシンガポールへと到着した。

ガダルカナル島への輸送任務に従事する「千代田」。高速給油艦を兼ねていた同艦はガ島方面への輸送に適した艦だった。なお、当初ガ島では北岸西部に甲標的の前進基地を建設し、「千代田」が甲標的を輸送する予定だったが、計画は中止された。甲標的による作戦は潜水艦から発進する形で実施されている。

ここで原油を満載、「ヒ三二船団」と名を変えて25日に門司へ向け出港した。帰路は何事もなく、九州に入った時点で「千歳」は船団と分離、2月4日に佐世保へ入港した。船団も1日遅れで門司へ入港、海上護衛総隊を喜ばせた。「千歳」の九七艦攻がどのような活躍を果たしたか詳《つまび》らかではないが、6隻のタンカーが無傷で帰ったことはそれなりの効果があったと見ていいだろう。これは以後も海上護衛総隊が麾下の護衛空母を投入した際に、被害が少なかったことでも証明されている。

そして「千歳」が帰投中の昭和19年2月1日、同艦を旗艦に、「千代田」と祥鳳型「瑞鳳」とで第三艦隊第三航空戦隊が編成された。ただし、3隻の集中運用が実現したわけではなく、まだしばらくは単艦ごとの行動が続くことになる。なお、証言によれば千歳型は「瑞鳳」よりも換気状態が悪く、扇風機を止めると裸にならなければならないほど暑苦しい艦だったという。

輸送任務の日々と迫り来る米軍

時期が前後するが、空母となった「千代田」の処女航海は第三航空戦隊の編成の直前となる、昭和19年1月29日であった。その任務は「瑞鳳」とともに行ったトラックへの零戦輸送で、2月3日に同地に入港した。しかし、偵察のB-24が現れたことから2月10日、「千代田」「瑞鳳」らは横須賀へ向けて出発した。虫のしらせというわけではなかろうが、2月17日、米機動部隊によるトラック大空襲が行われ、在泊艦艇や飛行機は甚大な被害を受けるのである。

この3日後となる2月20日、「千歳」は第七六一航空隊の人員、機材をサイパン島へ送り届けるべく「雪風」と「初霜」の護衛で鹿児島を発った。いずれ米軍との決戦が予想される、マリアナ諸島の航空兵力を増強するためだ。ところが、それから3日後、サイパン島が米軍機の空襲を受けているため、「千歳」はウルシー環礁に待避せよ、との命令が下された。先述のトラックを襲った米機動部隊は、引き続きサイパンをも攻撃していたのである。出港が早ければ、「千歳」はサイパンで終焉を迎えていたかもしれない。

脅威は去ったと判断された2月25日、「千歳」らはウルシーを出発した。ここで米潜水艦「スケート」に発見されるものの、同艦が「千歳」らの針路を誤判断したおかげで危機は去った。千歳型は戦功こそ少ないが、運のいい艦と言えるだろう。

こうして26日にサイパンへ到着した「千歳」は、揚陸を済ませて3月4日に横須賀へ帰投した。

「千代田」も輸送第二陣として、3月1日に「電《いなずま》」「響《ひびき》」とともに横須賀を出港、6日にサイパンとグアムで荷下ろしを終えた。マリアナ沖海戦（次章から詳述）を前に壊滅する第一航空艦隊（基地航空隊）は、このように増強が行われていたのであった。「千代田」は帰路、サイパンからパラオへ後退する第二〇一航空隊の基地隊員1000名を「電」「響」「国洋丸」とともに運んだ。なお、二〇一空はレイテ沖海戦時、最初の特攻隊を出すことになる。

「千代田」は3月12日にパラオへ到着するが、今度はボルネオ島の油田地帯バリックパパンへ燃料を取りに行くよう命じられた。輸送船から油槽船と、なんともめまぐるしい。

3月18日には米潜水艦「ガンネル」に狙われたものの、「電」と「響」が制圧した。翌19日にバリックパパン入りした「千代田」は燃料を搭載後、21日に同地を出港した。実は復路も「ガンネル」が待ち伏せていたのだが、速力差から接近がかなわず「千代田」らは気付くこともないまま24日にパラオへ入港、ここから再度バリックパパンを経由して4月3日、フィリピンのダバオへ入った。

翌4日にダバオを出港した「千代田」は米潜水艦「デース」に発見され、5日は「バショー」の追跡を受ける。しかし対潜哨戒機のおかげで雷撃を受けることなく、4月10日に呉へ帰投、長い航海を終えた。

千歳型は空母改造後も延々と輸送を行っている印象が強いが、3月下旬にはマーシャル諸島のメジュロ環礁を泊地とする米空母らを攻撃する「雄」作戦が計画された。これは千歳型と「瑞鳳」の第三航空戦隊はもちろん、第一、第二航空戦隊に加え、海上護衛総隊の低速空母も含む計13隻もの空母と、基地航空隊も投入する計画であったが、古賀峯一連合艦隊司令長官が決裁することなく殉職してしまい（海軍乙事件）、立ち消えとなってしまった。

決戦へ向けて タウイタウイへ進出

中部太平洋へ進撃を続ける米軍に、新たに連合艦隊司令長官となった豊田副武《そえむ》大将は、近くマリアナ諸島も襲われるものと判断した。そこで第一機動艦隊に対してフィリピンのタウイタウイ泊地へ進出、決戦に備えて待機するよう命じた。

三航戦も5月11日、「千歳」（旗艦）、「千代田」、「瑞鳳」が僚艦とともに内地を出発、16日にタウイタウイへ到着した。進出に際して、「千歳」では見張員の要請で整備分隊からも見張作業員を出すことになった。当初こそ物珍しさと整備作業から解放された気分に浸っていた整備員たちだったが、夜中の見張などは双眼鏡につかまったまま眠ってしまい、「起きろ」と棒で叩かれ、何度も繰り返したあげく鉄拳制裁を食らったという証言がある。整備員たちが動員されたという。

こうしてたどり着いたタウイタウイ泊地は、産油地であるタラカン島に近いため、航空機の訓練には好適であったものの、野菜など食糧の不足した地でもあり、主計兵を失望させた。しかし三航戦の乗員らは、本格的な決戦に参加できるということで、大変な張り切りようであったという。例えば、タウイタウイ進出前、昭和19年初頭に三航戦に着任した岡田利次郎軍医長が三航戦司令官、大林末雄少将のもとへ挨拶に行った際、いきなり「軍医長、今度の部隊は、軍医長も何もかもいっさい戦死する部隊だから、貴君の命はここでなきものとする覚悟でいてくれ」と言われ、驚いたという。

それもそのはず、三航戦は戦艦、巡洋艦主体の第二艦隊と前衛部隊を構成、先制攻撃や敵の攻撃を吸収する任に当たることとなっていた。ただ、岡田軍医長の回想は「三航戦はその先頭に立ち、米空母群に機先体当たり攻撃を加える特攻部隊であり、これこそ男の死に所だと思った」と続く。いささか過剰な表現に過ぎるとは思えるが、非戦闘配置である軍医長が抱いていた意識と思えば、当時の将兵らの心情も想像できる思いだ。

この前衛部隊の後方を新鋭旗艦「大鳳」と「翔鶴」「瑞鶴」ら主力が進むことになっており、三航戦の乗員からは「我々を囮《おとり》として危険にさらしながら、装甲を張った『大鳳』は一番後ろに隠れている」と不興を買っていた。

タウイタウイ泊地での訓練は5月18日から開始されたが、その日の夕方には米潜水艦に発見され、厳重な対潜警戒が必要となった。三航戦は22日の朝3時から訓練を開始したが、米潜水艦「パッファー」「ブルーフィッシュ」に発見され、朝10時24分に「千歳」が雷撃を許してしまう。「千歳」は面舵でこれを回避、6本放たれた魚雷のうち1本は前方へ抜け、駆逐艦の近くで爆発した。無事だったのは「千歳」に着艦しようとしていた艦攻が危機を知らせたためで、3人の艦攻搭乗員は特別善行章を受けている。

この事態に、翌日に予定された戦艦の射撃訓練も中止となった。しかもタウイタウイは赤道無風地帯にあり、低速の空母は合成風力が得られず、三航戦の訓練は一度きりとなった。その上、事故で60機近くの艦上機、66名の搭乗員を喪失した（二航戦と三航戦は海戦前に補充され

マリアナ沖海戦（6月19日）

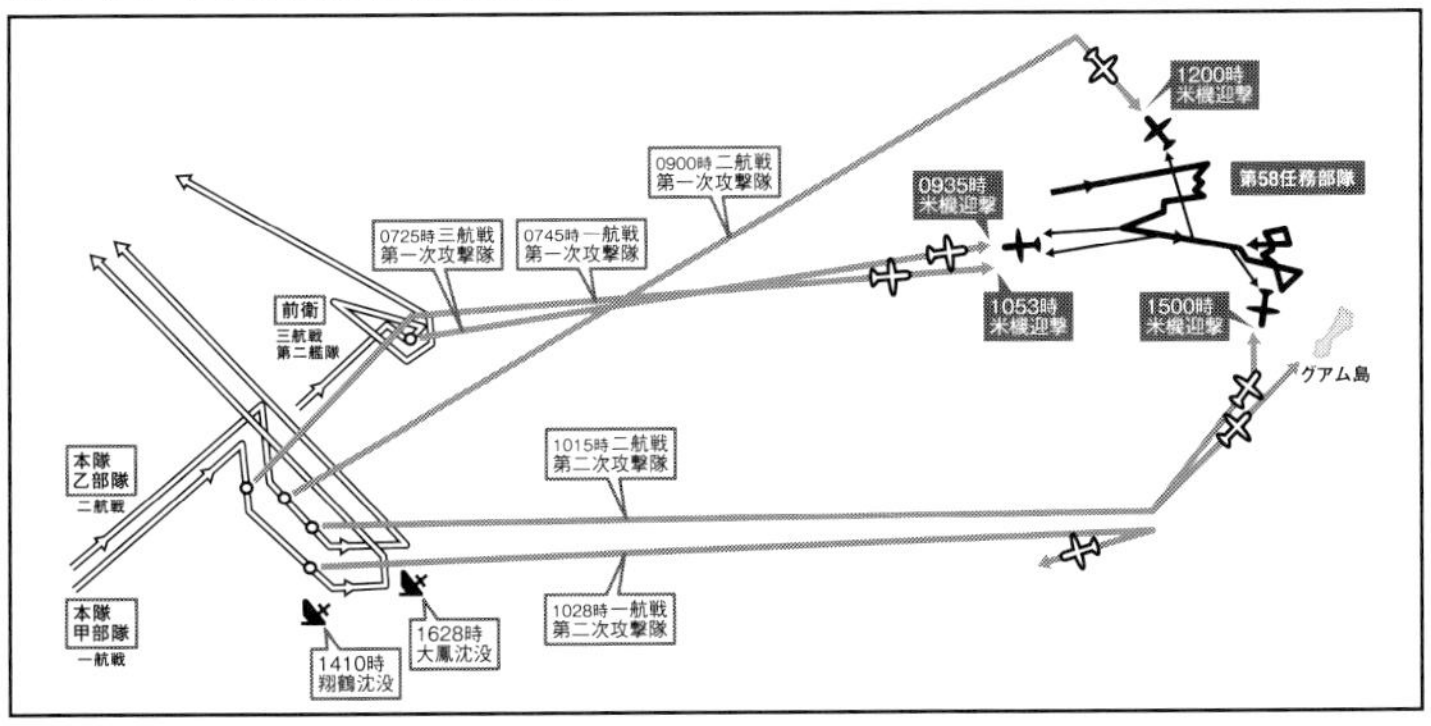
1200時
米機迎撃
第58任務部隊
0900時二航戦
第一次攻撃隊
0935時
米機迎撃
0725時三航戦
第一次攻撃隊
0745時一航戦
第一次攻撃隊
前衛
三航戦
第二艦隊
1053時
米機迎撃
1500時
米機迎撃
グアム島
本隊
乙部隊
二航戦
1015時二航戦
第二次攻撃隊
本隊
甲部隊
一航戦
1628時
大鳳沈没
1410時
翔鶴沈没
1028時一航戦
第二次攻撃隊

昭和19年6月19日、中部太平洋における空母決戦、マリアナ沖海戦が生起した。日本側は米空母部隊の所在を先んじて発見、9隻の空母から艦上機群を発艦させたが、米側の戦闘機による防空に阻まれ、さしたる戦果を挙げることはできなかった

マリアナ沖海戦（6月20日）

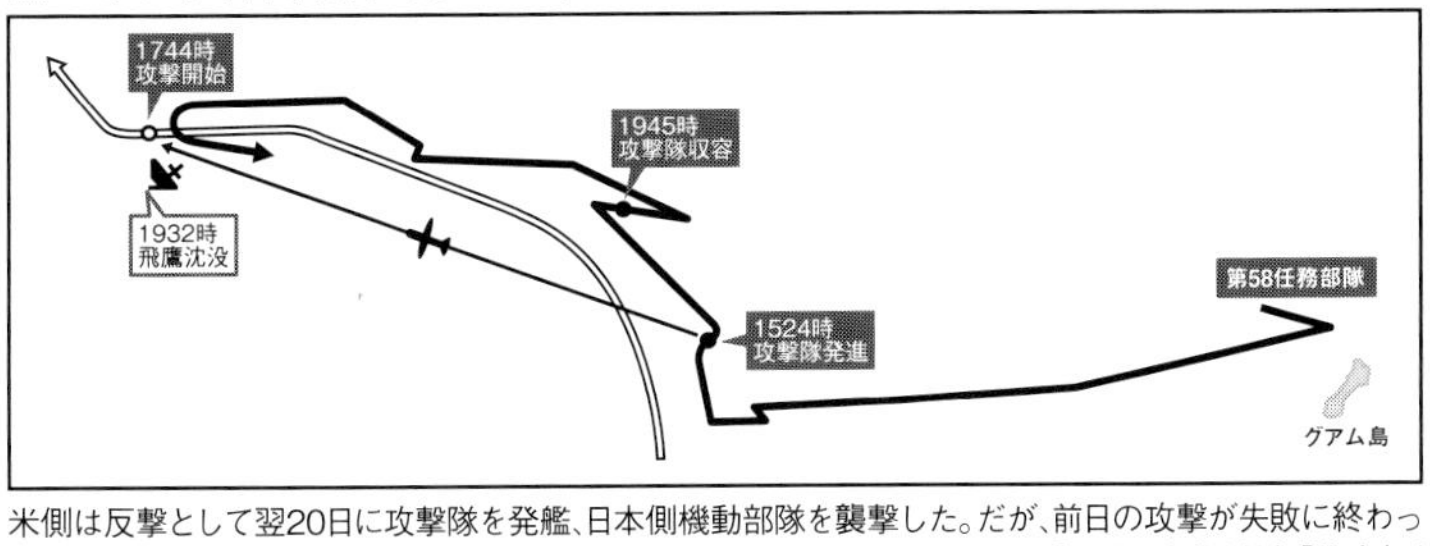
1744時
攻撃開始
1945時
攻撃隊収容
1932時
飛鷹沈没
第58任務部隊
1524時
攻撃隊発進
グアム島

米側は反撃として翌20日に攻撃隊を発艦、日本側機動部隊を襲撃した。だが、前日の攻撃が失敗に終わった日本側は避退しており、空母「飛鷹」が撃沈されるにとどまっている。他に「千代田」「瑞鶴」「隼鷹」が損傷、給油艦2隻が損傷により自沈処分とされた

ている）。潜水艦を撃退すべき駆逐艦も、逆に沈められる結果となった。あくまで結果論だが、タウイタウイ泊地への進出は失敗であった。

マリアナ沖の空母決戦に第三航空戦隊壊滅

第一機動艦隊がタウイタウイで無聊《ぶりょう》をかこっていた5月20日、豊田長官は「あ号作戦開始」を発令、米軍は27日のビアク島上陸を経て、6月13日にサイパン島への砲撃を、15日は上陸を開始した。マリアナ諸島の決戦で、第一機動艦隊とともに戦うはずの第一航空艦隊は2月以来の戦いで消耗しきっており、ほとんど戦局に関与することはなかった。「千歳」「千代田」ほか空母群が運んだ機体も、ほとんどが失われたようだ。

マリアナ沖海戦に際し、艦上機を発艦させる第三航空戦隊の「千歳」「千代田」。両艦と「瑞鳳」を含む三航戦からは零戦14機、爆戦（爆装零戦）43機、天山艦攻7機が、6月19日0725時に出撃した。一航戦攻撃隊の出撃は15分後の0740時であり、三航戦は第一航空艦隊の一番槍を担ったのである。

一方、米軍上陸の報を受けた第一機動艦隊はサイパン方面に急行、「あ号」作戦と称されたマリアナ沖海戦が始まろうとしていた。日本側は第一機動艦隊が空母9隻、艦上機約450機に対し、米軍の第58任務部隊は空母15隻、艦上機約900機。その戦力差は圧倒的だった。

しかし第一機動艦隊司令長官・小澤治三郎中将は、米艦上機より長大な日本艦上機の航続距離を利して敵機が到達できない位置から攻撃する、アウトレンジ戦法に期待をかけていた。

海戦初日となる6月19日、早朝の索敵で第一機動艦隊は米軍の第58任務部隊を発見した。彼我の距離は380浬、米軍機は到達が不可能なアウトレンジ戦法に適した間合いである。

そこで先制攻撃として、午前7時25分に前衛に属する三航戦から、中本次郎大尉率いる戦闘機14機、戦闘爆撃機（爆戦）43機、艦攻7機が出撃した。これに遅れて一航戦、二航戦からも攻撃隊が出撃したが、前衛部隊の上空にさしかかった時、味方撃ちによって2機が犠牲となってしまった。

ここからは三航戦すなわち「千歳」「千代田」を中心に記述するが、最初に目標と接触したのは三航戦攻撃隊であった。攻撃隊は戦艦「サウスダコタ」に命中弾、重巡2隻に至近弾を与えたものの、戦闘機8機、爆戦32機、艦攻2機もの犠牲を出してしまう。一航戦、二航戦にも僅少な戦果と引き替えに多大な損害が出ており、損傷あるいは燃料の少なくなった機は、前方に突出している三航戦の空母に着艦した。三航戦では彼らへの補給も行うことになったのである。

また、この日は米潜水艦の雷撃で空母「大鳳」「翔鶴」が沈むが、三航戦の空母も「カヴァラ」の追跡を受けていた。ただし「カヴァラ」艦長が攻撃よりも報告が優先との命令を忠実に守ったため、またも「千歳」「千代田」は被雷を免れた。結局、三航戦では一度の攻撃隊を出しただけで19日の戦闘は終わった。

20日の戦闘は米軍が先に日本軍を発見、三航戦も空襲を受けた。この時の陣形は旗艦「瑞鳳」が先頭を進み、右後方に「千歳」、左後方には「千代田」を三角形状に配して、それぞれに戦艦「榛名」と「金剛」が付いていた。前衛部隊の戦艦や重巡は三式弾や対空砲火で応戦、直衛機も奮闘したものの、攻撃の集中した「千代田」に被害が出た。艦後部に爆弾が命中した同艦では発着艦が不可能となり、30名の戦死者、18名の負傷者を出している。邀《よう》撃に出て未帰還となった戦闘機も多く、「瑞鳳」の例だが、夕方の時点で士官室にいる士官搭乗員は1、2名程度になっていたという。

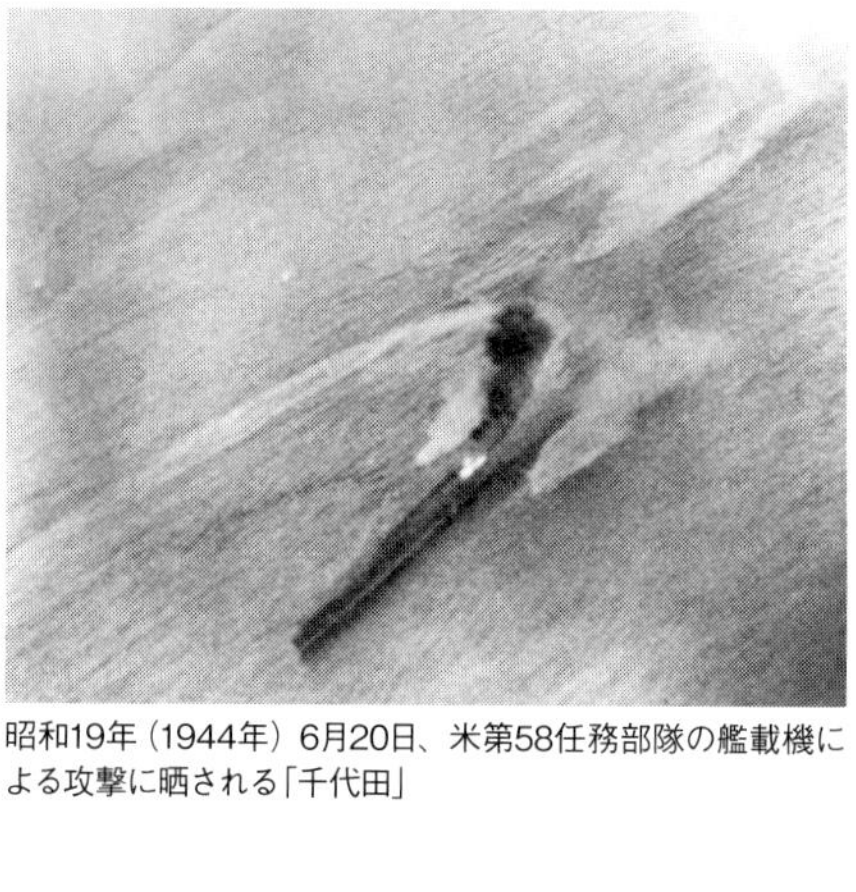

昭和19年（1944年）6月20日、米第58任務部隊の艦載機による攻撃に晒される「千代田」

作戦は20日の夜に中止となり、第一機動艦隊は沖縄の中城《なかぐすく》湾へと帰投した。三航戦の空母は沈没こそしなかったものの、サイパン島は陥落して絶対国防圏は破られた。日本の勝機はこの時点で去ったのだ。

「捷一号」作戦に臨む 囮《おとり》機動部隊

昭和19年10月20日、米軍は次の目標であるフィリピンを攻略すべく、レイテ島に上陸を開始した。南方資源の集まるこの一帯を奪われると、勝ち負け以前に戦争の遂行ができなくなる日本は、軍・民に「決戦」を呼号した。連合艦隊も第一遊撃部隊（栗田艦隊）による殴り込み、「捷一号」作戦を発令した。

この時、マリアナ沖海戦で大打撃を受けた機動部隊の空母は「瑞鶴」「瑞鳳」「千歳」「千代田」の4隻から成る第三航空戦隊として編成されており、作戦に際してどうにか116機の搭載機を集めた。米大型空母の1隻強程度の航空戦力である。

小澤機動部隊の任務は、飛行機の直衛もないまま出撃する栗田艦隊を助けるべく、囮となって米機動部隊を引きつけることにあった。史上例のない苛烈な作戦だが、空母の乗員らの多くはいつも「生還を期し難い」と訓示されていたことから悲壮感はなかったという。

出撃に際して、各艦艇は可燃物を捨て、マンホールを溶接するなどの不沈対策がなされた。三航戦の空母も例外ではなく、「千歳」でも鉄がむき出しの床に毛布を敷いてゴロ寝、食事もそのままとった。兵たちは「山賊だな」「ピクニックと言え」と言い合うなど動じることはなく、激戦だけに帰投後は今度こそ休暇が出ると期待していた。

日本機動部隊から 最後の攻撃隊出撃

米軍のレイテ島上陸と同日の10月20日、小澤機動部隊は内地を出撃した。今回は米側に発見されるのが務めだが、豊後水道にいた米潜水艦は哨区を変更しており、電波を発しても米軍に知られることはなかった。実に皮肉なことである。

24日、米空母発見の報告を受けた小澤長官は攻撃隊の発進を命じた。Z旗を掲げた旗艦「瑞鶴」を筆頭に、4隻の空母から58機の攻撃隊が飛び立った。このうち、「千歳」からは戦闘機7機、爆戦2機、「千代田」からは戦闘機5機、爆戦4機が発艦。これが日本機動部隊が放った最後の攻撃隊となった。

攻撃隊は「瑞鶴」を発艦した隊と、「千歳」「千代田」「瑞鳳」を発艦した隊が別々に行動した。ここでは「千歳」らの隊について記すが、この32機から成る攻撃隊は目標に到達前に米戦闘機の攻撃を受けた。戦闘機はもちろん、爆戦隊の一部も爆弾を捨てて空戦を行い、20分の戦闘で7機の撃墜を主張している。しかし、なかなか米空母を発見できず、大半が陸上基地へ帰投した。母艦に戻ったのは、「千歳」「千代田」機合わせても3機に過ぎなかったのである。

だが、「千歳」らの攻撃隊は、期せずして「瑞鶴」発艦の攻撃隊に向かう戦闘機を吸収することになった。米空母の捕捉に成功した「瑞鶴」の攻撃隊は、至近弾程度ながらも日本機動部隊最後の戦果を残すことができたのである。

こうした戦闘にも関わらず、米軍は未だ小澤機動部隊に気付かず、栗田艦隊に激しい空襲を加えていた。栗田艦隊は一時的に反転、戦艦「武蔵」が沈没しようとしていた。

かくて小澤長官は、24日の夕方から第四航空戦隊の航空戦艦「日向」「伊勢」と防空駆逐艦を南下させることにした。敵索敵機に発見されることを狙い、あわよくば夜戦を挑もうというのだ。

だが、四航戦らを分離した1時間20分後、ついに米軍機が日本空母を発見。米第3艦隊のハルゼー大将は、25日早朝を期して小澤機動部隊の攻撃を決定。日本空母の現状を知らないハルゼーは、北進を開始した。世に言う「ブルズ・ラン」であり、小澤機動部隊の囮作戦が成功した瞬間であった。

作戦をまっとうして 「千歳」「千代田」沈む

日本機動部隊最後の日となる、昭和19年10月25日の朝が訪れた。「千代田」では早朝から2機の対潜警戒機を上げた。これ以外は直衛戦闘機を除き、すべて陸上基地へ向かうよう命じられた。戦闘を前に、自発的に「裸」となったのである。

朝になって米空母の発見が打電され、突出していた四航戦と合流を果たした小澤機動部隊は、2組の陣形を作った。「千歳」「千代田」は南に位置しており、「日向」や松型駆逐艦が警戒に就いた。「千代田」は朝7時17分に3機の、「千歳」は8時7分以降に2機の戦闘機を発進させており、8時15分、飛来した米軍機に空戦を挑んだ。これはシャーマン少将の第38任務部隊第3群所属の180機から成る第一次攻撃隊であった。戦史に前例のない、空母が囮として戦うエンガノ岬沖海戦の開始である。

まず狙われたのが、「千歳」である。同艦は直衛戦闘機を上げ

■レイテ沖海戦

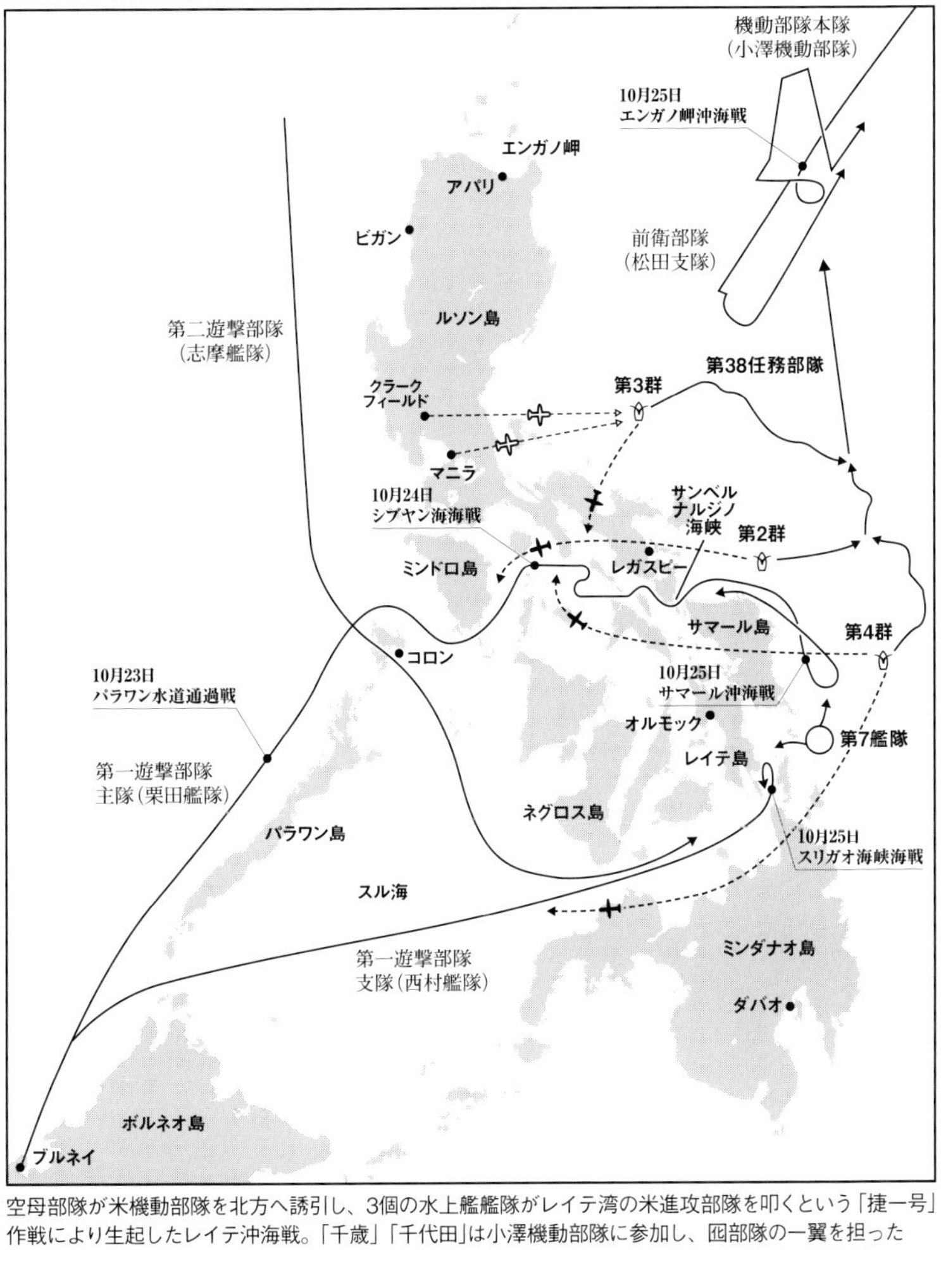
機動部隊本隊
（小澤機動部隊）
10月25日
エンガノ岬沖海戦
エンガノ岬
アパリ
ビガン
前衛部隊
（松田支隊）
ルソン島
第二遊撃部隊
（志摩艦隊）
第38任務部隊
クラーク
フィールド
第3群
マニラ
10月24日
シブヤン海海戦
サンベル
ナルジノ
海峡
第2群
ミンドロ島
レガスピー
サマール島
第4群
コロン
10月23日
パラワン水道通過戦
10月25日
サマール沖海戦
オルモック
第7艦隊
第一遊撃部隊
主隊（栗田艦隊）
レイテ島
ネグロス島
パラワン島
10月25日
スリガオ海峡海戦
スル海
第一遊撃部隊
支隊（西村艦隊）
ミンダナオ島
ダバオ
ボルネオ島
ブルネイ

空母部隊が米機動部隊を北方へ誘引し、3個の水上艦艦隊がレイテ湾の米進攻部隊を叩くという「捷一号」作戦により生起したレイテ沖海戦。「千歳」「千代田」は小澤機動部隊に参加し、囮部隊の一翼を担った

敵機の集中攻撃を受け、エンガノ岬沖海戦で航行不能に陥った「千代田」。同艦は重巡2隻（「ウィチタ」「ニューオーリンズ」）、軽巡2隻などからなる水上艦部隊、デュボーズ隊に発見され、砲撃を受けて撃沈された。なお、敵水上艦の砲撃により撃沈された空母は、本艦と文中の「グローリアス」（英）、レイテ沖海戦のサマール沖海戦における「ガンビア・ベイ」（米）のみである。

るべく陣形から離れており、そうはさせじと「エセックス」の飛行隊長が集中攻撃を命じたのである。この命令により艦爆隊12機が「千歳」を襲い、爆弾2発を命中させた。数分後にも10機の艦爆が攻撃、艦内の爆発で「千歳」には火災が発生、浸水も始まった。さらに10機ずつの米艦爆が両舷から飛来、満身創痍《そうい》となった「千歳」の傾斜は30度に達した。

最初の被弾から1時間後となる朝9時37分、「千歳」は沈没した。岸良幸大佐以下468名が戦死、生存者は494名であった。漂流中の生存者は、のちに軽巡「五十鈴《いすず》」が2時間半もかけて救出してくれた。

「千代田」も艦爆20機に攻撃されたが、「霜月《しもつき》」の長10㎝高角砲に護られた。「霜月」は10数名の「千歳」生存者も救助してくれた、千歳型にとって恩人のような艦であった。

第二次空襲は朝9時58分から開始されたが、攻撃は唯一無傷だった「千代田」に集中した。「日向」らが周囲を固めていたが、「レキシントン」「フランクリン」の艦爆が襲いかかり、「千代田」はマリアナ沖海戦時と同様、後部に命中弾を受けた。さらに至近弾も受けた「千代田」は大火災が発生、右舷に傾斜した。誘爆を防ぐため火薬庫に注水したものの、航行不能となってしまう。

四航戦司令官の松田千秋少将は「五十鈴」に対し「千代田」を曳航して沖縄に向かうよう命令した。この頃ハルゼー大将のもとには、栗田艦隊の攻撃を受けている味方艦隊から救援要請がたびたび届いており、やむなく主力の戦艦と空母部隊は栗田艦隊に、巡洋艦と駆逐艦部隊を小澤機動部隊に向けることとした。

夕方になると残存艦艇も少なくなった小澤機動部隊は帰路についたが、航行不能の「千代田」は戦場にとり残され、「五十鈴」と「槇《まき》」が付き添っていた。両艦は一度は「千代田」から離れたものの、「五十鈴」は乗員を救助して艦を処分すべく、反転した。「五十鈴」が「千代田」から離れたのは、戦闘前の補給作業中に蛇管が破れ、きわめて残燃料が少なく曳航をあきらめたためであった。あくまで戦後の視点だが、「五十鈴」の燃料に余裕があれば「千代田」は沖縄まで曳かれて生還できたかもしれない。

ただ1隻となった「千代田」は米軍機の触接を受け、発砲したことから放棄されていないことを教えてしまった。

この知らせを受けたのが、先述した巡洋艦、駆逐艦部隊を率いるデュボーズ少将で、速度を上げて「千代田」に向かった。合計16隻もの米艦艇に襲われた「千代田」は高角砲で応戦したが、15分後に沈没した。城英一郎艦長以下、ほとんどが戦死した。水上艦との砲戦で撃沈された空母としては、1940年、独戦艦「シャルンホルスト」「グナイゼナウ」に撃沈された英空母「グローリアス」の前例があるが、同艦も「千代田」も空母らしからぬ戦闘を行い、悲壮な最期を遂げている。

なお、「千代田」を捜索していた「五十鈴」「若月」は米艦隊に発見されたものの、ただ1隻驚くべき奮闘を見せた「初月」のおかげで脱出に成功した。

かくして「千歳」「千代田」は短い生涯を終えた。空母よりも水上機母艦時代の活躍が顕著だが、終末期の日本機動部隊を支えた存在であったことは変わらない。その奮闘は、賞賛されるべきものである。

■エンガノ岬沖海戦

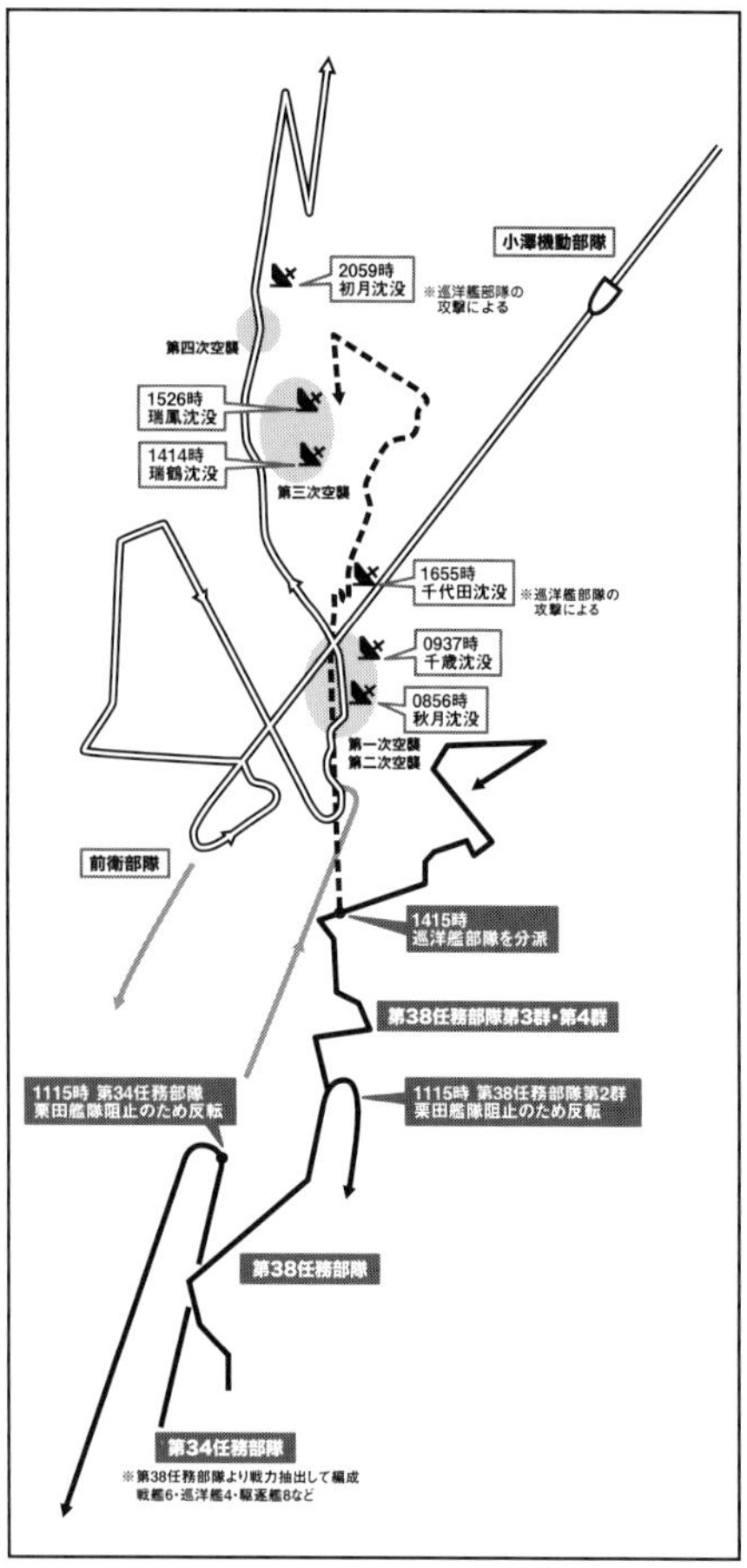

小澤機動部隊
2059時
初月沈没
※巡洋艦部隊の攻撃による
第四次空襲
1526時
瑞鳳沈没
1414時
瑞鶴沈没
第三次空襲
1655時
千代田沈没
※巡洋艦部隊の攻撃による
0937時
千歳沈没
0856時
秋月沈没
第一次空襲
第二次空襲
前衛部隊
1415時
巡洋艦部隊を分派
第38任務部隊第3群・第4群
1115時 第34任務部隊
栗田艦隊阻止のため反転
1115時 第38任務部隊第2群
栗田艦隊阻止のため反転
第38任務部隊
第34任務部隊
※第38任務部隊より戦力抽出して編成
戦艦6・巡洋艦4・駆逐艦8など

小澤機動部隊は米艦載機群の攻撃を一身に受け、囮部隊としての任務を果たした。「千歳」は米艦載機の攻撃により撃沈され、「千代田」は航行不能に陥っていたところ、重巡、軽巡などからなる水上艦部隊（デュボーズ隊）に捕捉され、砲撃により撃沈された

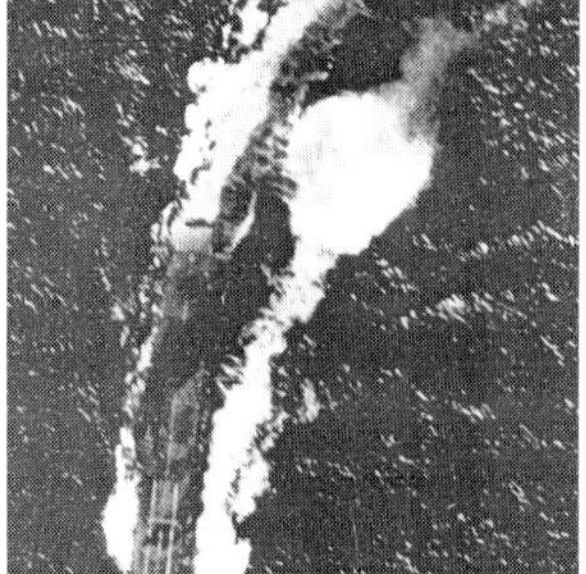

エンガノ岬沖海戦において米艦載機の攻撃を受ける千歳型空母

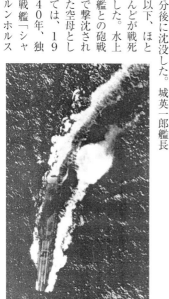

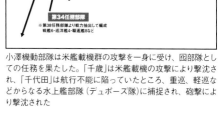

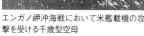

千歳型2隻の艦歴

文／松田孝宏
（オールマイティー）

「千　歳」

起工／昭和９年（1934年）11月26日
進水／昭和11年（1936年）11月29日
竣工／昭和13年（1938年）7月25日
空母改造工事着手／昭和18年（1943年）1月16日
空母改造工事終了／昭和19年（1944年）1月1日
戦没／昭和19年（1944年）10月25日
造船所／呉海軍工廠

日本海軍は航空揺籃期となる大正初期から水上機母艦「若宮丸」「能登呂」「神威（かもい）」らを運用、第一次大戦でも活躍した。しかしこれらの艦はすべて既存艦船の改装で、当初から本格的な水上機母艦として建造されたのは、千歳型が初めてとなる。

その概要は昭和９年度の第二次補充計画でまとめられたもので、第１状態（平時）では水上機母艦に給油艦の能力を付与、第２状態（戦時）では甲標的（特殊潜航艇）母艦に改造できるものとされていた。

この計画に基づく第１艦「千歳」は第一甲運送艦として起工されたが、その直後に竣工時期は軍縮条約明けとなることが確実となった。このため計画時は20ノットとされた速力を29ノットとするなど、条約脱退を見込んだ性能を盛り込むこととした。

竣工した「千歳」は佐世保鎮守府の予備艦として慣熟訓練ののち、支那方面艦隊に編入されて北支警備など大陸沿岸で活動。以後は第四艦隊第十七戦隊、第一艦隊第七航空戦隊と所属を変えながら、新鋭水上機母艦として働いた。開戦時は華南や海南島、仏領インドシナにおける活動を経て連合艦隊第十一戦隊に配されており、フィリピン攻略の諸作戦から蘭印作戦へと転戦した。この時期、搭載機が米駆逐艦「ポープ」を爆撃して損傷を与え、生涯で数少ない戦果を挙げている。

昭和17年６月のミッドウェー海戦では攻略部隊に所属して出撃するものの、大敗のため作戦中止となった。これが機縁で、空母に改造されることになる。翌７月に第二艦隊第十一航空戦隊に編入、８月の第二次ソロモン海戦に参加するものの、空襲により損傷した。

空母への改造工事は翌昭和18年１月16日より着手､19年１月１日に終えた。実質的には18年８月に工事はほぼ完了しており、同年の９月に訓練部隊となる第三艦隊第五十航空戦隊に編入されて輸送任務に従事、12月には航空母艦に類別されている。

「千歳」は昭和19年早々から２月４日まで船団護衛任務に就き、輸送成功の一役を担った。同時期に第三艦隊第三航空戦隊を「千代田」「瑞鳳」と編成した。16日には鹿児島で第七六一航空隊の人員、機材を搭載してサイパンまで輸送して、進出に協力した。

５月16日は来るべき「あ号作戦」に備えてフィリピン南部のタウイタウイ泊地に進出。６月19日のマリアナ沖海戦には、第三航空戦隊旗艦として参加。僅少な戦果と引き替えに惨敗を喫した。

10月18日に「捷一号作戦」が発令されると、「千歳」は僚艦とともにわずかな数の飛行機を積んで囮機動部隊として出撃する。「千歳」は10月25日の第一次攻撃で集中攻撃を受け、午前９時37分に沈没した。岸良幸艦長以下、468名が戦死した。

「千代田」

起工／昭和11年（1936年）12月14日
進水／昭和12年（1937年）11月19日
竣工／昭和13年（1938年）12月15日
空母改造工事着手／昭和18年（1943年）2月1日
空母改造工事終了／昭和18年（1943年）12月21日
戦没／昭和19年（1944年）10月25日
造船所／呉海軍工廠

千歳型２番艦「千代田」も、第二次補充計画の一艦として建造された。竣工後しばらくは練習艦と警備艦として運用されており、その後は大陸で行動した。

昭和15年から16年にかけて､甲標的母艦に改造された。一連の改造で｢千代田」は水上機母艦の機能を残しながらも甲標的を12隻搭載し、艦尾の発進口から１度に２隻を発進できるようになった。この改造が施されたのは｢千代田」のみである。

以後の「千代田」は甲標的の訓練に従事、開戦時も内地にあった。昭和17年４月にマダガスカルとシドニー港湾への攻撃が決定すると、トラックへ甲標的を運ぶなど母艦らしく働いた。ミッドウェー海戦では「日進」と第十八戦隊を編成して主力部隊に配備されたが、甲標的が搭載されたか否かは不明である。

ミッドウェー海戦の敗北後も甲標的輸送が主立った任務であったが、空母の大量喪失を補うため千歳型は空母への改造が決定。「千代田」も昭和18年２月１日から12月21日にかけて改造工事が行われた。その後は第十二航空艦隊第五十一戦隊に編入され、昭和19年２月１日には「千歳」「瑞鳳」と第三艦隊第三航空戦隊を編成した。しかし、本格的な航空作戦はまだ先のことで、３月１日から４月初頭にかけて、第二六三航空隊､第三二一航空隊の機材や人員をサイパン､グアム､パラオ､バリックパパンなどに運んだ。

昭和19年５月からの行動はおおむね「千歳」と同様で、６月のマリアナ沖海戦に参加。第三航空戦隊は前衛部隊として機動部隊前方に突出していた。先制攻撃に第一次攻撃隊を放ったものの戦果は僅少で、被弾あるいは燃料の少なくなった第一、第二航空戦隊の攻撃隊を収容しているうちに、第二次攻撃隊を出す機会を逸してしまった。この海戦で「千代田」は爆弾の直撃を受け被害を出している。海戦に敗れた機動部隊は６月24日、柱島へと帰投した。

10月18日に捷一号作戦が発令されると、第三艦隊は第一遊撃部隊のレイテ突入を支援すべく、20日に囮艦隊として出撃。25日から始まったエンガノ岬沖海戦では、最初の空襲で僚艦「千歳」が沈没した。

第二次空襲は４隻の空母のうちただ１隻無傷だった「千代田」に集中、命中弾と至近弾によって火災が発生､大傾斜して航行を停止した。付き添っていた「五十鈴」「槇《まき》」が離脱後、突出してきた米巡洋艦、駆逐艦部隊に捕捉された「千代田」は約20分の砲撃で炎に包まれ、16時20分ごろ沈没していった。最期まで高角砲による応戦を続け、城英一郎艦長以下、乗員全員が戦死した。

昭和14～15年、上海に停泊中の「千代田」を英海軍が撮影した写真。当時、「千代田」は中国戦線の地上部隊の支援などに従事していた

千歳型と他の水上機母艦との比較

文／本吉隆

第二次大戦時は他国でも少なくない数の水上機母艦が就役していたが、本稿では千歳型とそれらの水上機母艦を比較して、千歳型の性能の相対評価をしてみよう。

「ラングレー」 アメリカ

米海軍最初の空母だが、条約制限下で「ワスプ」建造に当たり空母籍から外すことが了承された結果、1937年に水上機母艦へと改装されて再就役したものだ。本艦は水上機母艦としては飛行艇2個飛行隊（32～36機程度）の基地として活動が可能で、同時に艦隊の水偵等の小型水上機の支援も可能と、沿岸部に停泊して基地機能を果たす水上機母艦としては有用な能力を持つ。しかし艦の性能は低く、千歳型のように「洋上で水上機を発艦させて防空や攻撃の任を果たす」ことは全く考慮されていない艦でもあった。

実際、太平洋戦争開戦前の米海軍の出師準備が始まるまで、艦齢がかさんでいたため予備役艦として「マニラ湾の不動の飛行艇基地」扱いとなっていた本艦が、千歳型に匹敵するような性能を持つ艦では無いことは確かだ。

ターボエレクトリック推進の給炭艦「ジュピター」は1922年に改造されて空母「ラングレー（CV-1）」となったが、1936年に水上機母艦に改造され、艦番号もAV-3となった。鈍足で洋上での航空機運用能力も低いため、実態は「泊地での飛行艇基地」に近く、千歳型とは比べ物にならない性能である

◆水上機母艦「ラングレー」（改装時）

基準排水量：11,500トン／全長：165.2m／主機：ターボエレクトリック推進/2軸／出力：7,200馬力／最大速力：15.5ノット／航続力：10ノットで3,500浬／兵装：12.7cm高角砲4門／搭載機：36機

米海軍の艦隊型水上機母艦案

米海軍が戦時中に使用した水上機母艦は、基本「ラングレー」と同様に、艦隊の根拠地及び前進基地に進出して、飛行艇の作戦支援を行う「飛行艇母艦」であり、千歳型のような「空母を代替する」水上機母艦とは使用目的が異なる艦だ。

ただし1940年時期からしばらくの間、カリタック級水上機母艦の船体を元にしつつ、フロート装備の偵察爆撃機（日本式に言えば「水上爆撃機」）の前線基地への輸送と基地での支援、更に後の護衛空母の様に洋上作戦実施も考慮して、平甲板位置に大型射出機を装備する水上機母艦の検討が行われてもいた。

この艦がもし整備されていれば、千歳型に総じて能力は劣るものの、相応に洋上作戦で使用出来る能力を持つ艦となったはずだ。しかしこれは諸事情により実現に至らずに終わり、米海軍の「水爆（水上爆撃機）」構想もそのまま消えゆく事になった。

「コマンダン・テスト」 フランス

フランス海軍が空母を支援する艦隊型水上機母艦として整備した艦で、性格的には日本の大型高速の艦隊型水上機母艦に非常に近い。航空機運用能力は定数ベースで日本の三座水偵に相当する偵察任務を主とする三座飛行艇と、複座の水上雷撃機の各1個飛行隊を搭載可能で（約20機：最大では26機）、4基の射出機と5基のクレーンで搭載機の迅速な発艦・収容が可能という特色があり、速力が「瑞穂」に匹敵するなど、全体的に見て「瑞穂」に近い性能を持つ。また対空兵装や防御面では千歳型を上回る面もある。

これらの点から見て、総じて本艦は洋上作戦用の艦隊型水上機母艦として有力な艦であり、第二次大戦時の地中海方面の作戦であれば、計画通りにフランス海軍の艦隊航空兵力の一翼を成す艦として活動する能力はあった。戦争中にそのような機会に恵まれなかったのが惜しまれる。

カタパルト4基を持つなど航空機運用能力に優れ、速力を除けば千歳型に匹敵する性能を持つ「コマンダン・テスト」。1932年に就役した有力な大型水上機母艦であったが、1942年にトゥーロン港で自沈してしまった

◆水上機母艦「コマンダン・テスト」（新造時）

基準排水量：10,000トン／全長：167m／主機：蒸気タービン2基/2軸／出力：23,230馬力／最大速力：21ノット／航続力：18ノットで2,000浬／兵装：10cm高角砲12門、37mm機銃8挺、13.2mm機銃12挺、射出機4基／搭載機：26機

「ペガサス」 イギリス

本艦は元は英海軍が航空機搭載艦として最初から要求した艦である水上機母艦「アーク・ロイヤル」で、新空母に艦名を譲るために1934年12月21日にこの艦名へと改名された。

その出自が示すようにまごうことなき第一次大戦型の水上機母艦で、大戦間に一定の改修はなされたものの、第二次大戦当時には航空艤装の大部分は陳腐化しており、艦の性能も洋上作戦に使用出来る能力を持つものでは無かった。これらの点から見れば明らかに本艦は千歳型に匹敵するような艦では無いことが分かる。しかしそれでも本艦は第二次大戦開戦後から1941年7月以降カタパルトの練習艦扱いになるまで、水上戦闘機を運用出来る水上機母艦として活動、船団護衛等で一定の成果を見せてもいる。本艦は性能は低くても長い間艦隊に貢献した功労艦と評しても良いのではなかろうか。

1914年に竣工した、イギリス初の新造水上機母艦であった「アーク・ロイヤル」（後に「ペガサス」）。第一次大戦時のベテラン艦なので、新鋭の千歳型と比較するのは酷だ

◆水上機母艦「ペガサス」

基準排水量：7,080トン／全長：111.6m／主機：蒸気タービン1基/1軸／出力：3,000馬力／最大速力：11ノット／航続力：10ノットで3,030浬／兵装：7.6cm高角砲4門／搭載機：8機

「アルバトロス」 オーストラリア

オーストラリア海軍が建造した「アルバトロス」は、同国海軍に洋上航空兵力を与えうる水上機母艦とされていたが、1938年に英巡洋艦「アポロ」（後の豪巡「ホバート」）を購入する代金の一部として英海軍に譲渡された結果、第二次大戦では英海軍艦艇として活動したという経緯がある。

本艦は艦隊に随伴できる速力（20ノット）と、艦隊に航空機による防空・軽攻撃・偵察能力を付与するのを目的に整備されたが、艦が小型であるため、その航空機運用能力及び艦の性能は、千歳型のみならず「瑞穂」にも全般的に劣ることは否めない。ただ本艦も「ペガサス」同様、1943年11月まで対潜哨戒を含む通商路保護、泊地における水上機支援を行う基地機能を果たす艦として活動するなど、英海軍の作戦に貢献し続けた事実は覚えておくべきだろう。

1929年にオーストラリア海軍の軍艦として竣工した「アルバトロス」は、第二次大戦では英海軍に属して戦った。カタパルト1基を艦首に装備するが、艦のサイズが小さいため洋上での航空機運用能力は限定的

◆水上機母艦「アルバトロス」（新造時）

基準排水量：4,800トン／全長：135.2m／主機：蒸気タービン4基/2軸／出力：12,000馬力／最大速力：22ノット／航続力：22ノットで4,280浬／兵装：12cm高角砲4門、40mmポンポン砲4門、射出機1基／搭載機：9機

「瑞穂《みずほ》」 日本

千歳型の準同型艦と扱われる場合が多い「瑞穂」は、主機を全ディーゼルとした関係で、千歳型より速力は低くなった。だが缶の装備が無いことに伴って艦内の煙路・艦上の煙突が無くなったため、艦内・艦上のスペースに余裕が出来たこともあって、常用機数は変わらないが予備機数は多く（予備機は千歳型の4に対して本艦は8）、また航空燃料搭載量もより大きくされるなど（270トン）、「水上機母艦」としては千歳型より有力な航空作戦能力を持つ。

本艦を空母に改装する場合、機関更新が必要なため、改装期間が長くなる懸念はあるが、改装後は千歳型とほぼ同等の航空作戦能力を持つことが期待できる。総じて本艦は千歳型に劣る面もあるものの、航空作戦能力では同等以上の能力がある有力な艦と認められる。

千歳型より速力は劣るが、航空機運用能力では若干上回る「瑞穂」。対空火力も千歳型より12.7cm連装高角砲が1基増えている

◆水上機母艦「瑞穂」（新造時）

基準排水量：10,929トン／水線長：183.6m／主機：ディーゼル4基/2軸／出力：15,200馬力／最大速力：22ノット／航続力：16ノットで8,000浬／兵装：12.7cm連装高角砲3基、25mm連装機銃10基、射出機4基／搭載機：常用24機＋補用8機

「日進《にっしん》」 日本

見かけ上の搭載機数は千歳型より減った（20機＋5機）「日進」だが、新型水偵の運用を考慮して、射出機がより能力の高いものへと換装され、また飛行艇の作戦支援能力も付与されるなど、航空艤装及び航空機の運用面の能力は戦前計画で新造された水上機母艦では一番高い艦となるはずだった。本艦は建造途上で甲標的母艦へと改装されて竣工に至るが、それでも甲標的母艦に改装後の「千代田」と比べて、水上機母艦として同等以上の能力を持つ艦でもあった。

空母に改装された場合、本艦は機関換装の必要がないので、甲標的母艦から改装された「千代田」とほぼ同等の工期で、千歳型に準じた能力を持つ艦が整備できたはずだ。だが高速輸送艦として重用されていた本艦に対して、実際に空母改装が命ぜられるかは疑念無しとはしない。

千歳型より優れた水上機母艦として計画されたが、けっきょく甲標的母艦として竣工した「日進」。主砲は軽巡に準じる14㎝砲6門で、これは当初、強行機雷敷設艦として計画されていた際の名残とされる

甲標的母艦「日進」（カッコ内は水上機母艦として計画時）

基準排水量：11,317トン／水線長：188.0m／主機：ディーゼル6基/2軸／出力：47,000馬力／最大速力：28ノット／航続力：16ノットで8,000浬／兵装：14cm連装砲3基、25mm三連装機銃8基（4基）、射出機2基（4基）／搭載機：水上機12機＋甲標的12隻（常用20機＋補用5機）

―総　括―トップレベルであった日本の水上機母艦

以上に述べた比較の内容から見れば、日本海軍の「空母の代用となる」洋上作戦用の水上機母艦が、同種の艦と比べてもより大きな航空機運用能力と、巡洋艦以下の軽快部隊に追随可能な高速力を持つという点で、ある意味特異な艦であることが理解できると思う。そしてその要求に適合した艦として設計された千歳型を含む日本の艦隊型水上機母艦は、当時各国で就役中の水上機母艦の中では、航空機運用能力を含めて総じてトップレベルの性能だったと評して良いだろう。

「ジュゼッペ・ミラーリア」 イタリア

本艦は排水量約4,900トンの小型艦であるにも関わらず、航空機用射出機2基を艦の前後に備え、大型機4機と小型機16機の搭載用設備を持つ。艦側面の開口部上にあるガントリー・クレーンで収容機を直接艦内格納庫に収容できるなど、特徴のある航空艤装の装備によりかなりの航空機運用能力を持つ。速力も艦隊に付随できる程度はあり、千歳型に能力的には劣るものの、相応に優良な紙上の要目を持つ艦ではあった。

ただ、戦前はカタパルトの運用試験艦としてかなりの実績を残しているが、実際には戦時中は能力的な問題もあったのか、主として沿岸水域での水上機の練習任務の支援艦として使用され、他に航空機輸送艦として使用された程度に留まっている。やはり艦のサイズ的な問題もあり、本艦は洋上作戦用の水上機母艦としては有用に使えなかった、と推察する次第だ。

比較的高速の艦隊型水上機母艦として期待された「ジュゼッペ・ミラーリア」であったが、艦のサイズが日本の艦隊型水上機母艦や「コマンダン・テスト」に比べると小さく、実際は洋上作戦は荷が重かった

◆水上機母艦「ジュゼッペ・ミラーリア」

基準排水量：4,880トン／全長：121.2m／主機：蒸気タービン2基/2軸／出力：16,700馬力／最大速力：21ノット／航続力：不明／兵装：10.2cm高角砲4門、13.2mm機銃12挺、射出機2基／搭載機：17機

「ゴトランド」 スウェーデン

1920年代に海上航空兵力の重要性を認めたスウェーデン海軍が、洋上で十分な防空・偵察・爆撃等の能力を与えうる艦として整備した。厳しい予算事情から出た排水量制限の中で、出来る限り必要とされた航空機運用能力を付与した「世界最初の航空巡洋艦」だが、実質的には小型で重兵装の「高速水上機母艦」と言える。

小型だけにその航空機運用能力は千歳型には劣るものの、第二状態の「千代田」に近い搭載機数（11機）を運用可能であるなど、かなりの航空機運用能力を持つ。ただ本艦の搭載した射出機は能力が低く、これが本艦の航空機運用艦としての寿命を縮めたのはマイナス項目だ。軍艦としては一応「巡洋艦」だけに砲力は勝り、軽度だが防御も施されているなど、千歳型に勝る面もある。これらの点からいけば、本艦は「水上機母艦」としては総じて千歳型に劣るが、水上戦闘艦としては勝る、と判断できる。

「航空重巡洋艦」利根型の先輩といえる航空軽巡洋艦「ゴトランド」。当然だが、単艦の戦闘力では千歳型を大きく上回るが、航空機運用能力では千歳型の相手にならない。1943年には航空装備を撤去し、防空巡洋艦に改装されてしまった

◆航空巡洋艦「ゴトランド」（新造時）

基準排水量：4,700トン／全長：134.8m／主機：蒸気タービン2基/2軸／出力：33,000馬力／最大速力：28ノット／航続力：16ノットで6,200浬／兵装：15.2cm連装砲2基＋15.2cm単装砲2基（計6門）、7.5cm高角砲3門、25mm機銃6挺、53.3cm三連装魚雷発射管2基、射出機1基／搭載機：6（最大8）機

「千歳」「千代田」仮想戦記

異聞 ソロモン海戦！ 彼女たちの戦い

文／伊吹秀明 イラスト／長谷川竹光

本来ならば、艦隊航空戦力の一翼を担う水上機母艦や秘密兵器「甲標的」の母艦として、威力を発揮するはずだった「千歳」と「千代田」。もしも、日本海軍が戦前夢見た形で彼女たちが活躍できたなら……。そんな願望に基づく千歳型のイフ・ストーリーを、実戦における水上機母艦や水偵の運用の様子も交えながら見ていこう。

伏兵！ 水上機攻撃隊、発進！

それはミッドウェーの悪夢を思いださせる一撃だった。突如として雲間から現れた2機のSBDドーントレスが爆弾を投下したのだ。

2本の水柱が噴き上がり、そのうちのひとつは空母「翔鶴《しょうかく》」の艦橋に飛沫《しぶき》を浴びせ、窓枠を打ち振るわせた。直撃だったならば、艦首脳部のみならず、第三艦隊司令部も壊滅していたところだった。

対空機銃が慌てて火を噴くが、とうに米艦爆の姿は消えていた。航空戦は水上艦同士の海戦とはまったくテンポが異なる。数分、数秒後に何が起こるか分からない。これは珊瑚海海戦、ミッドウェー海戦に続く、有史上3度目となる空母対空母の海戦だった。

舞台は東ソロモンの海。昭和17年（1942年）8月。ガダルカナル島に上陸して飛行場を完成させた米軍に対し、日本軍は逆上陸作戦を敢行。連合艦隊司令部は「カ号作戦」を発令した。

ミッドウェーの大敗後、第三艦隊と名称を変えて再建した機動部隊は「翔鶴」「瑞鶴《ずいかく》」「龍《りゅう》驤《じょう》」を中心にしてソロモン諸島海域に進出した。作戦目的は、ガ島輸送船団の支援、そして現れるであろう米空母の撃滅である。

24日の昼過ぎ。予想どおり米空母は出現し、偵察機が発見したそれに対して第1次攻撃隊が発進した。敵の艦爆による不意打ちを受けたのは、その直後のことだった。

緊迫した状態は続く。機動部隊本隊から分かれ、ガ島に接近した軽空母「龍驤」が米軍機による攻撃を受けた。艦隊司令長官の南雲忠一中将は「龍驤」に北方に退避するよう命じたが、早くも同艦は機関停止におちいった。助けようにも、どうすることもできない。本隊は第2次攻撃隊の発進を優先させた。

14時半過ぎ、第1次攻撃隊が米空母2隻に対して攻撃を開始し、まもなくして「敵空母に直撃3発」という報告が届いた。

「これで龍驤の仇はとった」「この戦いは勝ったな」という楽観した声が聞こえたものの、それは長くは続かない。敵にとどめを刺すはずの第2次攻撃隊からの連絡が会敵予定時間を過ぎても入らなかった。この時点ですでに3機の索敵機が撃墜されていて、敵との触接は断たれていた。

このままでは日が暮れてしまう。多くの犠牲の上に傷を負わせた敵空母を取り逃してしまう。司令部の空気は重くなり、ジリジリとした時間が流れる。

歴史が揺れ動いたのは、そのときである。

「千歳機より入電。敵空母を見ゆ！ レキシントン型1。地点、南緯──」

通信伝令の報告に艦橋が騒然となった。彼我の位置を確かめるべく、航海参謀は海図台の上で定規をふるい始めたが、その横で南雲は草鹿参謀長と思わず顔を見合わせた。

「どこの機だ？」

「千歳です」

南雲たちがハッとしたのは訳がある。

「千歳」が配属されていたのは、第三艦隊ではなく、第二艦隊だ。同艦隊は前進部隊として、機動部隊の東方に位置していた。海軍の指揮系統上、第二艦隊司令長官の近藤信竹中将は南雲の先任として「カ号作戦」を指揮する立場にある。ところが、両艦隊司令部は作戦前のすり合わせを一度もしておらず、ろくに連係もとれていなかったのである。

それでも問題はないと第三艦隊司令部は思っていた。真珠湾

4基ある射出機をフル稼働して「零式二座水上偵察機」を発進させる「千歳」。零式二座水偵は史実では不採用に終わった愛知十二試二座水偵で、水偵ながら急降下爆撃能力を有する。本稿では同機が制式採用された、という設定に基づく

「千歳」搭載の零式三座水偵の誘導で、米空母へと向かう空母「瑞鶴」の第２次攻撃隊。所属艦隊の垣根を超えた連携により、空母「サラトガ」に痛撃を与えることに成功する

作戦以降、海戦の主役は空母機動部隊であり、今回もそうだという驕《おご》りがあったといえよう。それに「千歳」は水上機母艦である。所属するのは第十一航空戦隊で、同じ航空戦隊でも正規空母と水上機母艦では格段の差があると見られていたからだ。

そうした偏見を振り払うかのように、とうの「千歳」と特設水上機母艦「山陽丸《さんようまる》」では慌ただしく艦載機の発艦作業が始められていた。

あらかじめ格納庫から艦上に上げられ、台車と滑走車上に乗せられていた機は、飛行科員たちの手によって「千歳」の前後に3基ずつある運搬軌条を移動し、射出機まで運ばれる。滑走車ごと射出機の軌条に乗せて固定したあと、搭乗員が乗りこんでエンジンを始動し、暖機運転を行う。

合図の赤い手旗が2度3度とまわされ、サッと振り下ろされると、滑走車との固定を外すピンが抜かれる。

射出機の射手が引き金を引くと、爆発筒内の装薬が点火され、滑走車ごと水上機は弾きだされる。静から動へ、一瞬の早業だ。

滑走車から分離した機は、自力で浮上し、上昇を開始する。

「ポン六がこれだけ続くとは、ずいぶんと大盤振る舞いだな」

沢島栄次郎少佐は、発進作業を見つめて、そうつぶやいた。

ポン六とは、ポンと射出機で発進するたびに6円が支給される射出機加俸のことだった。本給以外に、搭乗員には航空加俸が、そして危険をともなう射出機発進にはさらに手当が上乗せされるのである。

自ら水上機の操縦桿を握り、重巡「摩耶《まや》」、伊号第八潜水艦、戦艦「霧島《きりしま》」の飛行長を歴任し、現在「千歳」の飛行隊長を務める沢島にとって、射出機発進はお馴染みのものだ。しかし、その彼にしても、実戦でこれだけの機数の発進を行うのは初めてだった。

ふつうの水上機母艦の任務ならば1機か2機の水上機を索敵や対潜警戒に発進させるところを、「千歳」は4基ある呉式二号五型射出機をフル稼働させ、搭載する全機を放とうというのである。

「さてと、おれの番だ」

沢島は準備ができたことを手信号で知らせ、航空眼鏡をかけた。衝撃にそなえて、頭の後ろにたたんだ落下傘を当て、操縦桿の固定部分を握る。後席の偵察員の方は両手をつっかえ棒のようにして前方の隔壁に当てているはずだ。

すでにスロットルレバーは全開位置に入れてあった。甲板上に射出機、さらにそれに乗った下駄ばき（浮舟付き）の機上ということで、操縦席はかなりの高さにある。エンジンの爆音が鳴りひびく中で見えるのは、南洋の大海原のみだった。

射出機の角度は、艦の首尾線上に対して30度から40度の間にある。飛行長が艦橋とこまめに連絡をとって、射出機が合成された風向きに正向するよう、針路と速力を調整している。「千歳」は、設計機構上6分間隔で搭載機の連続発進が可能ということになっているが、作業は風に左右されるし、機を逃さぬよう一糸乱れぬチームワークが必要なことは言うまでもない。

波のうねりが小さくなり、艦が水平になったところで射出指揮官が手旗をまわした。点火。一瞬のうちに滑走車が弾きだされ、カチッという固定爪が外れる音を聞いたときには、もう機体は海の上だ。

射出時に搭乗員にかかる加速度は3Gから4G。すなわち自分の体重の3倍から4倍の力で座席に押しこめられる。このときに慌てて操縦桿を急に引いたり、逆に落下するまで手を留守にしていると墜落するので要注意だ。

沢島は発進後に機速を確かめてから、操縦桿をゆっくりと引き、上昇に入った。母艦の「千歳」が小さくなり、やはり搭載機を発進させていた僚艦「山陽丸」、警戒中の駆逐艦「野分《のわき》」「舞風《まいかぜ》」の姿も見える。遠くの方で小山のような艦影になっているのは戦艦「陸奥《むつ》」、白波を蹴立てているのは第二艦隊旗艦の「愛宕《あたご》」とその姉妹艦たちだ。

「水上機母艦の護衛にこれだけが集まるとは、俺たちも偉くなったものだ」

沢島は満更でもない口調でつぶやくと、すぐに表情を引き締めた。本番はこれからだ。自分が指揮を執る編隊の先頭に立つべく機速を上げた。

高揚感を覚えていたのは飛行隊長だけではない。露天艦橋にて攻撃隊の発進を見送った「千歳」の古川保艦長、第十一航空戦隊の城島高次司令官もまた同様だった。

千歳型は、それまで日本海軍が保有していたいかなる水上機母艦とも性格が異なる特殊な艦だ。

既存の水上機母艦の搭載機数は4機から18機。役割は「移動航空基地」といったもので、偵察や弾着観測などの任務で1回に飛ばすのは単機から数機程度が多い。

それに対して千歳型は補用を含めて30機を搭載。強力な4基の射出機を用いて、30分余での発進ができる。より大きな新型水偵を載せるようになって搭載機数は減ったが、その新型機の性能によって航空打撃力は飛躍的に増した。千歳型は、航空母艦とともに決戦兵器として使用されることになっていたのである。

発進作業を終えた「山陽丸」から司令部宛に発光信号が送られてきた。商船からの転用ながら、12機の水偵を搭載して開戦以来よく働いている特設水母だ。

「本来は『千代田』もここにいたはずだが……」

古川艦長は、ともに訓練を積んできた姉妹艦に思いを馳せた。

「いや、ここにはいないが、『千代田』もまた戦っているはずだ。彼らなりのやり方でな」

下駄ばき攻撃隊、米空母を痛打す！

米海軍がソロモン戦線に投入していた空母は、フランク・J・フレッチャー中将が指揮する第61任務部隊の「サラトガ」「エンタープライズ」「ワスプ」の3隻である。このうち「ワスプ」は前日から燃料補給のために離脱していた。

24日の14時半過ぎ、「エンタープライズ」は日本軍の第1次攻撃隊の爆撃を受けて、２５０kg爆弾の直撃を3発受けていた。飛行甲板を貫通後、艦内深くで爆発した1発は吃水線近くに破孔をつくり、艦は右に傾きだした。

アーサー・C・ディヴィス艦長は、陣頭に立ってダメージ・コントロールを指揮した。反対舷に注水して傾斜を復原。消火活動とともに艦内の可燃性ガスを排出して二次被害を防ぐ。大穴が開いた飛行甲板には木の厚板が継ぎ当てられ、材木やらマットレスやら手辺りしだいに詰めこんで破孔をふさいだ。ミッドウェーの殊勲艦である「エンタープライズ」では乗員の志気は高い。「ビッグE」のニックネームは同艦の誇りでもある。

「これで発着艦はできるな」

「仮設アンテナの調整が完了。通信も回復します」

「ますます結構」

だが、さっそく飛びこんできた通信はディヴィスの顔を曇らせた。フレッチャー提督の旗艦「サラトガ」が日本軍機の攻撃を受けているというのだ。

それは「千歳」の水偵によって誘導されてきた「翔鶴」「瑞鶴」の第2次攻撃隊（九九艦爆27、零戦9）だった。それまで無傷だった「サラトガ」は、3発の直撃弾と無数の至近弾によって炎上。艦載機の発着が不能になってしまった。

とっさにディヴィスは頭をめぐらせる。先に発見した日本の小型空母（「龍驤」）はすでに虫の息だ。残るは2隻の大型空母だが、すでに2回の攻撃を繰りだし、余力はほとんどないだろう。こちらは「エンタープライズ」の戦闘能力が回復し、ガダルカナルのヘンダーソン飛行場の戦力もある。まだ勝てる。

「準備でき次第、上空直掩機を上げるんだ」

ディヴィスはそう命じたが、搭載機の発進準備は簡単ではなかった。格納庫内で爆風を受けて、舵やアンテナなどに損傷のある機体が多かったからだ。

「レーダー室から報告。北西より接近する航空機あり。およそ30機」

「北西？　ヘンダーソンからではないのか？」

艦橋の中の目が一斉に動いた。

「あれは何だ？」

消火ホースを肩にかついだ応急班員があんぐりと口を開けた。

赤灰色の雲の中から現れた飛行機は、どれもこれも大きなフロートを付けていた。

「ト連送を打て」

沢島は、伝声管を通じて偵察員に命じた。単機行動がふつうの水上機で「全機突撃せよ」という号令を発するのは奇妙なものだ。無論、訓練は何度も繰り返したが、やはり実戦は別物である。

操縦桿を握った機は、それまでの水上機とは次元がちがう。零式二座水上偵察機。十二試水偵として愛知航空機が開発した新型機は、急降下爆撃能力と空戦能力をそなえた万能機であった。それを零式二座水偵として採用した海軍は、水上機母艦を攻撃空母として使う計画案を遂行したのだ。

「千歳」と「山陽丸」を発進した零式二座水偵は27機。さら

米空母「エンタープライズ」に急降下爆撃を敢行する零式二座水偵（手前）と瑞雲の増加試作機。日本海軍が築きあげてきた、異色の水上機攻撃隊が遂にその真価を発揮する時が来た

に高性能をねらった瑞雲の増加試作型3機も攻撃に参加している。

「後方、左右見張りよし！」

「よおし、急降に入る。目標、敵空母」

夕陽に照らされた赤い海面に黒い艦影が浮かんでいた。中央の敵艦を目指し、高度4000mから降下角度を深くして逆落としに入った。

「高度3000」

全速回転の瑞星エンジンに負けじと偵察員が叫ぶ。

対空砲火が上がってくる。戦艦や巡洋艦の各所で閃光が発するや、黒褐色の爆煙が宙に咲き乱れる。爆風が機体を揺らし、何かが当たるガンッという音がした。

みるみるうちに、照準環の中で敵空母の甲板が膨れ上がってくる。

「600」

「よーい」

「450」

「テッ！」

投下索を引き、250kg爆弾を機体から解き放った。ただちに操縦桿を両手で引き、機体を引き起こす。凄まじい力が体にかかるが、なあに、射出発進のGと大して変わらない。

一瞬だけ暗くなった視界が回復するや、伝声管から興奮する声が伝わってきた。

「命中です！　やった！」

苦闘の末にふたたび戦線に立ち上がった「エンタープライズ」だったが、思いもしなかった水上機編隊の爆撃を受けて、またも3発の直撃弾を受けてしまった。

「機関は無事なんだな。ならば大丈夫だ。みんな頑張れ、ビッグEは不死身だ！」

艦内電話での報告を受けたディヴィス艦長は部下たちを鼓舞した。

「右舷の〝詰め物〟が取れて、また浸水している？　だからこんなに傾いているのか。左舷注水。生き残ったポンプで海水をかきだせ」

爆発音と張り合いながら大声をだす。破壊された高角砲で砲弾の誘爆が起こっていた。

「フロート付きでの編隊攻撃だと？　ありえんぞ。日本人は何を考えているんだ？　くそったれどもが」

だがしかし、これで終わりではなかった。もっと不可解な日本軍の攻撃が彼らに襲いかかる。

「アトランタより緊急入電。潜望鏡らしきもの発見」

「流木ではないのか。いや待て、水上見張りを厳にしろ。手空きのものを全員、甲板へ」

「フライトデッキはまだ炎上中です」

「なら早く消火しろ」

ディヴィス艦長は傾斜した床を転がるようにして艦橋右舷の窓に取りついた。

「あれなのか？」

すぐに何かが海中に姿を消した。

「潜水艦？」

それは米海軍の彼らがイメージする潜水艦よりはるかに小さかったが、必殺の牙を持っていた。雷跡が2本、するすると伸びてくる。

「面舵いっぱい！　急げ！」

「エンタープライズ」は転舵を開始するが、海水を呑み込んでいるために動きが遅い。1本の魚雷が右舷中央に命中、2本目はよりによって破孔箇所の中に飛びこんで、内部で炸裂した。

不死身のはずのビッグEにとどめを刺したのは、特殊潜航艇「甲標的」だった。

日本海軍の秘密兵器であるこの潜航艇は、ガダルカナル島への輸送船団に同行していた「千代田」から発進していた。同艦は、太平洋戦争開戦直前、密かに「甲標的」母艦に改装されていたのである。

触接していた前進部隊の水偵から「敵空母沈没」の報が打電され、「千歳」「千代田」の両母艦では大きな歓声が巻き起こった。

のちに第二次ソロモン海戦と呼ばれることになるこの戦いにおいて、補助兵力と見られていた「千歳」と「千代田」はともに殊勲艦として人々に語り継がれることになる。

勝利の余韻にひたる「千歳」は、まもなく帰投する攻撃隊の収容準備のため、水面に円を描きはじめるのであった。

「千歳」とは別行動をとっていた「千代田」の艦尾から甲標的が発進、手負いの「エンタープライズ」に襲い掛かる。空中と海中から、驚異の姉妹攻撃によって不屈の「ビッグE」にも遂に最期の時が訪れた

千歳型水上機母艦／空母 ランダムアクセス

某ゲーム初期では早まって空母に改造してしまうと後の遠征時に苦労することになっていた千歳型に、甲標的母艦時の千代田の艦尾の開口部に熱視線を送りながらアクセスしてみよう！

文／本吉隆

他の軍艦改造軽空母と比較すると？

日本の軍艦改造軽空母（※1）

未成に終わった日本の「伊吹」は、艦のサイズ的には千歳型よりやや大型な艦だけに、飛行甲板長は205mとより長く、飛行甲板幅も千歳型と同等だ。

航空艤装は計画が新しいだけに新型機の運用を考慮してより強化されており、搭載機として千歳型では運用できない「烈風」15機（実際には「紫電改」の艦上機型になった可能性が高いが）、「流星」12機が計画されるなど、千歳型より高い航空機運用能力を持つ事が窺い知れる。

速力は千歳型と同等であり、上部構造物がある事でレーダーが常時使用可能という有利な点もある「伊吹」は、早期に竣工していれば千歳型や他の改造空母と同様に、空母の機動作戦で有用に使用されただろう。

戦後に撮影された「伊吹」。8cm 高角砲用のスポンソンが無骨に角ばっており、戦時急造を感じさせる。手前の３隻の潜水艦は潜輸小型（波 101 型）

アメリカの軍艦改造軽空母

米海軍で艦隊型軽空母として計画された2級のうち、太平洋戦争中に戦列化されたインディペンデンス級は、飛行甲板長・最大飛行甲板有効幅共に千歳型より狭く、格納庫面積もより狭いが、搭載機の多くを露天繋止とすることにより、同等以上の航空機の搭載能力があった（通常33～36機程度）。

また射出機や着艦制動装置を含む航空艤装の能力も千歳型より高いので、より大型の艦上機を運用できるなど、航空機運用能力は千歳型より高いと評せる。本級は小型故に空母としての能力に大きな不満を持たれることもあったが、本級が太平洋戦争時の米艦隊航空兵力の一翼を成すことになったのは、この航空機運用能力の高さに拠るところが大きい。

米海軍で軽空母として2番目に整備されたサイパン級は、より新型かつ大型の航空機運用能力を持つだけでなく、更に搭載機数の増大（48機）が図られるなど、総じて空母の能力は千歳型のみならず、より大型の「正規空母」である日本の雲龍型をも超える能力があると言って良い別次元の艦となった。

インディペンデンス級軽空母は、優れたカタパルトや着艦制動装置を持つために大型の艦上機を運用でき、大型正規空母エセックス級を補助して大きな役割を果たした。写真は「サン・ジャシント」

イギリスの軍艦改造軽空母案

大戦前より、戦艦隊を含む艦隊の直衛艦となる小型の軽空母案を模索していた英海軍では、開戦後の戦訓から航空援護を与えうる小型の航空機搭載艦の必要が再認識され、1941年7月に「複合任務対応艦」として、航空駆逐艦及び航空巡洋艦、そして航空戦艦の案が検討される。

このうち航空巡洋艦案は比較的小型のA案でも水線長204・2m、満載2万3000トンというかなりの大型艦で、兵装は20・3cm三連装砲塔2基搭載と重兵装の艦だったが、飛行甲板は115・8m×24・3mと狭く、搭載機数は戦闘機12機のみであるなど、空母としては有用とは言えなかった。

こういった理由もあり各種の「複合任務対応艦」は実現せずに終わるが、マレー沖海戦の戦訓から、戦艦隊に航空援護を与えうる艦の必要が改めて認識されると、英海軍は既存の巡洋艦及び高速商船、または新造艦で、最低

サイパン級はボルティモア級重巡の船体を元にして設計された。
写真は戦後 1955 年ごろに撮影された「サイパン」

日米独の軍艦改造軽空母

	基準排水量	飛行甲板サイズ	最大速力	搭載機数	元になった艦型	就役数
千歳型空母（日）	11,190 トン	180m × 23m	29 ノット	30 機	千歳型水上機母艦	2 隻
空母「伊吹」（日）	12,500 トン	205m × 23m	29 ノット	27 機	伊吹型（改鈴谷型）重巡	未成
インディペンデンス級軽空母（米）	11,000 トン	168.3m × 22.3m	31.6 ノット	33 機	クリーブランド級軽巡	9 隻
サイパン級軽空母（米）	14,500 トン	186m × 24.4m	33 ノット	48 機	ボルティモア級重巡	2 隻
空母「ヴェーザー」（独）	14,240 トン	200m × 30m	32 ノット	20 機	アドミラル・ヒッパー級重巡	未成

※1…日本海軍には「軽空母」という分類はないが、本稿では便宜的に、基準排水量15,000トン以下で、速力30ノット近くを発揮でき、搭載数30機前後の、商船改造ではない小型空母を軽空母と呼称する。具体的には「鳳翔」「龍驤」「瑞鳳型」「龍鳳」「千歳型」「伊吹」。

1 3 7・2 m×18・3 mの飛行甲板を持ち、戦闘機15機（同数を艦攻で置換可能）を搭載して25ノットを発揮可能な小型空母の検討を開始する。

このうち巡洋艦級の艦の改装案では、旧式のホーキンス級軽巡（※2）と小型で高速のアブディール級高速敷設艦が候補に挙げられる。後者は船体サイズの問題もあって早期に脱落するが（全長約1 2 7・4 m×幅約12・2 m）、ホーキンス級の改装検討は続けられた。このままホーキンス級が空母に改装されれば、千歳型よりは能力が相当に劣る軽空母が出来上がったはずだが、後の英海軍の方針変更により最終的には、より大型で、各要目から見て千歳型との比較が不適当な艦と言えるコロッサス級軽空母（満載約1万8 0 0 0トン、搭載機数通常42機～48機程度、最大50機＋）の整備へと発展したことで、ホーキンス級改装案は日の目を見ずに終わった。

第二次大戦に際してホーキンス級重巡洋艦が空母に改装されることはなかった。だが、ホーキンス級の「ヴィンディクティヴ」は、第一次大戦中に軽巡洋艦として起工されたが、大戦末期の1918年に艦後部を飛行甲板とした空母として竣工し、その後また巡洋艦に改装されたという経歴を持っている。写真は空母時の「ヴィンディクティヴ」

ドイツの軍艦改造軽空母

ドイツ海軍では「ティルピッツ」の初出動後、敵に空母がいた場合は大型艦の洋上作戦を禁ずる、という総統命令が出たことを受けて、艦隊作戦に随伴できる空母の戦力化を企図する。

この中で整備が決定した「ヴェーザー」は、竣工間近まで工事が進んでいたアドミラル・ヒッパー級重巡4番艦の「ザイドリッツ」の後身で、1 9 4 2年8月に改装工事が始められたが、翌年1月の大型艦建造を禁ずる総統命令により改装が中止、未成に終わった。

本艦は千歳型より船体が大きいこともあり、飛行甲板サイズは2 0 0 m×30 m（最大幅）と広いが、格納庫が狭いため搭載機数は戦闘機のBf 1 0 9 S Tが10機、雷爆兼用のJu87 D／Eが10機と千歳型より少なかった。本艦が搭載予定だった航空艤装は日本のものを元にしており、Ju87の着艦重量に対応できる呉式の改型となる制動装置の開発には約1年半を要すると見込まれたことは、この検討で整備が予定された各艦の早期竣工を困難とする大きな要因ともなった。

本艦は艦載機数の少なさもあって、空母としては千歳型より能力的に劣ると言わざるを得ないが、完成していればバレンツ海・北極洋での夏期における洋上作戦で、直衛や索敵等の任務でそれなりに有用に使用できたと思われる。

日本海軍およびアメリカ海軍からの評価

水上機母艦でありながら、実際の設計は艦政本部の潜水艦部が行った千歳型は、第二状態への改装を考慮して様々な工夫が凝らされた艦だった。それ故に堀元美大佐の回想に、「狭くて艤装がやりにくい場所があると、「潜水艦屋さんは妙な艦を設計するよ」と冗談を交わした、という逸話がある。

また第一状態と第二状態を考慮されて設計された「千歳」の姿は、「誰の目からも奇妙だった」と回想されるように、その奇妙な外見と、高速かつC O D A S（combined diesel and steam：ディーゼル・蒸気タービン複合推進）式機関特有の独特の機関音を持つ事を含めて、相当に印象の強い艦だったようだ。

その一方で航空機運用艦としての能力が高いことは、日中戦争当時から艦隊や基地航空隊から大いに歓迎されており、太平洋戦争緒戦から昭和17年晩夏時期までは、空母の代用として、有用に使える艦として高い評価を受けてもいた。空母時代も他の同クラスの改造空母と変わらない航空作戦能力を持ち、艦隊の直衛艦及び先制攻撃任務に充当可能な艦として一定の評価を受けていたようである。

米海軍では戦前、本型を基準排水量9 0 0 0トン、射出機4基を装備して水偵14機を搭載する速力20ノットの水上機母艦として認識していたが、「千歳」と「千代田」の艦容が全く異なるものとされるなど、情報にかなりの混乱が見られた。

1 9 4 3年になっても、艦のサイズはやや小型で、搭載機数も16機とより少なく、速力も20ノット表記のままであるなど、確報が得られなかったことが窺えるが、偵察写真等で本型の外形は把握出来たようで、同年4月に出された識別帳では、かなり正確な外観を示す図が掲載されてもいた。

本型が空母に改装されたことは、米側でもマリアナ沖海戦の直後時期には把握されており、1 9 4 4年7月に出された日本海軍関連情報では、排水量1万2 0 0 0トンで速力27ノット、全長1 9 1・4 m、飛行甲板幅24・3 m、航空機搭載数36で12・7 cm連装高角砲6基（12門）を持つという、実艦より若干航空機運用能力が高く、搭載兵装も多い空母として扱われた。

なお、この時の情報を含めて、米側では空母改装後の本型に対して、艦としての防御力や性能について、水中防御の項で「バルジ付き」と記した以外、特にコメントは残していないが、瑞鳳型の水中防御が「優良」とされ、商船改装空母では同項目が「並以下」扱いとなっているところから類推すると、本型の水中防御はそれなりの評価を受けていたのかも知れない。

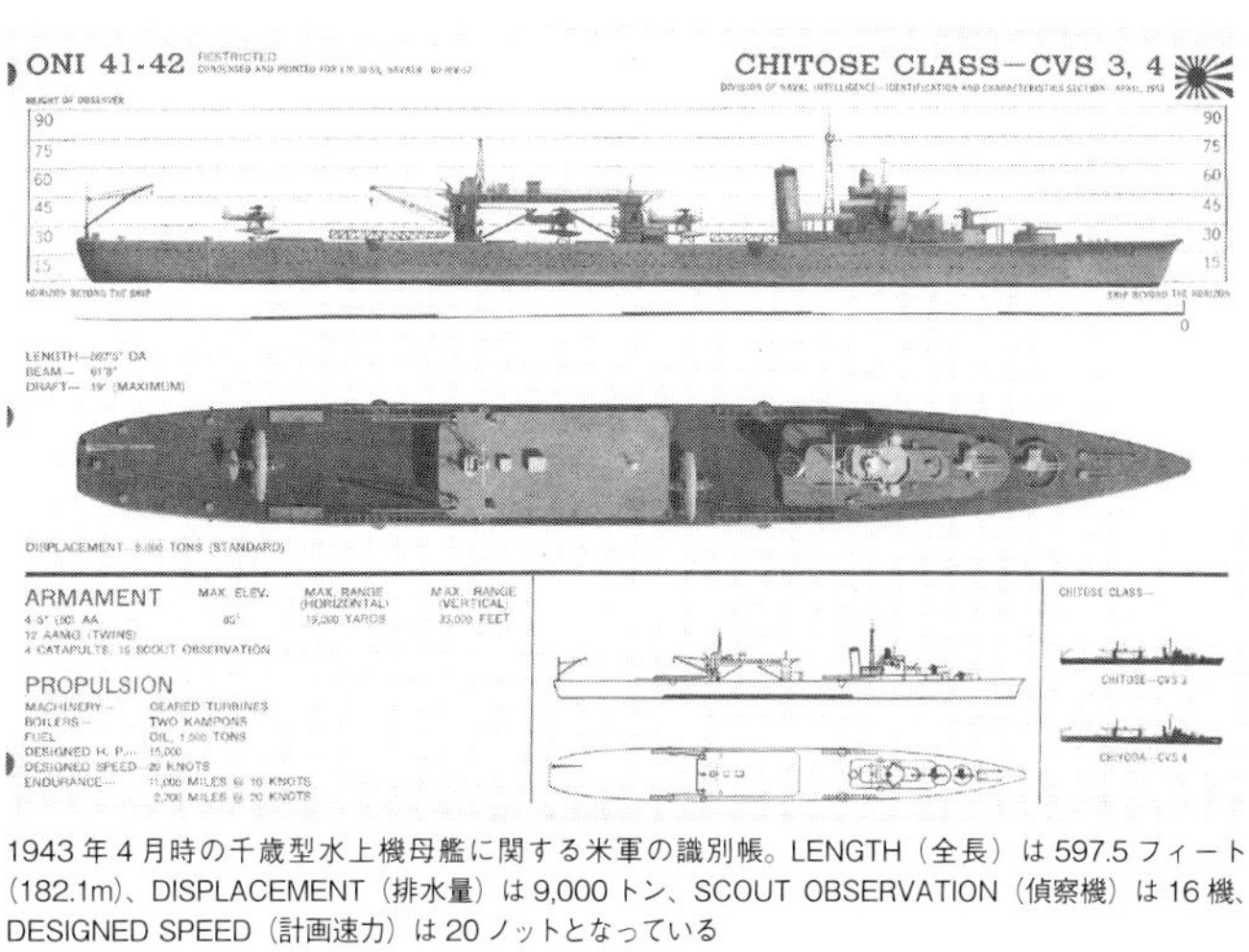

1943年4月時の千歳型水上機母艦に関する米軍の識別帳。LENGTH（全長）は597.5フィート（182.1m）、DISPLACEMENT（排水量）は9,000トン、SCOUT OBSERVATION（偵察機）は16機、DESIGNED SPEED（計画速力）は20ノットとなっている

※2…後に1930年のロンドン軍縮会議の規定により重巡に分類

『龍鳳』編

ここではミリタリー・コミック界の、やはりこが先生の執筆スケジュールはまちがっている。こが先生が、進水後に船体をぶった切られながら軽空母「龍鳳」を解説するぞ！

戦中我が国では未完成を含め二十九ハイの空母を手掛けたが敗戦まで生き残ったのは本当に少ない。前述の値の一／四程だ。

その幸運な『生き残り空母』の一つが見開きで描いた「龍鳳」だ。巡洋艦「利根」のようにペラ軸がすり減ってしまうほどに北に南にと酷使され、敗戦の年、それも敗戦の前月に文字通り力尽きたという殊勲艦とは「龍鳳」は異なり、主機の換装が予定していた性能に達しない等、持病・病み上がりの為に中々大きな作戦に組み入れられることが少なく、結果として『生き残った空母』となった。

生き残った『経歴』はこんな流れだが、それは戦局に無視されたからという訳ではない。大戦末期に施された我が国空母の仕様がこの「龍鳳」には余す事なく施されている事、これは特筆すべき点だ。

具体的に記すなら防御兵器として大戦末期に登場した『ロサ砲』こと「十二糎《センチ》二十八聯装噴進砲」や対空見張用各種電探装備、移動型「九六式二十五粍《ミリ》単装機銃」、年々重くなり滑走距離が長くなる傾向にある搭載機発艦の対応で飛行甲板延長工事を行い、そして舷側に描いた対潜迷彩と飛行甲板に描いた迷彩…等々だ。

『ロサ砲』搭載や各種迷彩は他の空母にも施されたが、艦首飛行甲板延長という大手術を施した例は本当に少ない限られた空母にだけだ。…もし、『先の大戦で日本国が作った空母を一つ選んでサンプルとして後世に遺す』という艦艇のアーカイブス的なものがあった場合、図で描いた「龍鳳」は絶対外せないサンプル…だと筆者は考える次第だ。本誌連載で過去何度も航空母艦を描いてきたが『平甲板型』は今回初めて描いた。筆者の趣味で恐縮だ

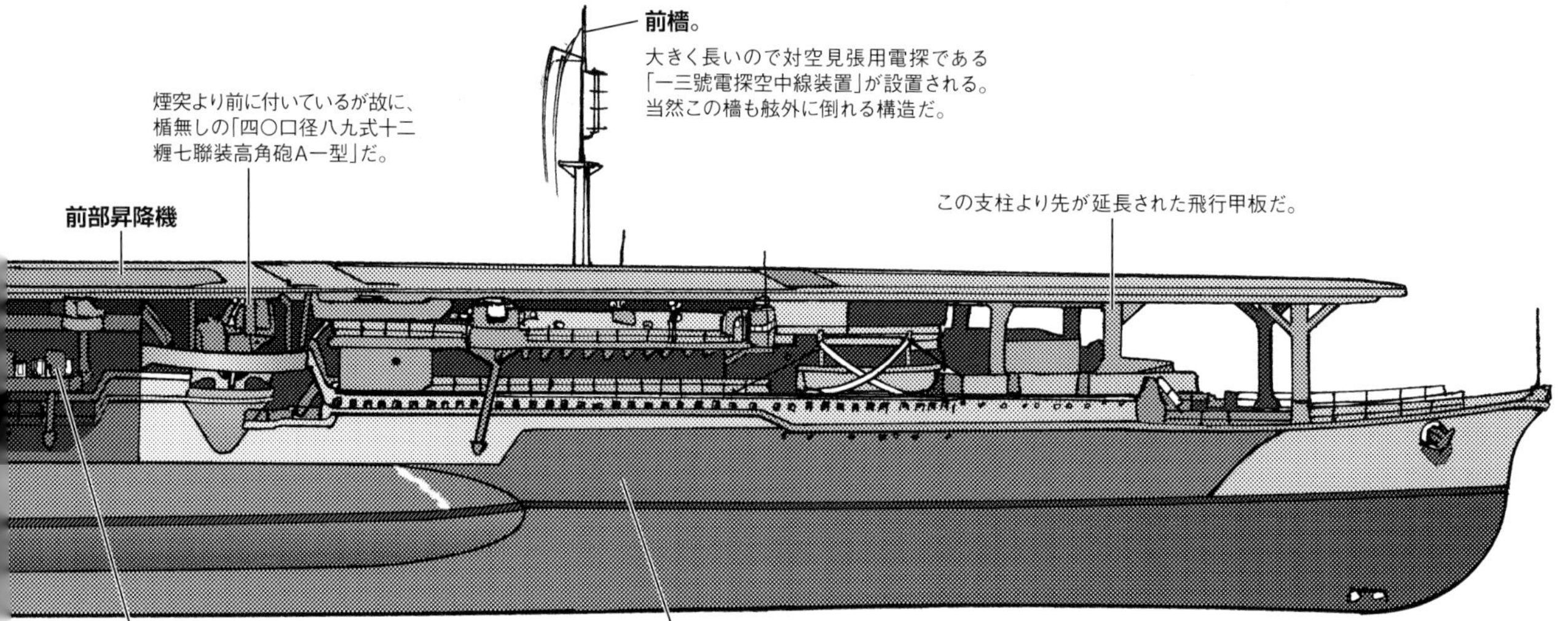

前檣。

大きく長いので対空見張用電探である「一三號電探空中線装置」が設置される。当然この檣も舷外に倒れる構造だ。

煙突より前に付いているが故に、楯無しの「四〇口径八九式十二糎七聯装高角砲A一型」だ。

前部昇降機
この支柱より先が延長された飛行甲板だ。

「十二糎二十八聯装噴進砲」群。

右舷は煙突より前位置に三基設置、左舷は右舷よりやや後方に位置した箇所に同じく三基設置している。これが付くと末期の空母だなという気持ちが強くなる。

舷側に描かれたのは対潜欺瞞用の迷彩。

輸送船のシルエットを描き、遠目で空母ではないと欺瞞させる為だ。…米海軍の『何があっても仕留めろ』という目標艦リスト掲載でトップは『空母』だが、次が『輸送艦／船』だ。迷彩をしても見逃してくれるものではないが、当時多用されていた機械式計算機では速度計算を艦艇の種類で仕分けていた。高速の空母を低速の輸送船と誤認させれば雷撃命中率を相応に下げることが出来る…という訳だ。

マリンくん 〝上の空母を見て〟 何か思うことはあるかッ
うーん
…
…あッ
なんだろう？
コレ
艦橋!!
艦橋が無いよッ! 龍鳳って艦橋が無いままだったの!?

がこの形式の空母は嫌いではない。

今回描いてみて思ったのだが、非常にスッキリとして、それでいて貧乏臭くない洗練された容姿を持つフネだ…と、より一層『平甲板型』空母が好きになった。以下はやや「龍鳳」の話題からは外れるが、今回のテーマで当初、同じ『平甲板型』空母である「瑞鳳」とどちらを描くかを迷っていた。筆者の中で『平甲板型』空母と言えばそれは「瑞鳳」であり、それを決定づけたのは「瑞鳳」の遺影となったエンガノ岬沖海戦時の写真を超える戦中空母写真はないだろう。

被弾で飛行甲板が盛り上がり、その乗員らが斃れ割れた飛行甲板から火災延焼の煙が沸き立つ中、それをまるで吹き消すかのように全力航走する『その姿』は涙無くして眼に出来ないからだ。世間で人気のある空母と言えば翔鶴型だ。これはきっと画業として生きていれば何度も描くことになるだろう。だが『平甲板型』空母を描く機会はもう無いだろう。その少ない機会で報いるべく、「瑞鳳」を描くべきなのだが…あの写真に向かい合うにはもう少し筆者の技量が向上してから、と決意し「龍鳳」とした次第だ。では「龍鳳」の図説に入ろう。

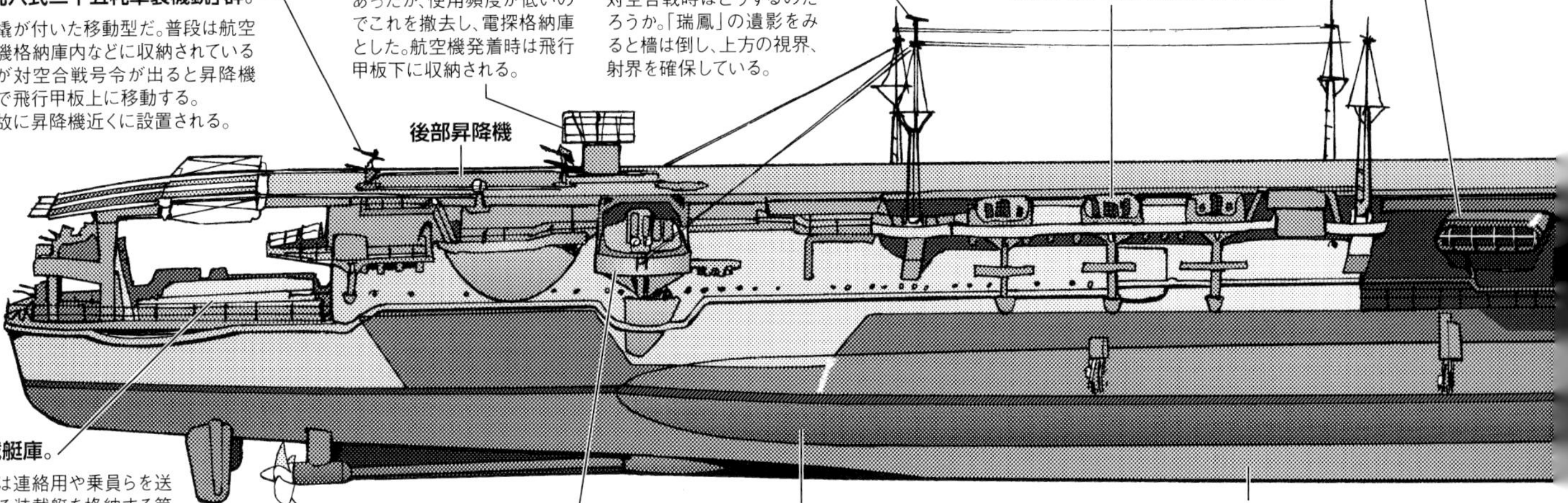

後部昇降機

煙突。

主機はデイゼル。予定ではこのデイゼルの数を増し、高速化を目指したが、艦艇用の大型デイゼルが中々難しく性能が予定どおり発揮出来ず、仕方なく使い慣れた蒸気タービンに換装した。我が国空母で好んで採用された舷側より突き出る煙突は大概は二本だが、「龍鳳」では控えめなものが一つだ。…もし、もしもだが、「龍鳳」の主機として予定されていたデイゼルが額面通りの性能を発揮していたら…どうなっていただろうか。確実に言えるのは使い勝手が良い空母として酷使され、うんと早い時期に戦没していただろう。

「九六式二十五粍三聯装機銃」群

煙突より後ろの装備なので煤煙から機材を保護する為に楯付きだ。煙突の無い左舷の機銃は楯なしだ。

無線檣（起状態）。

発着時は危険なので倒す。対空合戦時はどうするのだろうか。「瑞鳳」の遺影をみると檣は倒し、上方の視界、射界を確保している。

「二一號電探空中線装置」。

隠顕式だ。元々は探照灯があったが、使用頻度が低いのでこれを撤去し、電探格納庫とした。航空機発着時は飛行甲板下に収納される。

「九六式二十五粍単装機銃」群。

橇が付いた移動型だ。普段は航空機格納庫内などに収納されているが対空合戦号令が出ると昇降機で飛行甲板上に移動する。故に昇降機近くに設置される。

装載艇庫。

ここは連絡用や乗員らを送迎する装載艇を格納する箇所だ。余り知られていないことだが、ここの天井である飛行甲板裏にはホイストが設置されており、装載艇を揚げ卸し出来る構造になっている。

推進器は二軸だ。

舵は二枚だ。特筆すべき点として舵は『並列二枚釣合舵』と称する後部より見てハの字に開いた形で設置されるものだ。

煙突より後ろ故に楯付きの「四〇口径八九式十二糎七聯装高角砲A一型改二」だ。

バルジ。

「千代田」と同じく、これが追加されている。

本来ならばこの区間にビルジキールがあるハズなのだが、当家にある資料ではビルジキールが付いた資料がなく仕方なくこれを描かなかった。「龍鳳」の資料はとても少ない。実際はあるのか、それとも無いのか。『並列二枚釣合舵』なのでこれがビルジキールとして機能を果たすのだろうか。判らない。

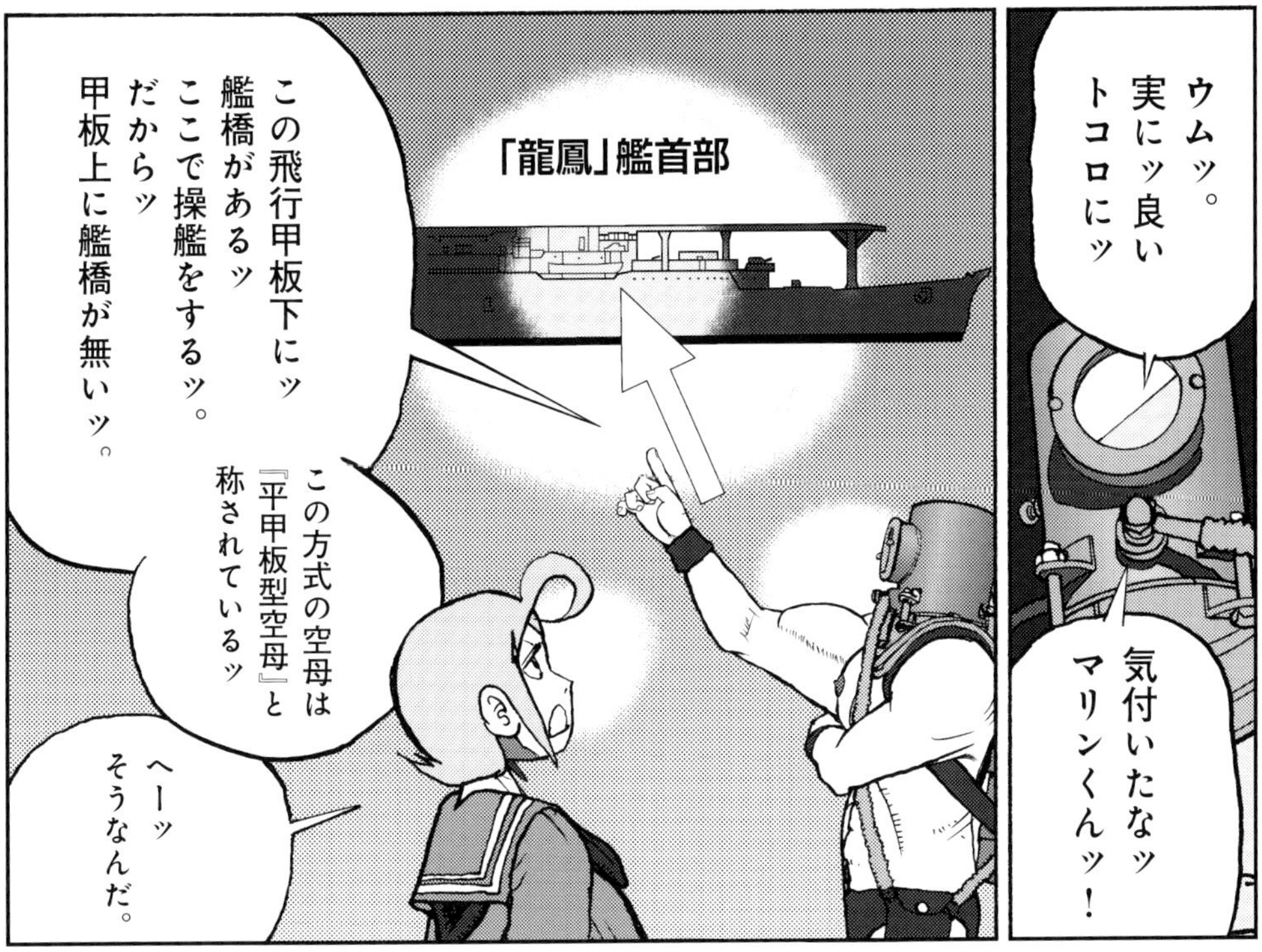

ウムッ。実にッ良いトコロにッ
気付いたなッマリンくんッ！
「龍鳳」艦首部
この飛行甲板下にッ艦橋があるッここで操艦をするッ。だからッ甲板上に艦橋が無いッ。
この方式の空母は『平甲板型空母』と称されているッ
へーッそうなんだ。

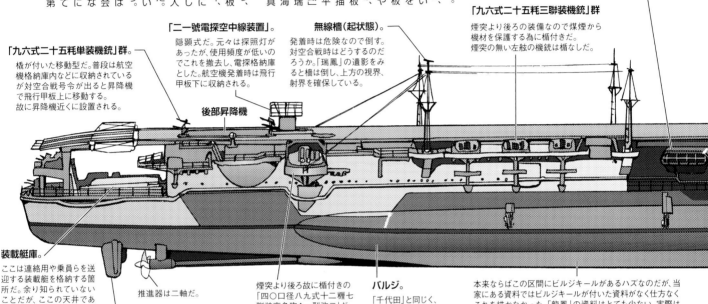

登場人物紹介

サブ兄さん…職業：伏龍。米上陸用舟艇を海中から爆雷で爆破する。マッチョ。

ユガシャウト…フクロウ人間。サブ兄さんに粛清される。

マリンくん…こがしゅうとの相棒。いつもサブ兄さんに嬲られる。

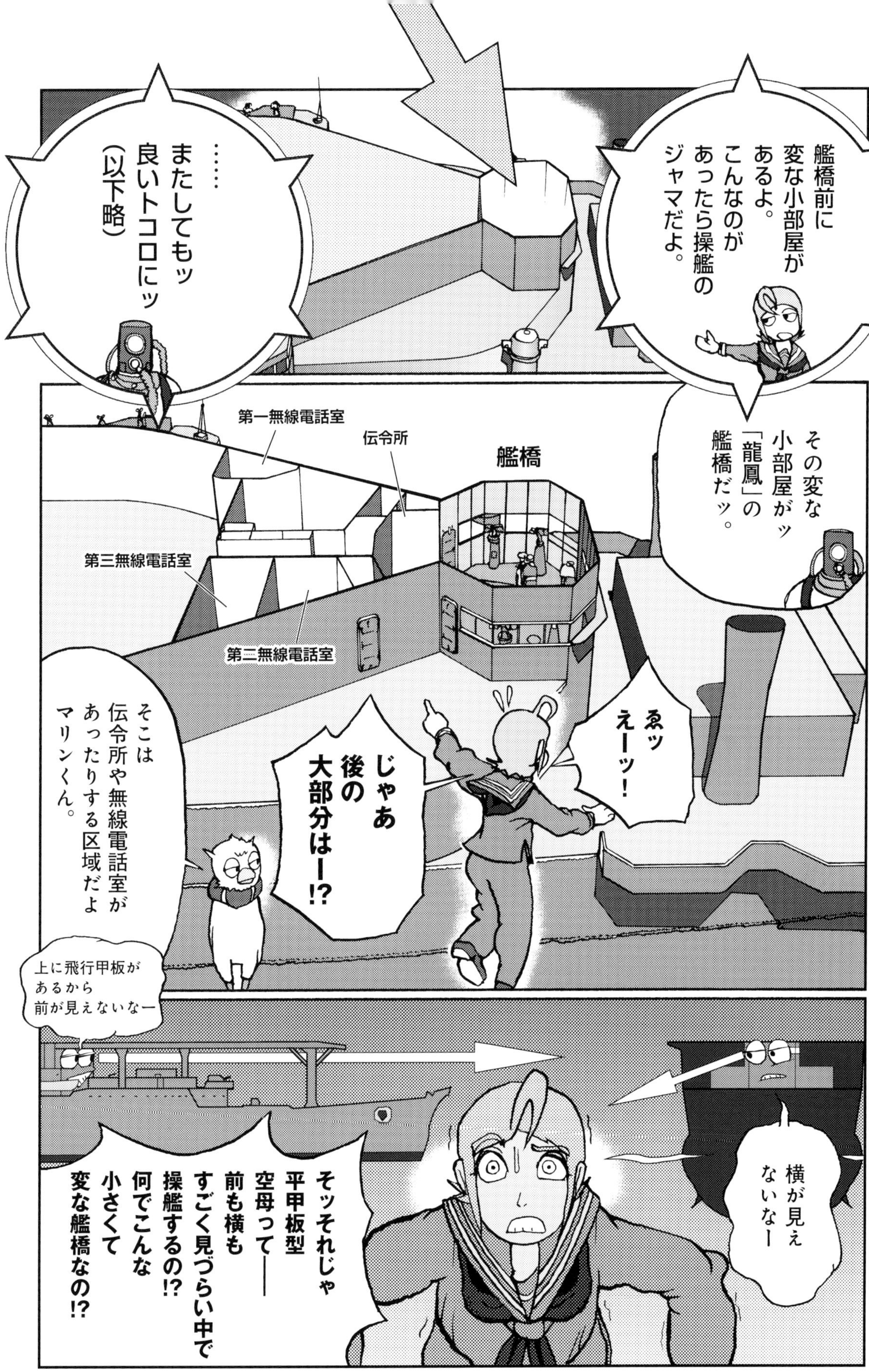

艦橋前に
変な小部屋が
あるよ。
こんなのが
あったら操艦の
ジャマだよ。
……
またしてもッ
良いトコロにッ
(以下略)
その変な
小部屋がッ
「龍鳳」の
艦橋だッ。
艦橋
伝令所
第一無線電話室
第三無線電話室
第二無線電話室
ゑッ
えーッ!
じゃあ
後の
大部分はー!?
そこは
伝令所や無線電話室が
あったりする区域だよ
マリンくん。
上に飛行甲板が
あるから
前が見えないなー
横が見え
ないなー
ソッそれじゃ
平甲板型
空母って――
前も横も
すごく見づらい中で
操艦するの!?
何でこんな
小さくて
変な艦橋なの!?

それはッ「龍鳳」の誕生から話をしなければならないッ!
潜水母艦の「大鯨」を空母に改造したのが「龍鳳」だッ!
潜水母艦「大鯨」シルエット
空母「龍鳳」シルエット
この二つを重ねてみると…
この飛び出た艦橋と煙突をッ!
イヤだ!! イヤだ!!
オラは何も悪いコトしてねえだァア!
ぎるるんッ!?
スパ
—とッ「大鯨」の艦橋操舵室から上を切断ッ
残った「大鯨」の操舵室上に飛行甲板を張り
「龍鳳」の艦橋としたので、こんな変なモノになったのだッ

（※）【豆知識】
「龍鳳」に限らず噴進砲を搭載した場合、発射は信管を遠近にした二発を同時発射する。
また発射は艦尾方向の砲から発砲。艦首側から撃つと発射煙で見えなくなるからね。

だから対空合戦時（※）や
港湾への接岸時など……
艦長は視界の悪い
飛行甲板下の艦橋を離れ――
飛行甲板横の防空指揮所へ
移動するッ。
防空指揮所
艦長！いってらっしゃいませ！
オスッ
あ！艦長だ！
えーッ!? そんなの艦橋の意味ないじゃん肝心な時に移動なんて
日本の空母で初損失となった「祥鳳」も平甲板型なので私個人としてはこの艦橋配置が何らかの影響を与えたのかなと思っているよ。
こんななら「伊吹」みたいに外付けの艦橋の方がずっといいよね。
うんうん
一寸《ちょっと》待てッ

同じ艦橋を持つ「祥鳳」はッ
潜水母艦時より
トップヘビーになりッ
艦底に４００トンもの
バラストを積んだッ

400t

その上ッ艦橋を横に付けたらカウンターウエイトが必要となるッそれを考えろッ

グググ（この辺も含めて平甲板型が好き）
ユガさんもまだまだだね
「龍鳳」編《了》

イラスト・解説／こがしゅうと　『まけた側の良兵器集』

甲標的母艦『千代田』編

ここではミリタリー・コミック界の昭和元禄漫画心中ことこが先生が、千代田の艦尾から産まれてくる甲標的を取り上げながら千歳型を解説するぞ！

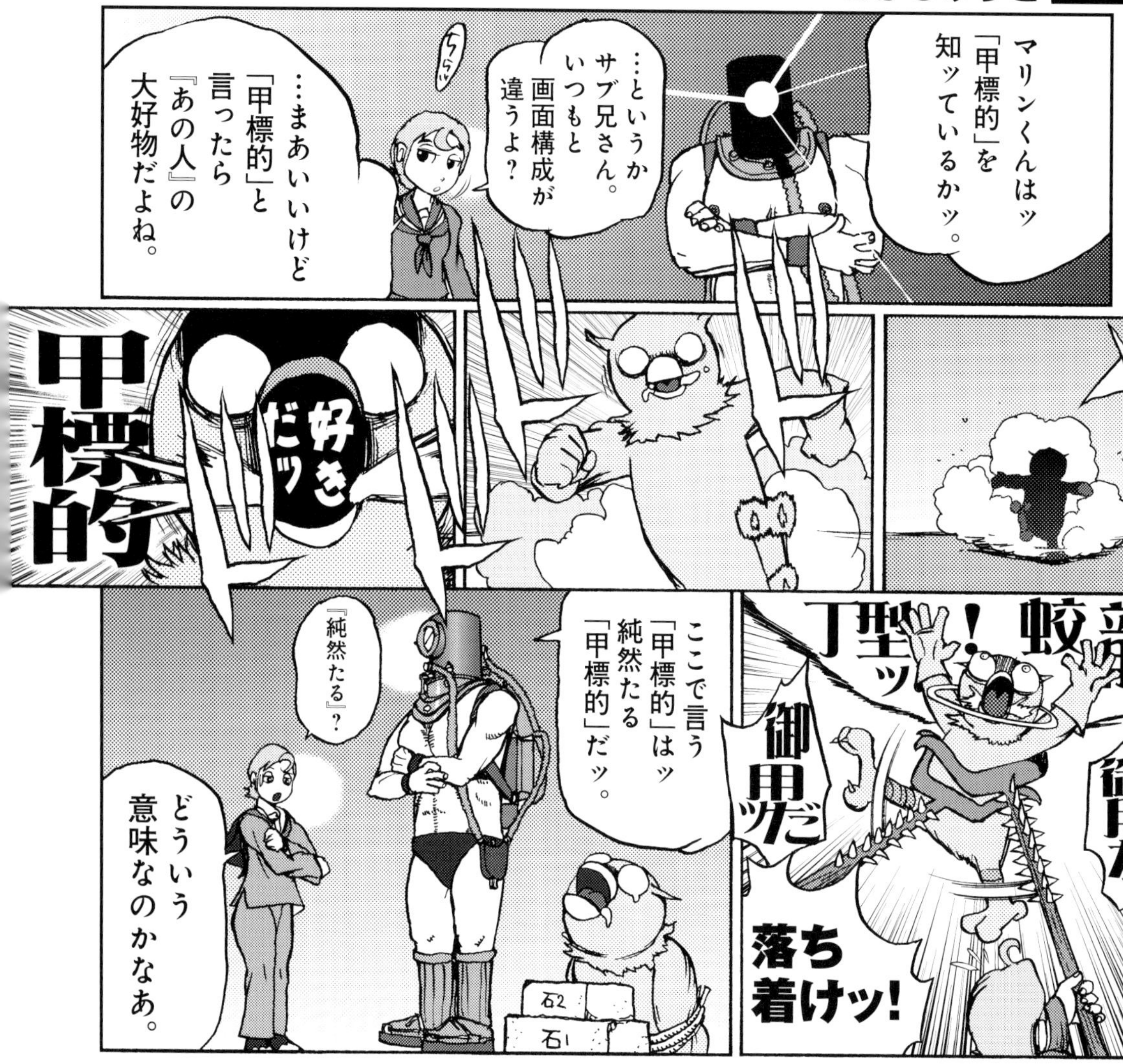

マリンくんはッ「甲標的」を知ッているかッ。
ちらッ
…というかサブ兄さん。いつもと画面構成が違うよ？
…まあいいけど「甲標的」と言ったら『あの人』の大好物だよね。
甲標的
好きだッ
丁型ッ！
蛟龍ゥッ！
御用だッ
御用だッ
落ち着けッ！
ここで言う「甲標的」はッ純然たる「甲標的」だッ。
『純然たる』？
どういう意味なのかなあ。

ここでは「千代田」に搭載された「甲標的」について述べる。周知のとおり、「甲標的」は多数の派生型が存在する。全「甲標的」量産数と、それの搭乗員数からいうと使用目的が本来目論んでいたものと異なり変質した後期型が主流となる。後期型は沿岸・局地防御用兵器であり、当初日本海軍が夢想し、本誌特集である水上機母艦を隠蓑にした「甲標的」母艦に搭載、艦隊決戦前にこれを解き放ち敵を混乱・漸減させる目的で用意された『純然たる』「甲標的」は極初期の非常に少数を指す。当然その資料もその数に比例し非常に少ない。何しろ『軍機兵器』なのだから当然の帰着であると言える。

ハワイ真珠湾に突入したことで有名な「甲標的」達は前述の艦隊決戦に用いられるモノから港湾侵入用に急改造されたものであり、これに伴い様々な保安部品が追加・改造され、名称も「特型格納筒」と改めたものだ。これは筆者の勘ぐりだが、華々しい艦隊決戦の切り札として準備された「甲標的」のその名を穢したくないという意図もあって、この名称に置き換えたのではないか。真珠湾に侵入するのも航空兵力台頭により輝きが失せ先細りとなる「甲標的」部隊の立場を打破する為の『賭け』だったのではないか。

筆者のいやらしい勘ぐりはこれくらいにするが、幸か不幸か、こちらは米軍が鹵獲し各種資料を遺してくれたので、「特型格納筒」に付加された各種装備を取り外し、言わば引き算で「甲標的」に戻した想像図であることを初めに断っておく。

もう一つ断っておくことがある。それは「甲標的」は潜水艇ではない、ということだ。「甲標的」の誕生理由は魚雷の命中精度を高めるべく、魚雷を搭載した大型の魚雷を人間が操縦し、相手に近づき必殺の魚雷を放つというものだ。故に人間魚雷の一つだ。見開き図を御覧になってくだされればその明確なコンセプトが容易に理解出来る素晴らしい容姿をしているのが御解りとなろう。

野暮を承知で述べるが、どうせなら造り辛い方錐形ではなく魚雷のように直線的であって欲しいと思うのだが。全長は二三・九メートル、排水量は四十六トン。長大に見えるこの全長も潜航が出来る物体としてみると極小だ。この細長い方錐形の内部は前部は魚雷発射管と気蓄器、その後には膨大な数の蓄電池、後部はまた膨大な数の蓄電池と六〇〇馬力モウタア、その回転を推進力に代える二重反転推進器と、それを駆動させるギアが隙間無く押込んであり、前部と後部電池に挟まれた二畳分程の空間に搭乗員達は収まる。二畳分と述べたが、浮力を得るための応急タンク、操作装置、「特眼鏡」を上下させる昇降装置、通信機配電盤等が押込まれるので立つこともままならない空間でしかない。

乗員数は図で描いたとおり二名。内訳は人の身長より低い程にしか上げることができない「特眼鏡」を覗き、索敵・照準・進路指示を行う艇長と、その指示により深度調定操作・速度進路操作・魚雷発射操作などを行う艇付だ。導入部コミックで述べたが、筆者は「甲標的」が大好きだ。こんな長大なものを僅か二人で操作するのだ。ゾクゾクするではないか。オマケに水中速度は十九節《ノット》！　潜水艦が出せても八節くらいだから倍の速度で突き進むのだ。戦中のもので一番乗りたいものが「甲標的」だ。

尚、本図説明引出線にて「甲標的」と謳っているものは艦隊決戦用を指すことを承知願いたい。

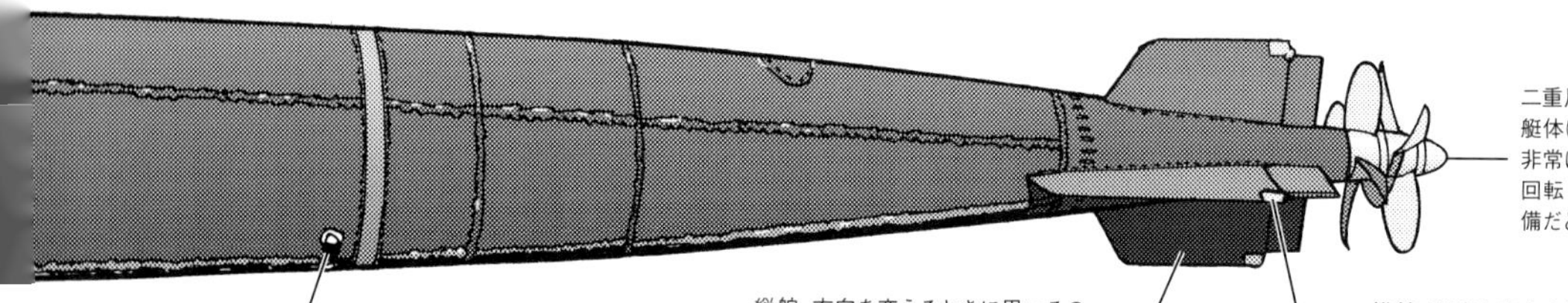

二重反転推進器(スクリュー)。
艇体にはビルジキールもバラストキールもないので、非常にローリングが出やすい構造である。そのため、回転トルクを打ち消す二重反転推進器は当然の装備だともいえるし、魚雷から発展した証左でもある。
後部電池充電端子。
ここより内蔵蓄電池に充電する。
縦舵。方向を変えるときに用いるのだが、非常に舵が小さい。図は「特型格納筒」を参考に描いたのだが、「甲標的」はもっと小さい可能性がある。
横舵。深度を変えるときに用いる。縦舵同様、舵面はもっと小さい可能性がある。

艦隊決戦前に、下部説明にあった「甲標的」を事前散開配置しッ、小型で発見されないという利点を活かしッ
敵艦隊主力
「甲標的」群
回避不能な近距離から必殺の雷撃で
味方・日本艦隊
敵艦隊を漸減、混乱させッ後々の艦隊決戦を優位に持ち込む為の軍機兵器なのだッ。
…そこで問題があるッ。
ギラリ
「甲標的」をどうやって艦隊決戦海域にまで持ッて行くかだッ
え～？自力航走して決戦海域まで行くんじゃないの？
ウムッ。「甲標的」は
前述のとおり魚雷の仲間だッ。高速は出せるが航続距離は短いッ。

「甲標的」【全体図】。

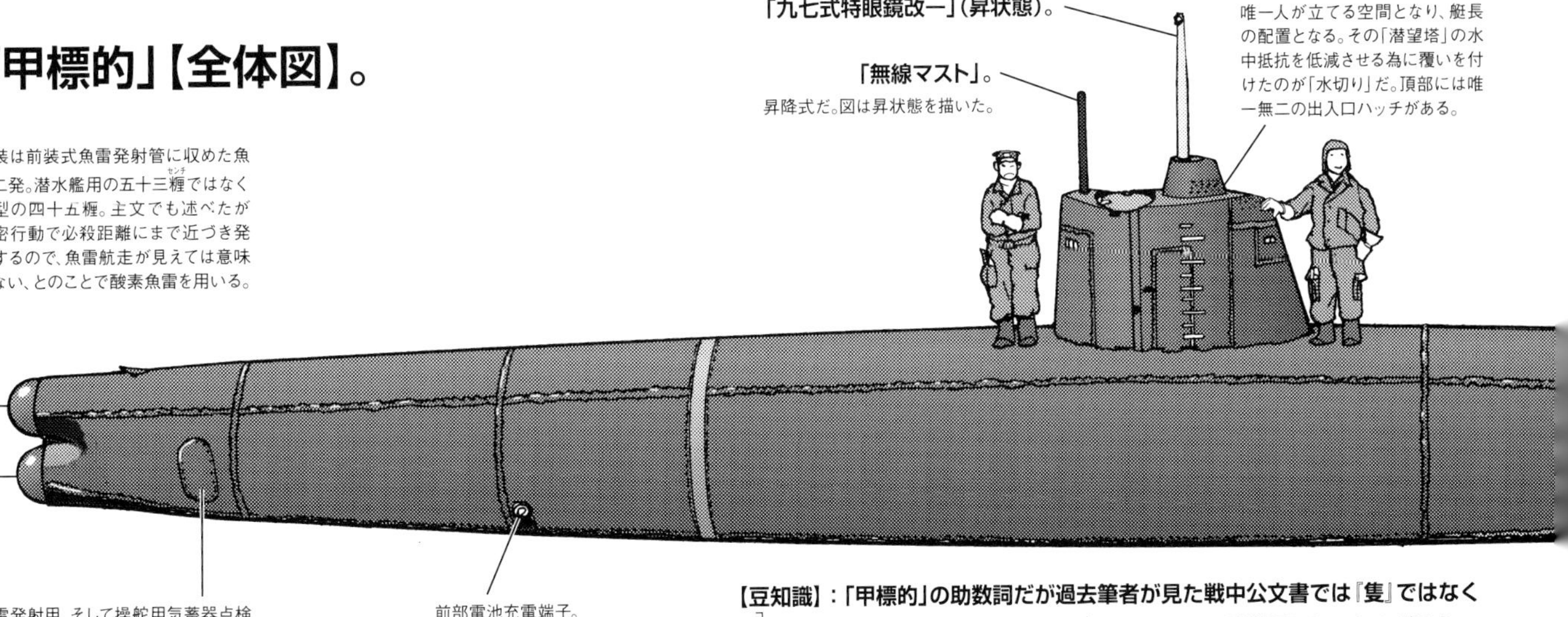
「九七式特眼鏡改一」（昇状態）。

ここの内部は「潜望塔」と呼称される円筒形の水密筒があり、ここが唯一人が立てる空間となり、艇長の配置となる。その「潜望塔」の水中抵抗を低減させる為に覆いを付けたのが「水切り」だ。頂部には唯一無二の出入口ハッチがある。

「無線マスト」。

昇降式だ。図は昇状態を描いた。

武装は前装式魚雷発射管に収めた魚雷二発。潜水艦用の五十三糎《センチ》ではなく小型の四十五糎。主文でも述べたが隠密行動で必殺距離にまで近づき発射するので、魚雷航走が見えては意味がない、とのことで酸素魚雷を用いる。

魚雷発射用、そして操舵用気蓄器点検竝《ならび》に補気用口。両舷にある。

前部電池充電端子。

ここより内蔵蓄電池に充電する。

【豆知識】：「甲標的」の助数詞だが過去筆者が見た戦中公文書では『隻』ではなく『箇《コ》』であった。扱いが艦艇ではなく兵器なのでこの助数詞になったのだろう。

そこで登場するのが、本誌特集の「千歳」型水上機母艦二番艦「千代田」だッ。これを輸送手段として使うッ。
下図にあるように艦尾の泛水口《はんすいこう》から「甲標的」十二箇《こ》を解き放つッ。
じゃ「千代田」って
水上機母艦だけじゃなく「甲標的」母艦でもあるんだね！スゴイや。
じゃ、一番艦の「千歳」も「甲標的」母艦なの？
良いトコロに気付いたなッ マリンくんッ。「千代田」だけだッ。
「甲標的」が思惑通りに使えるか判らないので全改造を躊躇した…というのが通説だッ。
使えるかどうか判らない中、多数改造してエライ目にあった一號機雷で懲りたのかもなッ（本誌二十九號で紹介）

「千代田」全体図

ここでは「甲標的」母艦としての「千代田」を語ろうと思う。全長は一九二メートル、排水量については面白く、新造時は一二五五〇トンあったのだが「甲標的」搭載工事を施した後は一二三五〇トンに軽くなっている。大多数の艦艇らは改装工事後は重くなる中、逆というのは希有な例ではないだろうか。何しろ「甲標的」は一箇四十六トンある。それを十二箇も搭載するのだ。単純計算をしても五五〇トン以上も重くなる。もっと言えば「甲標的」を載せ搭載箇数必要な「滑卸具」や魚雷、予備蓄電池、整備員・搭乗員、その予備要員などが「千代田」になだれ込むのだ。躍起になってフネを軽くするのも判る気がする。

それでは具体的に何を『撤去』しフネを軽くしたのだろうか。まずは『撤去』ではなく『搭載しない』という手段からだ。本見開きでは描かなかったが、本「千代田」は水上機母艦だ。恥ずかしながら筆者は本作を描くまで、『水上機母艦と言ってもタカダカ六機くらいしか艦載機は搭載しないだろう』と醒めた眼で居たのだが、その搭載数を眼にして絶句した。その数、何と二十四！　まさしく『水上機母艦』のその名に相応しい数！　だが…もっともこれは計画・限界値であり、実際は二十機以下としていた（九五式水上偵察機搭載時）。「甲標的」搭載時にはこの値を更に減らし十二機にしたとのことだ。全てを降ろしたいと考えるのも理解出来るが、別項で後述する理由により、ある程度の数は残す処置はしていた。

さて、次は「千代田」固定装備面でのダイエットについて述べたい。本見開きの煙突後方の両舷にあるコイン状の物体がそれだ。元々はここに射出機が両舷にあったのだが、これもダイエットの対象となり撤去され盲板で塞いでいる。

「甲標的」搭載機能がないネームシップたる「千歳」は軽量化をする必要がないので、ここの射出機は未撤去で、都合四基の射出機をフル稼働すると六分間隔、半時間で全ての機材を発艦せしめる機能があった。艦隊の眼としての機能は非常に高いだろうし、小型爆弾を搭載すれば、対潜哨戒等では極めて有効な戦力と成り得るフネであったのだなあと思う。

ハナシを「甲標的」母艦に戻す。軽量化をしても「甲標的」は搭載出来ても泛水は出来ない。一箇づつクレーンで吊って泛水ということも一つの手段だろうが現実的ではない。そこで艦尾に観音開きの泛水扉を設け、ここから「甲標的」を泛水させる。その手段と具合は別図に描いたので、そちらを御覧頂くと幸甚だが、艦尾にこの扉を設ける為に、本来の丸い『クルーザースターン』形式だった艦尾を、「改丁型駆逐艦」のように『トランサムスターン』状にした。本来の『クルーザースターン』形式の艦尾末端を切断し『トランサムスターン』形式にしたのではなく、一回り大きくしての『トランサムスターン』としたので、こちらの面でも相当に排水量は増えるハズなのだが、筆者らが気付かない箇所でも徹底的に軽量化をしているのだろう。

文字通り身を削って「甲標的」搭載改装を施した「千代田」だが、戦闘で「甲標的」を使う機会はついに訪れなかったのは周知のとおりだ。だが面目躍如と言うには相当に中立性を疑う発言になるのだが、鳴神島（キスカ島）やガダルカナル島で使われた「甲標的」達は皆「千代田」が運んだものだ。特に鳴神島の「甲標的」は、平成のこの世でも半分砂に埋まった状態で存在している。…いつかは筆者はこの的《てき》たちを眼にし、そして内部に入ってみたいと密かに狙っているのは此処だけのヒミツだ。それでは一度見たら忘れない特徴的容姿の「千代田」の細部について述べよう。

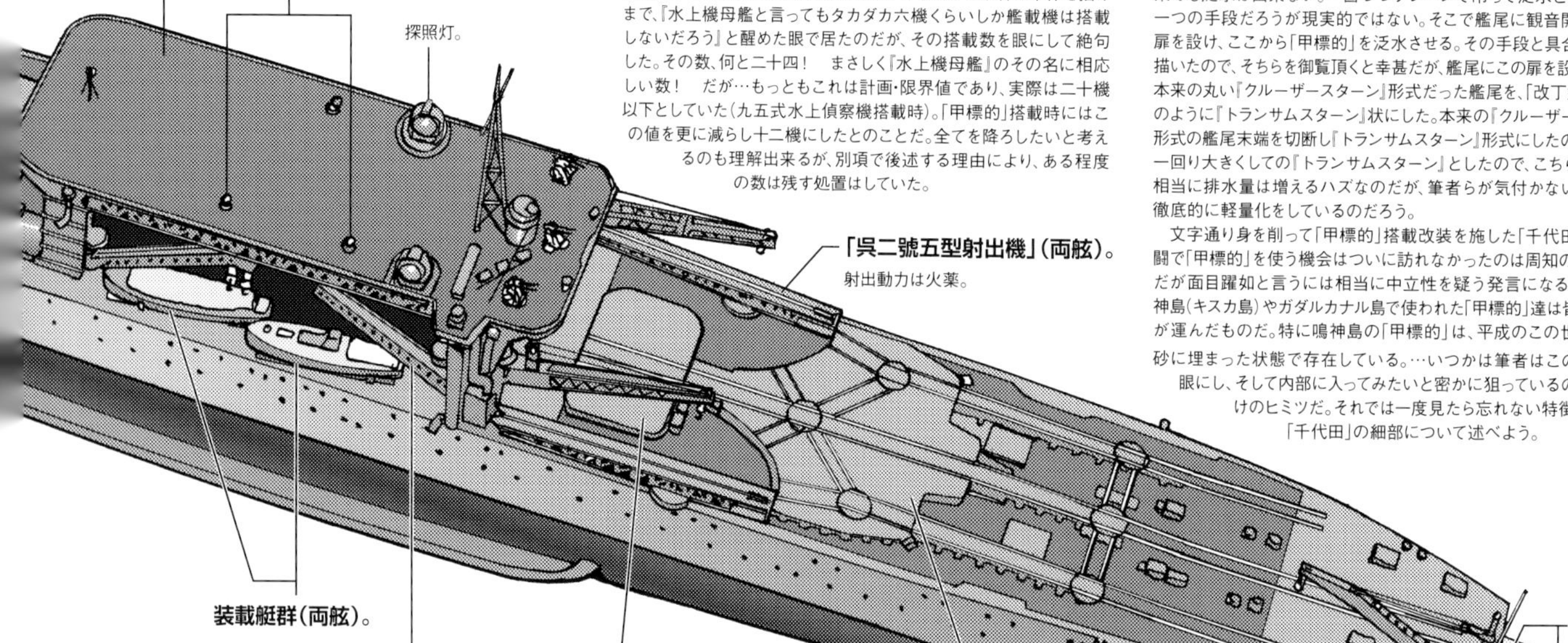

「帰着甲板」と呼称された屋根。
本来は一〇〇メートル、幅二〇メートルを計画し、ここに文字通り艦上機の発着を目論んでいたのだが、復原性の観点から全長は半分以下とし、ここからの艦上機発着は断念とした。代わりに後檣と機銃、それを統括する射撃指揮装置、探照灯、そして空中線整合器が設置された。…これは後知恵なのだが、これらを全て撤去、真っ平らな状態にし、ここを陸軍で開発・運用された「カ號観測機」（オートジャイロ機）用の「帰着甲板」としていたら…対潜哨戒に絶大な効果を発揮していたのではないだろうか。非常に悔しく思う次第だ。この「帰着甲板」下は長円形の孔になっており（飛行機積込口）、そのまま「飛行機格納庫」に連絡が出来る。「帰着甲板」の四本ある柱は全てクレーン支柱を兼ねている。

空中線整合器。
周波数の異なる電波を設置空中線で利得を下げないよう送受信出来るようにする為のもの。

探照灯。

「呉二號五型射出機」（両舷）。
射出動力は火薬。

装載艇群（両舷）。

「飛行機昇降台」。
今回の作画で知ったのだが、「千歳」型水上機母艦には昇降機（エレベーター）がある。

「四番クレーン」。吊上げ能力は二〇トンまでだ。従って「甲標的」を吊る場合は片舷二基のクレーンで吊る。「千代田」には片舷三基、合計六基の大型クレーンがあるが左舷の名称は偶数番号となっている。

「後部整備フラット」。
ここでも艦載機を整備する。向きを容易に転換出来るようターンテーブルが三基ある。

推進器数は二。この角度では艦底に隠れて全く見えないので、見馴れたスクリューガードも存在しない。

「泛水《はんすい》扉」。
図のように観音開きとなる。情報によるとここは二つ孔構造になっている、とのことだ（別項参照のこと）。

「千代田」艦内で「甲標的」はどのような形で格納したのだろうか。昭和十四年作図の「千代田」公式図によると、「甲標的」を格納する場所は「飛行機格納庫」と「飛行機積込口」であり「甲標的格納庫」ではない。「甲標的」格納工事はこの図が描かれた翌年なので「甲標的」の名が出ないのは当然なのだが、或いは頑なに軍機兵器の存在を隠匿する為の工作なのかも…と勘ぐったりする。

左記略図では本当に隙間無く「甲標的」を十二箇押込んでいる。作業員が行き交う為に最低限数十センチの隙間を造っている様に身震いする思いだ。

図の中央二列六箇の「甲標的」は短時間に二箇づつ泛水されるのだが、外舷側二列の「甲標的」は中央まで移動する必要があり、その分、泛水まで時間を要する。この中央列までの移動はどうやるのだろう。何分四十六トンもの重量がある。横方向にも動く軌条があるのか、それとも天井に四十六トン吊れるクレーンがあるのか。不明のままだ。

図で黒点が多数あるがこれは操作要員らの配置だ。引出線部を御覧アレ。

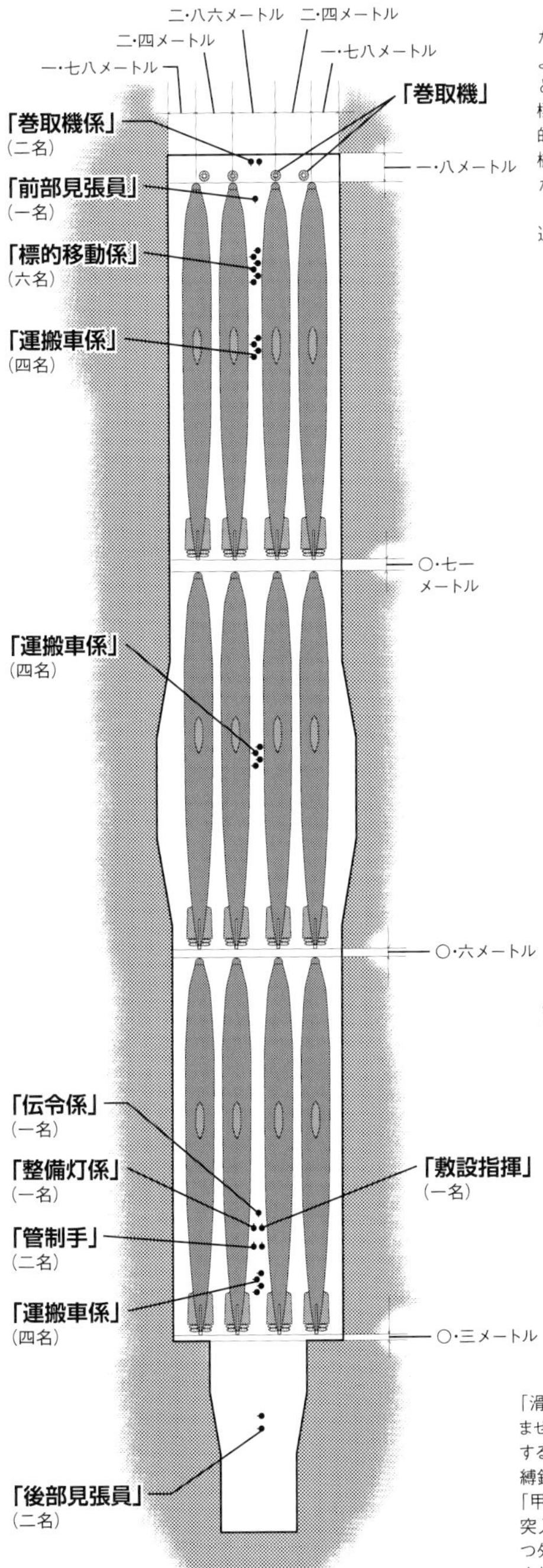
二・八六メートル
二・四メートル
二・四メートル
一・七八メートル
一・七八メートル
「巻取機」
「巻取機係」(二名)
一・八メートル
「前部見張員」(一名)
「標的移動係」(六名)
「運搬車係」(四名)
○・七一メートル
「運搬車係」(四名)
○・六メートル
「伝令係」(一名)
「整備灯係」(一名)
「敷設指揮」(一名)
「管制手」(二名)
「運搬車係」(四名)
○・三メートル
「後部見張員」(二名)

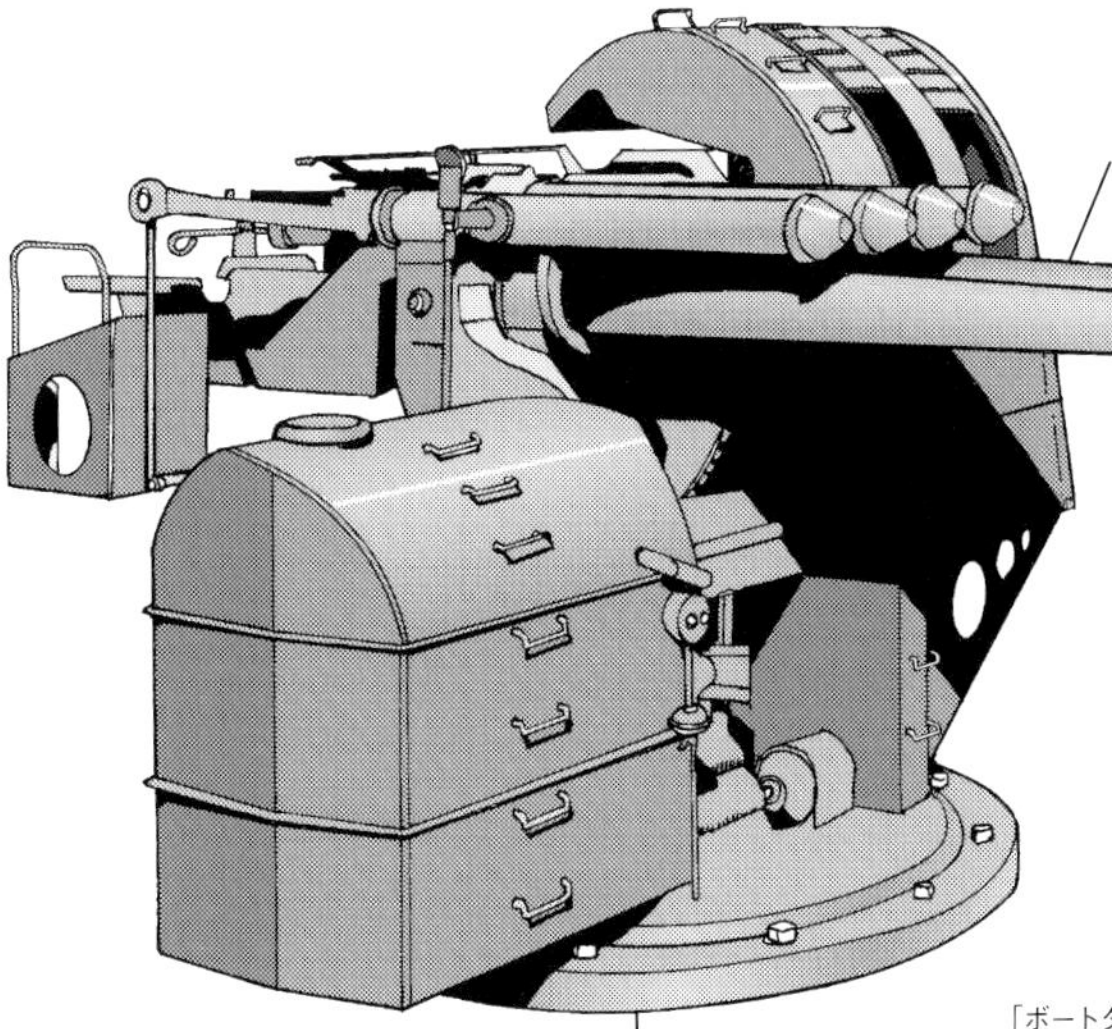
砲熕兵器は艦首に背負い式に搭載された「四〇口径十二糎七聯装高角砲」だ。

「四〇口径十二糎七聯装高角砲」。

我が国海軍高角砲の決定版ともいえる砲。砲は左右対称形状を思い浮かべるのだが、コト本砲は激しいばかりに左右非対称だ。左側には照準席が、右側には旋回と仰角の電動機操作機が入っている。「千代田」に搭載されたものは、砲架下の電動機と装填手を海水の飛沫と爆風から守る為に楯が追加された形式になっている。

「前部整備フラット」。

ここで艦載機を整備する。向きを容易に転換出来るようにターンテーブルがある。

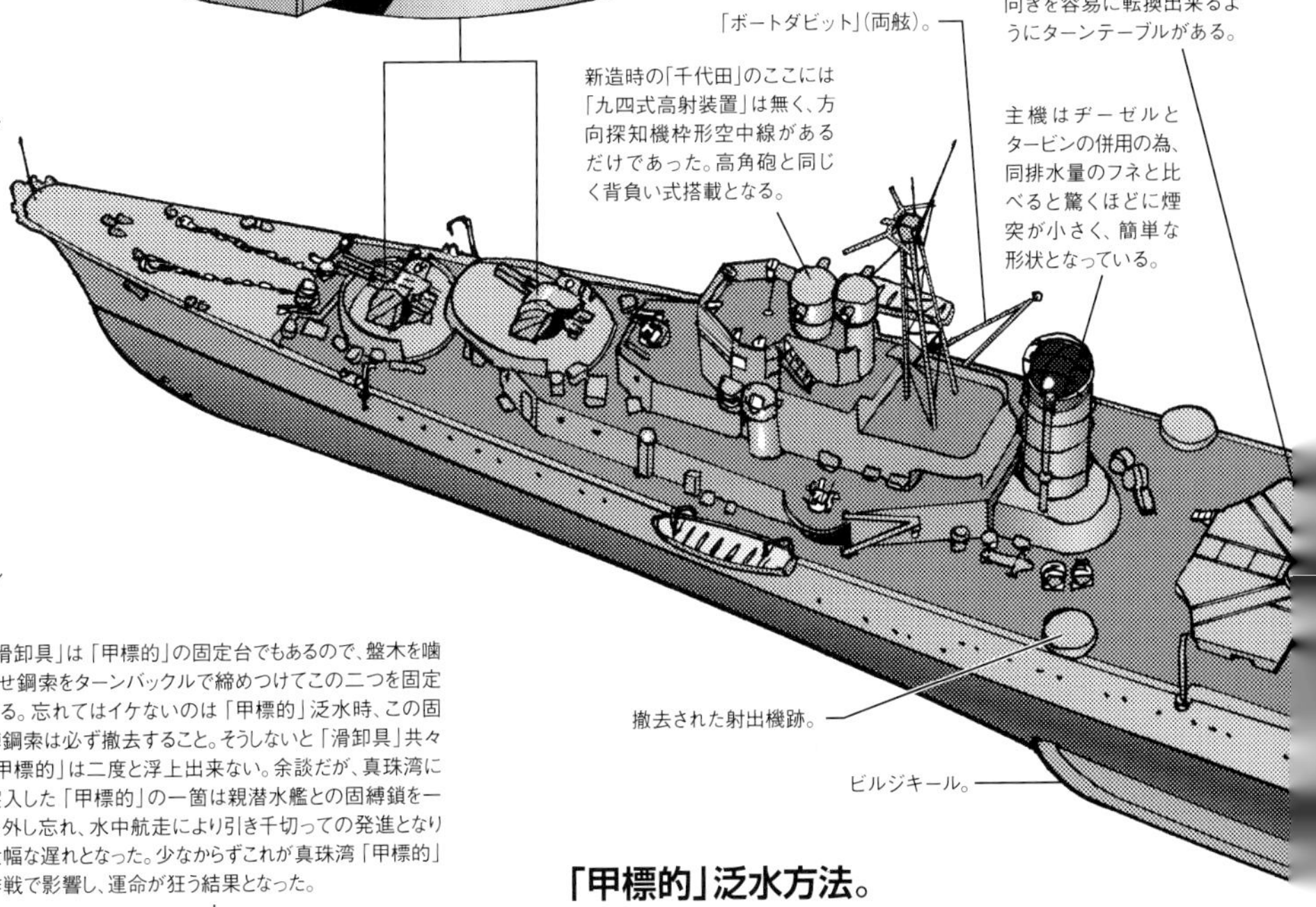
「ボートダビット」(両舷)。
新造時の「千代田」のここには「九四式高射装置」は無く、方向探知機枠形空中線があるだけであった。高角砲と同じく背負い式搭載となる。
主機はヂーゼルとタービンの併用の為、同排水量のフネと比べると驚くほどに煙突が小さく、簡単な形状となっている。
撤去された射出機跡。
ビルジキール。

「滑卸具」は「甲標的」の固定台でもあるので、盤木を噛ませ鋼索をターンバックルで締めつけてこの二つを固定する。忘れてはイケないのは「甲標的」泛水時、この固縛鋼索は必ず撤去すること。そうしないと「滑卸具」共々「甲標的」は二度と浮上出来ない。余談だが、真珠湾に突入した「甲標的」の一箇は親潜水艦との固縛鎖を一つ外し忘れ、水中航走により引き千切っての発進となり大幅な遅れとなった。少なからずこれが真珠湾「甲標的」作戦で影響し、運命が狂う結果となった。

「甲標的」泛水方法。

艦尾のスリップウエイから「甲標的」を尾部より泛水させる。しかし、「甲標的」単体で泛水させるというものではなく、「滑卸具」に「甲標的」を載せて泛水させる。別項で描いたのだが、「甲標的」を泛水させるとこの「滑卸具」はぶくぶくと沈んで行く。訓練時には潜水夫を使い回収するとのことだが、実戦時には「滑卸具」は使い捨てとなる。

使い捨てと述べたが基本「甲標的」も使い捨てだ。艦隊決戦前の敵艦隊に必殺の魚雷を放った後、指定区域まで転進、「甲標的」母艦水上偵察機に発見してもらい母艦自らか近隣味方艦艇、若しくは水上偵察機胴体内に「甲標的」搭乗員らを押込んで帰投する。搭乗員らが居なくなった「甲標的」は自沈処理だ。

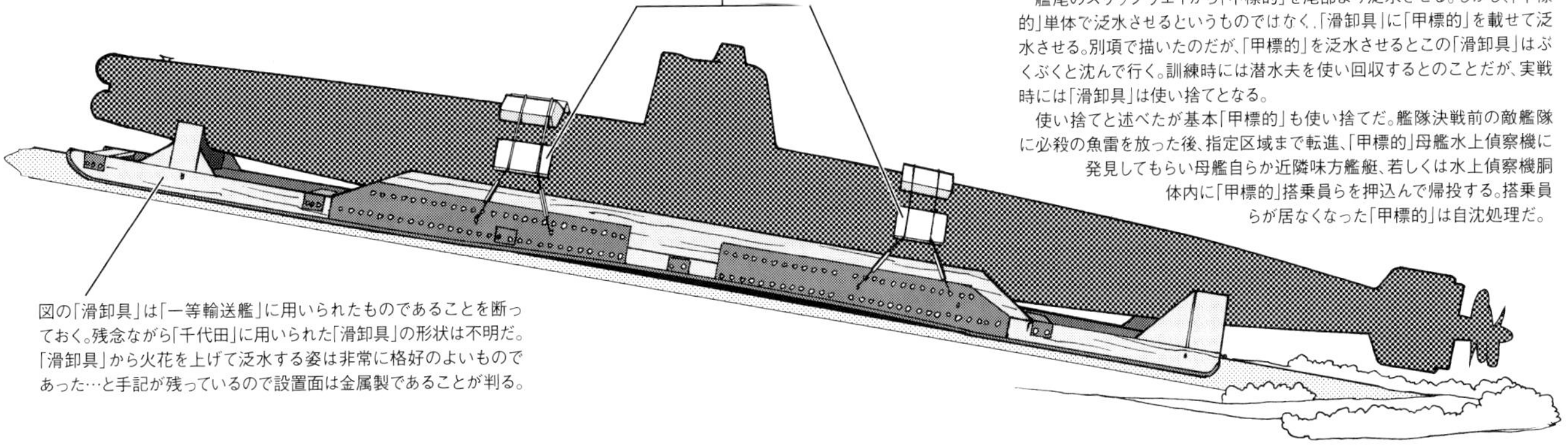

図の「滑卸具」は「一等輸送艦」に用いられたものであることを断っておく。残念ながら「千代田」に用いられた「滑卸具」の形状は不明だ。「滑卸具」から火花を上げて泛水する姿は非常に格好のよいものであった…と手記が残っているので設置面は金属製であることが判る。

登場人物紹介

サブ兄さん…職業：伏龍。米上陸用舟艇を海中から爆雷で爆破する。マッチョ。

ユガシャウト…フクロウ人間。サブ兄さんに粛清される。

マリンくん…こがしゅうとの相棒。いつもサブ兄さんに嬲られる。

では
そんなスゴイ
「千代田」の活躍を
見てみようッ。

「千代田」年表
昭和十一年十二月　呉工廠にて起工(※一)。

昭和十二年十一月　進水。

昭和十三年十二月　竣工。

昭和十五年五月　呉工廠入渠(※二)。

同年六月　出渠。

昭和十七年六月　鳴神島(※三)へ「甲標的」輸送従事。

同年十月　対ガダルカナル島「甲標的」進出作戦輸送に従事。

昭和十八年二月　横須賀工廠にて空母改装工事に着手。

同年十一月　航空母艦となる。

昭和十九年十月　比島沖海戦にて戦没。

わあッ。ざっくりだあ。

わあッ。「千代田」って空母になってもホントに活躍していないなあ。

ウムッ。良くないトコロに気付いたなマリンくんッ。

う〜ん
全ては日本海軍が目論んだ艦隊決戦が起きなかッたからだッ。

「千代田」はッ水上機／甲標的母艦から航空母艦に改装となッたがッ、
改装しても活躍できなかッた「千代田」を極力改装しないで有効活用する方法を考えようッ。

それなら私めにひとつ案がありますッ。

戦没したフネに後知恵を述べる無礼を御赦し願いますッ！

まずは「千代田」がどれだけの性能を持っているフネなのか、
簡単に述べたいと思いますッ！

二十九節《ノット》だ！

水上機十二機搭載!

「甲標的」十二箇搭載!

次に武装!「四〇口径十二糎《センチ》七聯装高角砲」二基、それなりに強力だ!

まずは行き脚!空母に改装するくらいだから戦艦よりも速い!


（※一）豆知識：二・二六事件があった年だ！

（※二）「甲標的」格納本格工事の為と推定。

（※三）豆知識：キスカ島の和名。

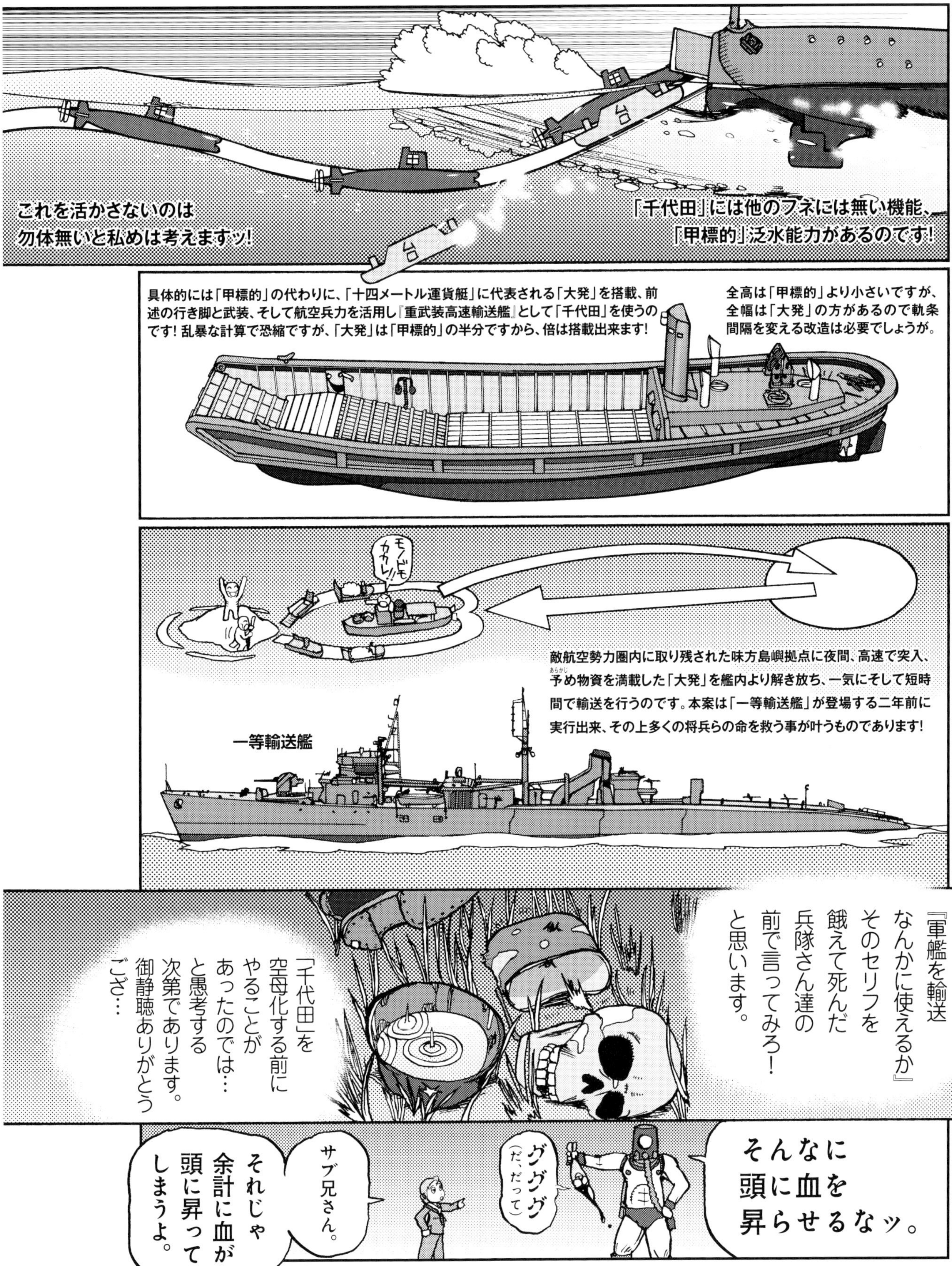

「千代田」には他のフネには無い機能、

「甲標的」泛水能力があるのです!

これを活かさないのは
勿体無いと私めは考えますッ!

全高は「甲標的」より小さいですが、全幅は「大発」の方があるので軌条間隔を変える改造は必要でしょうが。

具体的には「甲標的」の代わりに、「十四メートル運貨艇」に代表される「大発」を搭載、前述の行き脚と武装、そして航空兵力を活用し『重武装高速輸送艦』として「千代田」を使うのです! 乱暴な計算で恐縮ですが、「大発」は「甲標的」の半分ですから、倍は搭載出来ます!

敵航空勢力圏内に取り残された味方島嶼拠点に夜間、高速で突入、予《あらかじ》め物資を満載した「大発」を艦内より解き放ち、一気にそして短時間で輸送を行うのです。本案は「一等輸送艦」が登場する二年前に実行出来、その上多くの将兵らの命を救う事が叶うものであります!

一等輸送艦
『軍艦を輸送なんかに使えるか』そのセリフを餓えて死んだ兵隊さん達の前で言ってみろ!と思います。

「千代田」を空母化する前にやることがあったのでは…と愚考する次第であります。御静聴ありがとうござ…

そんなに頭に血を昇らせるなッ。

ググゲ(だ、だって)

サブ兄さん。

それじゃ余計に血が頭に昇ってしまうよ。

「千代田」編《了》

装丁・本文DTP　村上千津子
編集　武藤善仁
ミリタリー・クラシックス編集部

空母「瑞鳳」「祥鳳」「龍鳳」「千歳」「千代田」完全ガイド

2024年6月20日　初版第1刷発行

文　本吉隆、野原茂、松田孝宏、伊吹秀明
イラスト　佐竹政夫、吉原幹也、福村一章、舟見桂、上田信、田村紀雄、一木壮太郎、六鹿文彦、栗橋伸祐、こがしゅうと、AMON、長谷川竹光

発行人　山手章弘
発行所　イカロス出版株式会社
〒101-0051　東京都千代田区神田神保町1-105
contact@ikaros.jp（内容に関するお問合せ）
sales@ikaros.co.jp（乱丁・落丁、書店・取次様からのお問合せ）
印刷・製本　日経印刷株式会社

Printed in Japan　ISBN978-4-8022-1436-0